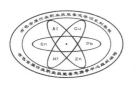

国家职业资格培训教程

炭素煅烧工

主　编　张庆刚　潘三红
副主编　张海波　张　炜　王庆华

U0315944

北　京

冶　金　工　业　出　版　社

2013

内 容 简 介

回转窑、罐式煅烧炉及电煅烧炉作为铝电解用炭素材料炭质原料热处理的煅烧设备，应用越来越广泛。对煅烧窑炉操作人员的职业技能培训是提高职工业务技能和保证安全生产的关键环节。为了满足冶金企业开展岗位培训、强化技能训练的需要，根据炭素材料煅烧职业技能要求，组织编写了这本书。

本书主要介绍了煅烧（回转窑煅烧、罐式煅烧炉煅烧及电煅烧炉煅烧）的生产工艺、设备基础知识与生产操作技能，并简述了铝用阳极、阴极炭素材料生产工艺技术知识、技术管理、设备管理、质量管理、安全与环保等基本知识及相关法律法规。

本书主要用作炭素煅烧工的职业技能鉴定培训及职业岗位培训，也可供从事铝电解用炭素材料生产相关的工程技术人员、安全生产管理人员及院校师生参考。

图书在版编目（CIP）数据

炭素煅烧工/张庆刚，潘三红主编 . —北京：冶金工业出版社，2013. 10

国家职业资格培训教程

ISBN 978-7-5024-6317-5

Ⅰ . ①炭… Ⅱ . ①张… ②潘… Ⅲ . ①炭素材料—煅烧—技术培训—教材 Ⅳ . ①TF046. 2

中国版本图书馆 CIP 数据核字（2013）第 225686 号

出 版 人 谭学余
地　　址　北京北河沿大街嵩祝院北巷 39 号，邮编 100009
电　　话　（010）64027926　电子信箱　yjcbs@ cnmip. com. cn
责任编辑　张熙莹　曾　媛　美术编辑　彭子赫　版式设计　孙跃红
责任校对　禹　蕊　责任印制　张祺鑫
ISBN 978-7-5024-6317-5

冶金工业出版社出版发行；各地新华书店经销；北京慧美印刷有限公司印刷
2013 年 10 月第 1 版，2013 年 10 月第 1 次印刷
169mm×239mm；15. 5 印张；299 千字；237 页
49. 00 元

冶金工业出版社投稿电话：（010）64027932　投稿信箱：tougao@ cnmip. com. cn
冶金工业出版社发行部　电话：（010）64044283　传真：（010）64027893
冶金书店　地址：北京东四西大街 46 号（100010）　电话：（010）65289081（兼传真）
（本书如有印装质量问题，本社发行部负责退换）

《炭素煅烧工》编辑委员会

前　言

开展职业技能鉴定，推行职业资格证书制度，是落实党中央、国务院提出的"科教兴国"战略方针的重要举措，也是我国人力资源开发的一项战略措施，对提高劳动者素质，促进劳动力市场建设以及深化国有企业改革，促进经济发展都具有重要意义。为满足铝电解用炭素企业开展岗位培训、强化技能训练的需要，为开展职业技能鉴定提供科学、规范的依据，根据劳动和社会保障部有关规定，以《铝电解用炭素——炭素煅烧工职业技能鉴定标准》为依据，中国有色金属工业协会、中国铝业公司、有色金属行业职业技能鉴定指导中心组织兖矿集团电铝分公司编写了本教程。

本教程内容从理论基础知识入手，由浅入深，逐渐过渡到实践操作、职业技术知识。在实践操作部分，为便于不同工艺系统的职工学习，又根据不同的煅烧工艺，分章介绍了回转窑煅烧、罐式炉煅烧和电煅烧炉煅烧知识。在具体内容的组织安排上，将初级、中级、高级工三个档次应掌握的技能，按由易到难、由低到高的顺序排列，以便使工人通过三个档次的培训，逐步掌握较系统全面的技能。在组织培训时，可按不同档次的要求，侧重学习教材中的内容。各企业由于工艺、设备不尽相同，在组织培训时，可根据实际需要调整补充。

本教程中第1章和第3章由张庆刚、潘三红、张海波、米寿杰、赵荣编写；第2章由张庆刚、赵荣编写；第4章由潘三红、米寿杰编写；第5章由张庆刚、潘三红、张炜、王庆华、郭福业、杨海燕、张数、郭云、张浩编写。全书文字、图表的录入及校对由张庆刚、潘三红、张海波、张炜、王庆华、米寿杰、赵荣完成。

　　全书由张庆刚、潘三红、张海波、张炜、王庆华、米寿杰、赵荣终审定稿。

　　本教程在编写过程中得到了中国有色金属工业协会、有色金属行业职业技能鉴定指导中心、兖矿集团电铝分公司等各级领导的大力支持与帮助，在此表示深深的谢意！由于缺乏编写经验，不足之处，敬请批评指正。

编　者

2013 年 3 月

目　录

1 铝用炭素知识

1.1 铝用炭素概述

1.1.1 铝用炭素材料

1.1.1.1 发展与现状

电解法制铝的发明和每一次大的技术进步都是与炭素材料的发明和技术发展分不开的。19世纪70年代，已能生产炭质电极和炭质耐腐蚀材料。1886年，美国人霍尔（C. M. Hall）和法国人埃鲁特（P. L. T. Heroult）分别申请了冰晶石-氧化铝熔盐体系，以炭电极为阳极、电解生产金属铝的专利。这种工业炼铝的方法简称霍尔-埃鲁法，到20世纪90年代，仍是唯一可以适用于大规模工业生产金属铝的方法。由于冰晶石-氧化铝体系具有强烈的腐蚀作用，要求电解槽的阳极和阴极材料具有耐高温、导电性能良好、抗腐蚀、杂质少等性能。一百多年来的科学试验和生产实践表明，炭素材料是唯一能选作阳极和阴极的廉价的工业材料。

铝电解生产初期采用小型预焙阳极。1887～1888年间，美国匹兹堡 Reduction（AIAG公司的前身）、瑞士冶金公司（AIAG公司和 Aluoarsse 的前身）依据霍尔-埃鲁法，分别兴建铝电解槽，当时的电流为1300～1800A。这种槽阳极横截面积小（8～10cm²），电流密度高（2～4A/cm²），阳极消耗量大（生产1kgAl约耗2kg阳极），电流效率低（50%～80%）。这种阳极用挤压方式生产。由于当时炭素生产技术不高，阳极质量差、规格小，使电解槽的容量受到限制。

20世纪20年代，按照当时铁合金炉上连续自焙电极形式，在铝电解槽上使用了连续自焙阳极，阳极导电棒采用侧插式（1924年，挪威的 Soderberg 研制成功连续自焙阳极）。这种槽型在世界范围推广使用，阳极由圆形改为矩形，面积逐渐扩大，电解槽容量随之提高，侧插槽容量可达60kA以上。为了提高操作机械化程度和进一步扩大电解槽容量，1934年法国彼施涅铝业公司（Pechiney）研制成功上插自焙阳极，随后阳极又实现了应用多功能天车进行的操作。上插阳极的发展，使单槽电流容量达100～150kA以上。20世纪80年代，新型自焙阳极电解槽以炭素材料为主体构成的自焙阳极，每个重达60～100kg，吨铝消耗阳极糊降至600kg以下。自焙阳极使用过程中产生大量有害气体，且不利于实现机械化、自动化。

20 世纪 50 年代，由于炭素电极技术的提高以及振动成型制造大规格预焙阳极炭块的成功，由预焙阳极炭块组装而成的预焙阳极电解槽被广泛采用。80 年代后期世界最新式的预焙阳极电解槽，其预焙阳极由 40 余块组成，整个阳极重达 50 余吨，电解槽电流容量已达 230kA 以上。大型预焙阳极电解槽的电流效率可达 93% 以上，吨铝消耗阳极炭块降至 500kg 以下。由于预焙阳极炼铝电解槽容量大、电耗低、环保好，1990 年之后逐渐取代了自焙阳极电解槽。

炭素材料生产技术的发展促进了铝电解工业的发展，从而使铝电解工业成为炭素制品最大的消耗部门。

中国在 1990 年以前，大多数中小电解铝厂采用侧插自焙阳极（30 ~ 60kA 电解槽）和上插自焙阳极（80 ~ 100kA 电解槽），大型电解铝厂多采用预焙阳极（75kA、135kA、140kA、155kA、160kA 电解槽），中国 280kA 预焙阳极的铝电解槽于 1995 年工业试验成功，1996 年之后大型预焙阳极电解槽得到广泛推广。

由于炭素材料抗高温、耐腐蚀、导电性能好，因此，自从 1886 年霍尔和埃鲁特发明电解法生产金属铝以来，炭素材料就一直作铝电解槽的内衬和导电阴极，最初使用炭糊捣打的整体炭阴极；1920 年出现了预焙阴极炭块，后来为提高抗电解质侵蚀能力，用煅烧无烟煤为骨料生产阴极炭块（现在称普通阴极炭块）；20 世纪 50 年代开始使用半石墨质阴极炭块及石墨化阴极炭块，这种材料比普通炭块导电、导热性能好，耐电解质侵蚀能力强，有较好的强度和抗热震性能。惰性阴极材料（如 TiC、NbN、TiB_2 等）、SiC 侧部材料是铝电解槽的新型阴极材料。

中国铝用炭素工业是与铝工业相伴发展起来的。1949 年之前，中国没有单独的铝工业和铝用炭素工业。在我国台湾高雄和东北的抚顺，日本人开办的两个小铝厂设有阳极糊车间。20 世纪 50 年代，中国第一家铝厂——抚顺铝厂、第一家炭素厂——吉林炭素厂建有阳极糊和阴极炭块生产线。20 世纪 50 年代以来，中国相继建立了抚顺、山东、包头、郑州、青铜峡、贵州、兰州炭素材料生产线。青海等 10 万吨以上大铝厂多建有铝用阳极材料生产线。1970 年以前，各大铝厂主要生产和使用阳极糊，几十家地方铝厂，自己不设阳极生产，所用阳极从各炭素厂购进。1970 年以后，中国自行研制成功预焙阳极炭块制造技术和预焙阳极电解槽技术；20 世纪 80 年代初，又从国外引进了先进的预焙阳极炭块制造及预焙阳极电解槽技术，这使中国铝电解工业和铝用炭素工业获得巨大发展。特别在 1996 年之后，预焙阳极生产和预焙槽炼铝发展很快。贵州、抚顺、包头、郑州、白银、青海、平果、云南、焦作万方、永城神火、运城关铝、河南龙泉、永安铝厂、山东茌平、南山等大铝厂都全部采用预焙阳极炼铝，从而大大促进了预焙阳极生产技术的发展，使原来弱小的铝用炭素工业迅猛发展。到 2000 年，中国的铝用阳极生产厂家多达 80 家以上，总产量 150 多万吨，见表 1-1。

表1-1 中国铝锭产量和阳极产品消耗量 （万吨）

年 份	1960	1970	1980	1990	1995	1998	2001
铝锭产量	12	24	40	87	168	243	342
阳极消耗量	8	16	26	57	109	147	206

中国铝用阴极炭素材料的生产是与铝工业同步发展起来的，20世纪50年代初，吉林炭素厂年产2000t的阴极炭块及配套底糊建成投产。其后，陆续建成的兰州炭素厂、上海炭素厂、山西炭素厂都生产阴极材料。70年代，我国已能生产规格为400mm×400mm普通阴极炭块，全国的生产规模约为1.7万吨（含糊0.4万吨）。80年代初贵州铝厂从日本引进了以电煅无烟煤为主要原料生产阴极炭块和配套阴极糊的生产线，可以生产规格为515mm×450mm的半石墨阴极炭块及其配套半石墨阴极糊，供大型预焙槽使用；1992年扩建后产能达2.0万吨，其中含糊料0.6万吨，使我国阴极材料生产的装备水平及产品质量有了很大提高。"七五"、"八五"期间，国家实行"优先发展铝"的方针，阴极材料的生产得到迅速发展，30余家中小企业遍布各地。80年代末全国有近10台电气煅烧炉，用来生产半石墨阴极炭块的原料。90年代中期以来，全国铝用阴极材料总产量达40余万吨，产品品种逐步发展为石墨含量为30%、50%、100%的阴极炭块、石墨化炭块和优质阴极糊料，生产装备不断得到提升，产品质量稳定提高，出口量逐年增加。

铝用炭素材料的质量对铝电解生产的电流效率、直流电耗和生产成本影响很大。1984年，中国有色金属工业总公司成立后，提出"优先发展铝"的方针，十分重视铝用炭素的科技发展。1985年成立了以郑州轻金属研究院为主办单位的铝用炭素科技协作网，把"提高铝用炭素材料质量"列为国家"七五"科技攻关项目，拨100多万元专款在郑州轻金属研究院建立了铝用炭素研究行业服务中心。1985年以来，中国科研、设计、生产几十家单位联合攻关，已先后研制成功了半石墨阴极炭块、干阳极糊、添加剂阳极糊、碳化硅侧部炭块、氮化硅结合碳化硅侧块、硼化钛复合炭块冷捣糊、冷捣糊、大颗粒配方、改质沥青、多工位振动成型机等新产品、新技术、新装备，并先后开发了一系列铝用炭素专用的检测设备，如阴极材料电解膨胀率测定仪、阳极材料CO_2反应性测定仪等。

1.1.1.2 定义及分类

以石油焦、沥青焦或无烟煤为主要骨料，以煤沥青等作为黏结剂制成的糊料或块类炭素制品称为铝用炭素材料。

铝用炭素材料用作金属铝电解生产过程的阴极和阳极。铝用炭素材料是铝电解工业的支柱材料之一，主要作用是：

（1）用作电解槽的阳极，把电流导入电解槽，并参与电化学反应；

（2）用作电解槽的阴极内衬，盛装铝液和电解质，并把电流导出电解槽外。

　　根据在霍尔—埃鲁特铝电解时位置和作用的不同，铝用炭素材料可分为阳极炭素材料和阴极炭素材料两大类，均包括糊类和块类，如图 1-1、图 1-2 所示。

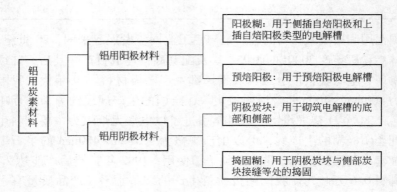

图 1-1　铝用炭素材料分类

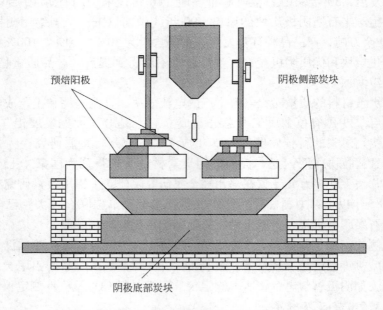

图 1-2　铝用炭素材料在电解槽中的位置示意图

1.1.2　铝用阳极炭素材料

　　炼铝用阳极材料是以石油焦、沥青焦等为骨料，以煤沥青等为黏结剂，经加工制成的炭糊或炭块，主要用作铝电解槽的阳极，也可用于硅、镁冶金及化工窑炉中作电极材料。

1.1.2.1　功能与分类

A　炭阳极的功能

炭阳极具有如下功能：

（1）作为导电电极使用。在铝电解电化学反应时，预焙阳极作为导电电极，起到将电流导入电解槽炉膛内的作用。

（2）参与氧化铝的电化学反应。阳极反应是一个很复杂的电化学反应，阳极气体是 CO_2 和 CO，其反应如下：

$$2Al_2O_3 + 3C = 4Al + 3CO_2 \tag{1-1}$$

或

$$Al_2O_3 + 3C = 2Al + 3CO \tag{1-2}$$

一般情况下，生成的 CO 约占阳极气体的 30%。

B　炭阳极消耗计算

理论上，按式（1-1）计算，阳极气体中含有 100% 的 CO_2，产生 1t 铝需消耗炭阳极 334kg；按式（1-2）计算，阳极气体中含有 100% 的 CO，产生 1t 铝需要消耗炭阳极 667kg。阳极实际吨铝消耗量应介于 334 ~ 667kg 之间。当阳极气体中含 CO 占 30% 时，理论计算的吨铝炭耗量为 393kg。由于炭阳极在生产中参与电化学反应被逐渐消耗，因此必须定期更换新的阳极块。生产 1t 原铝所消耗的阳极炭块的总重（包括残极）称阳极毛耗，吨铝阳极毛耗一般为 450 ~ 600kg。除去残极后每生产 1t 原铝所消耗的阳极炭块量称为阳极净耗，净耗为炼铝的实际单耗量，一般为 400 ~ 500kg。阳极消耗速度约为 1.5 ~ 1.6cm/d，计算公式如下：

$$h_c = \frac{8.054 J_{阳} \eta W_0}{\rho_c} \times 10^{-3}$$

式中　h_c——阳极消耗速度，cm/d；

　　　$J_{阳}$——阳极电流密度，A/cm^2；

　　　η——电流效率，%；

　　　W_0——阳极净消耗量，kg/t；

　　　ρ_c——阳极体积密度，g/cm^3。

C　阳极的分类

阳极材料可分为阳极糊和预焙阳极炭块两大类。阳极糊未经焙烧，直接用在自焙铝电解槽上作阳极；阳极炭块已经过成型和焙烧，用于预焙铝电解槽作阳极。阳极材料归类如图 1-3 所示。

以阳极糊为主体所构成的连续自焙阳极可以连续工作而不必更换；利用电解槽热量焙烧阳极，节省能量；制造阳极糊不需压型、焙烧设备，节省投资。但由于沥青烟直接在电解槽上部散发，环境污染严重，给铝电解生产的烟气净化和自

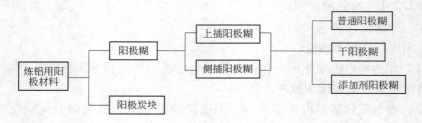

图 1-3 阳极材料的分类

动化操作带来困难。自焙阳极横截面积的局限性限制了电解槽容量的提高。另外，自焙阳极操作比预焙阳极复杂，阳极电阻率较高，电耗较大。受上述不利因素的影响，国内已完全被预焙阳极炭块技术所取代。

以阳极炭块为本体构成的预焙阳极操作比较简单，阳极电压降比自焙阳极低，易于实现机械化、自动化，消除了电解过程中的沥青烟危害，有利于电解槽向大容量方向发展。因此新建大型铝厂都采用预焙阳极。

1.1.2.2 特性要求

炼铝生产就是对熔融的冰晶石-氧化铝体系的电解过程，炭素阳极材料把电流导入电解槽并参与电化学反应。炭素阳极安装在电解槽上部，强大的直流电（30~300kA）通过炭素阳极导入铝电解槽，在炭素阳极底部发生分解氧化铝的复杂的电化学反应（阳极反应），阳极最终产物是 CO 和 CO_2。铝电解生产中，炭阳极参与反应而逐渐消耗，每生产 1t 铝，炭素阳极净耗 450~600kg。定期向电解槽中添加新阳极糊（对自焙阳极）或更换新阳极块（对预焙阳极）以保持阳极连续正常工作。

铝电解生产对炭素阳极材料的要求如下：

（1）纯度高。铝电解生产中，炭素阳极材料被电解反应逐渐消耗，其中的灰分杂质将进入金属铝液中，污染铝的质量。因此，要求炭素阳极材料中的杂质含量越低越好，一般要求灰分不大于 0.5%。

（2）导电性能良好。在铝电解槽上，炭素阳极参与传导电流，消耗在炭阳极的电压降达 0.35~0.5V，每生产 1t 铝消耗在阳极上的电耗约 1500~2000kW·h，占铝生产电耗的 10%~15%。因此，降低阳极材料的电阻率对降低铝生产成本十分重要。阳极炭块电阻率不应大于 $60\mu\Omega\cdot m$，阳极糊烧结体电阻率不应大于 $80\mu\Omega\cdot m$。

（3）足够的机械强度。铝电解槽上阳极重达几十吨，还要承受电、热等的冲击，因此要有足够的机械强度。阳极糊烧结体和阳极炭块的耐压强度不应低于 27MPa。

（4）抵抗与 CO_2 的反应性能良好。铝电解生产中，阳极反应生成 CO_2，再次与 C 发生反应,从而引起 C 的过量消耗,产生脱落、掉渣等现象,并降低电解反应的电流效率。铝电解生产要求炭素材料在 CO_2 气氛中具有良好的稳定性。通常对抵抗 CO_2 反应性的指标为反应速度、总消耗率、气化率、脱落度等。

1.1.2.3 生产工艺

阳极材料的生产工艺包括原料的预碎、煅烧、破碎、筛分分级、配料,黏结剂的预处理,混捏,混捏后的糊料成型,焙烧及清理加工。工艺流程如图 1-4 所示。主要步骤如下:

(1) 煅烧。将炭素原料在隔绝空气的条件下高温热处理,排除挥发分,提高其热稳定性、密度、机械强度、电导率和抗氧化性等。中国石油焦的煅烧多在炭素厂或铝厂进行。中国煅烧石油焦的主要设备是罐式煅烧炉和回转窑。

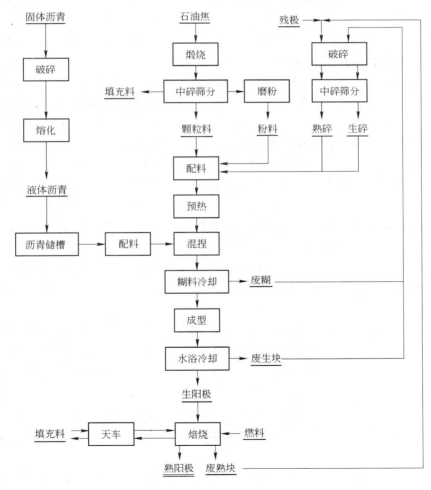

图 1-4 阳极生产工艺流程图

罐式煅烧炉根据物料与加热气流的运动方向，可分为顺流式罐式煅烧炉和逆流式罐式煅烧炉两种。罐式炉煅烧的焦炭质量稳定，氧化烧损少，节省外加能源。

炭素工业的回转窑与其他工业的回转窑结构相似，但通常设有二次风、三次风装置。

（2）破碎筛分。将煅烧后的石油焦破碎，按照配方要求经筛分和磨粉后分成不同粒级的料，装入各自的料仓内。破碎机械通常用颚式、对辊、锤击、反击等形式的破碎机。磨粉通常采用球磨机、雷蒙磨等。

（3）配料。配料按设定的配方进行。配方根据原料、产品的种类及性能要求，通过科学试验和工业实践而得到。不同产品采用不同的配方。随着铝电解技术的发展，适应节能降耗的要求，阳极糊也成为了历史，国内现已完全被预焙阳极炭块技术所取代。

预焙阳极炭块的配方，有大颗粒配方和小颗粒配方两种，沥青含量根据干料配方和成型工艺而有所不同，一般为 15% ~ 18%。

（4）混捏。混捏的目的是使各种不同粒级的骨料均匀地混合，使熔化的沥青浸润颗粒表面，并渗入焦炭内部的孔隙。在黏结剂黏结力的作用下，所有颗粒互相黏结起来，使糊料具有塑性，利于成型。一般用中温煤沥青的混捏温度为 145℃±5℃，用高温煤沥青的混捏温度为 180℃±5℃。

常用的混捏设备是间断式的混捏锅或连续混捏机。常用的双轴混捏锅一般用电、蒸汽或热油加热，内部有两个转速不同的"Z"形搅刀。大型铝厂多采用连续混捏机。连续混捏机与较精确的连续配料设备配套使用，机械化自动化程度高，产能大，劳动条件较好。较先进的连续混捏机采用导热油加热，搅刀在径向转动的同时，还可进行纵向窜动，混捏效果大大提高。

（5）成型。阳极糊的成型比较简单，铸成 500kg 以上的大块或 15kg 以下的小块后再冷却。使用时直接加在电解槽上部即可。但干阳极糊通常为 1kg 以下的球形小块。

阳极炭块常用两种方法成型：挤压成型和振动成型。挤压成型设备采用水压机或油压机，振动成型采用专用的振动成型机组。振动成型法是目前大型铝电解厂制造阳极炭块广泛采用的方法，生产效率高，生炭块质量较好，且可直接制成炭碗。

20 世纪 80 年代中国引进消化吸收了先进的多工位振动成型机组，在一个可转动的工作平台上，连续完成下料、振动成型、脱模推出工序，使成型得以连续进行，大大提高了生产效率。

（6）阳极炭块的焙烧。焙烧的目的是排出挥发分，使黏结剂焦化并与固体颗粒牢固地黏结在一起，提高炭块的机械强度和导电性能。

现代铝工业焙烧阳极炭块常用敞开式环式焙烧炉。它是由若干个结构相同的焙烧室组成，每个焙烧室又分隔成若干个炭块箱，在炭块箱内分层堆放炭块，在炭块与炭块、炭块与炉墙之间，以及炭块上下均用焦粒填充作为保护介质。其运行特点是把整个焙烧炉划分成几个火焰系统，每个火焰系统实行多室串联生产，焙烧时散发出来的挥发分可作为燃料用。炭块焙烧周期一般为 16～30 昼夜（包括冷却在内），最高焙烧温度为 1200～1300℃，并保持 15～20h。升温速度在不同的温度区段有很大不同，200℃ 以下可以快速升温；200～600℃，每小时 2～5℃；600～800℃，可以稍快些，800℃ 以后，每小时 10～15℃。环式炉常用的焙烧曲线根据炉型和制品的规格而不同，升温时间一般为 160～400h。阳极炭块也可以采用带盖式的环式焙烧炉焙烧。

1.1.2.4 生产用原料

在炭素生产中，通常采用的原料可分为固体炭质原料和液体炭质原料两类，其中固体原料作为阳极制品的骨料，起骨架作用，液体原料作为骨料之间的黏结剂，起黏结和充填颗粒空隙的作用。

生产铝用阳极炭素材料的原料有石油焦、沥青焦、预焙阳极的残极及少量添加剂，黏结剂为煤沥青。原料焦经过煅烧、破碎、分级、按一定的配方与煤沥青混合后混捏，再冷却即成为阳极糊；混捏后的糊料经成型、焙烧，成为阳极炭块。

阳极材料要求杂质含量低，需要使用少灰的原料。作为骨料，其杂质含量一般不得大于 0.5%（残极中有电解质成分，灰分要求可适当放宽）。

A 石油焦

石油焦是石油炼制过程中的重渣油经焦化而得的产物。

a 分类

石油焦有如下分类方法：

（1）石油焦根据外形和质量的不同，可分为三类，即海绵状焦、蜂窝状焦和针状焦。海绵状焦结构疏松呈海绵状，含有较多杂质，主要用作燃料；蜂窝状焦块有均匀小孔，切片呈蜂窝状结构，可用作炭素原料；针状焦外观有明显的条纹，焦块小孔均匀，破坏时多数为长条形碎片，结构上有较高的定向性，是一种优质炭素原料。

（2）根据原料焦化工艺不同，石油焦又分为裂化石油焦、常减压石油焦和页岩石油焦。

b 石油的焦化

石油焦化方法共有五种：（1）延迟焦化；（2）流化焦化；（3）釜式焦化；（4）接触焦化；（5）平炉焦化。其中延迟焦化、流化焦化和釜式焦化是世界上通常采用的三种焦化方法，而延迟焦化则占主要地位。三种焦化生产的石油焦分别称为延迟焦、流化焦和釜式焦。

延迟焦化是一种较为先进的焦化方法。它的生产效率高，劳动条件好。延迟焦化工艺流程如图1-5所示。

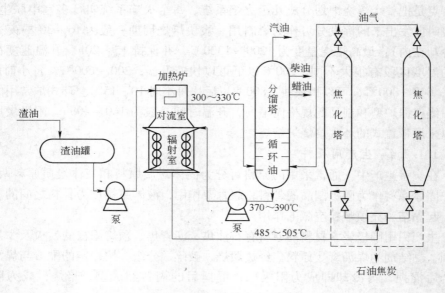

图 1-5 延迟焦化工艺流程

延迟焦化的主要生产设备是加热炉和焦化塔。渣油以很高的流速流过加热炉的炉管，渣油就被加热到焦化反应所需温度（500℃左右）。然后渣油进入一个数十米高的焦化塔，在焦化塔内靠自身带入的热量，进行热分解反应和缩聚反应，生成焦炭。渣油虽然在加热炉中获得了反应所需要的温度，但是由于渣油在炉管内的流速很快，热分解反应和缩聚反应还未来得及进行就离开了加热炉，把反应推迟到在焦化塔内进行，所以称为延迟焦化。焦化塔充满石油焦后，用高压水推动合金钻头切割焦炭层面，切碎的石油焦被水流冲出。因此，焦炭结构疏松，焦粉量大，挥发分含量高（一般为10%左右），水分含量也高，给煅烧作业带来一定困难。

c 质量及其标准

石油焦是一种黑色或暗灰色的蜂窝状焦，焦块内气孔多数呈椭圆形，且一般相互贯通。石油焦的特点是灰分含量低，碳含量高，高温下易于石墨化。影响使用效果的质量指标主要有灰分、硫分和挥发分。

（1）灰分。石油焦的灰分主要来源于原油中的盐类杂质。原油经脱盐处理后残留的杂质一般都富集于渣油中，然后又全部转入石油焦。我国原油盐类杂质较少，故灰分含量较低。石油焦的灰分还与延迟焦化的冷却水质以及原料储存管理水平有关。铝用预焙阳极生产用石油焦灰分一般不超过 0.35%。

（2）硫分。石油焦中的硫来源于原油，其存在形式可分为有机硫和无机硫两种，而无机硫又可分为硫化铁硫和硫酸盐硫两种。石油焦中的硫以有机硫为主，其次是硫化铁硫，而硫酸盐硫的含量较少。硫在炭素制品中是一种有害元素，它不但污染环境，而且含量较高时容易使制品产生裂纹，并增加制品的电阻率。

（3）挥发分。石油焦中的挥发分含量与石油焦焦化程度有关，虽不影响最终产品的质量，但对其煅烧作业影响较大。釜式焦成焦温度约在 700℃，所以焦炭的挥发分含量较低，只有 3%~7%。而延迟焦化温度只有 500℃ 左右，故挥发分含量高达 10%~18%。挥发分含量直接影响到煅烧作业的实收率。

石油焦作为预焙阳极的骨料，占总质量的 80% 以上，研究不同产地的石油焦性能有利于在实际生产中选用或者使用几种混合的原料，相互取长补短，达到定点、定质、定量，以保证科学配料，生产出符合使用要求的优质预焙阳极。

延迟石油焦质量指标见表 1-2。

表 1-2　延迟石油焦质量指标

项　目	质　量　指　标							试　验方　法
	一级品	合　格　品						
		1A	1B	2A	2B	3A	3B	
含硫量/%	≤0.5	≤0.5	≤0.8	≤1	≤1.5	≤2	≤3	GB/T 387
挥发分/%	≤12	≤12	≤14		≤17	≤18	≤20	SH/T 0026
灰分/%	≤0.3	≤0.3	≤0.5			≤0.8	≤1.2	SH/T 0029
水分/%	3							SH/T 0032
粉焦量(块粒8mm以下)/%	≤25							
硅含量/%	≤0.08							SH/T 0058
钒含量/%	≤0.015							SH/T 0058
铁含量/%	≤0.08							SH/T 0058

注：1. 预焙阳极用石油焦应符合 SH/T 0527—1992 中 2A 级以上质量标准；

　　2. 超过规定水分 3% 时不作报废指标，在总量中扣除多余部分的水量。

在国内，水分含量指标不是报废的标志，而只作为与用户计费使用。水分含量的多少与储存和运输条件有关。现行标准中规定，需要测定焦炭的机械强度和硅、铁、钒的含量等。

焦中的灰分、硫和其他重金属杂质（钒、钛、铬、锰等）对铝的质量影响较大，因为商品铝质量的好坏取决于金属杂质含量的多少，而且预焙阳极中的金属杂质含量超过允许极限时，生产出的金属铝的品级就会降低。因此，国外一些公司无论对总灰分含量，还是对其中的有害成分（铁、硅、钒、镍等），都提出比较严格的要求。含硫量一般要求不得大于 1.5%。

此外，生焦的质量有时还用其他一些特性来评定，例如真密度为 $1.3 \sim 1.4 \mathrm{g/cm}^3$、$1.4 \sim 2.4 \mathrm{mm}$ 粒级焦的堆积密度应为 $0.61 \sim 0.72 \mathrm{g/cm}^3$，电阻率不大于 $3.7 \times 10^{10} \Omega \cdot \mathrm{mm}^2/\mathrm{m}$ 等。

    d 储存及保管

在铝用炭素材料生产中，为了合理选择、储存保管和使用炭素原料，一般按杂质（无机元素）含量的多少，将原料分成少灰原料和多灰原料。石油焦、煤沥青和石墨碎等属于少灰原料，灰分含量一般小于 1%；冶金焦、无烟煤和天然石墨等属于多灰原料，灰分含量在 10% 左右。少灰产品（石墨制品、阳极糊、预焙阳极）的生产要选用少灰原料，多灰产品（阴极炭块、高炉炭块、电极糊等多灰糊和炭制品）的生产则选用多灰原料。

不论是多灰原料还是少灰原料，在储存保管过程中应注意以下几点：

（1）炭质原料堆放场地必须是水泥地面，原料储存时应尽量减少外界杂质的混入。

（2）原料储存过程中，严禁混入灰尘、泥沙和其他杂质。少灰原料最好入库保管，备用原料应库存。备用原料如无库房储存也可露天存放，但必须加强管理，采取措施如水泥地面、苇席覆盖和麻袋包装等，以免原料在存放期间混入杂质。

（3）炭质原料在存放期间要防止互相混入，特别要防止多灰原料混入少灰原料内。如原料发生混料时，要降级使用。同一种原料，如果质量检验结果相差较大，也必须分别进行堆放。

（4）要防止雨雪淋湿，以免原料因雨水或雪水渗入而增加其水分，从而在煅烧或烘干过程中影响热处理温度，降低煅烧料的质量，并使燃料消耗增多。

（5）要注意对储存的新旧原料周转使用，有些原料储存的时间不宜过长，长期储存的原料不能直接使用，因为炭质原料在长期储存过程中质量会发生变化，外界杂质也可混入原料中。

（6）要加强对储存原料质量指标的取样分析和检验，检验合格的原料方能投入使用，检验不合格的原料，应停止使用或降级使用。例如无烟煤，如果储存时间过长会被风化，大块变小块，直接影响原料的机械强度和产品的质量，因此，对于风化了的无烟煤不能用于生产。

    e 石油焦的预碎

原料使用时，如果块度过大，不仅在煅烧工序保证不了煅后料质量的均一性，而且受到煅烧设备的限制，给加料和排料造成困难，还会影响终碎设备的效率。因此，原料在煅烧前要预先破碎到 70mm 以下的中等块度，以确保大小块料均能得到均匀的深度煅烧。但原料破碎也不能过细，否则会造成粉料过多，增加煅烧烧损量。

由于炭质原料的块度较大，几何形状不一，密度小，破碎设备一般选用狼牙对辊破碎机。

B 沥青

煤沥青是煤焦油加工的主要产品之一，是煤焦油蒸馏提取各种馏分后的残留物。煤沥青在常温下为黑色固体，无固定的熔点，呈玻璃相，受热后软化，继而熔化、流动，高温黏度低，密度为 $1.25 \sim 1.35 \mathrm{g/cm^3}$。

a 分类

软化温度是煤沥青最重要的物理性质之一。根据软化温度的不同可将其分为软沥青、中温沥青和高温沥青。软化温度在 75℃ 以下的称为软沥青，软化温度在 $75 \sim 90$℃ 之间的称为中温沥青，软化温度在 90℃ 以上的称为高温沥青。沥青软化温度高，则挥发分含量少，焙烧后残炭量大，制品机械强度高，但沥青熔化、混捏和成型都需要高一些的温度。

b 质量

煤沥青是由许多高相对分子质量的芳香族化合物组成的复杂混合物，一般难于从中提取出单独的具有一定化学组成和结构的单一物质。通常采用各种不同溶剂对其进行萃取，将其分成若干组分来研究。由于研究目的、溶剂和操作细节不同，煤沥青有多种分组方法，其中比较常用的是分成 α、β 和 γ 三种组分。

作为成型炭材料的黏结剂用沥青，人们最感兴趣的是 α 组分，即喹啉不溶物（QI）和甲苯不溶物（TI）。β 组分（又称为 β 树脂）是沥青中不溶于甲苯而溶于喹啉的组分，其值等于 TI 与 QI 之差。β 树脂是高、中相对分子质量的稠环芳烃，黏结性好，结焦性好，作为黏结剂沥青含有一定的 β 树脂是需要的。由于沥青中 β 树脂含量是由 QI 和 TI 决定的，沥青指标当中受关注的也是 QI 和 TI，对黏结剂性能影响最大的是沥青中的 QI。

为了进一步改善沥青的性能，目前常将焦油蒸馏得到的中温沥青或软沥青来进一步加工生产改质沥青。改质沥青的生产工艺重点是调整煤沥青的软化温度、QI、TI 和 β 树脂等指标。几种典型的沥青改质方法有：

（1）空气氧化法。中温沥青在改质釜内通入空气条件下进行改质，控制温度在 360℃ 左右，可以使沥青多项指标得到改进。

（2）真空闪蒸法。中温沥青在 $8.0 \sim 10.6 \mathrm{kPa}$（绝压）、350℃ 条件下进行改质处理。这种方法主要是将中温沥青中的轻质组分闪蒸除去，从而使沥青得到改质，中间相生成量相对较少，很多沥青的使用者希望使用这种沥青。

（3）高温热聚法。这是国内外采用较多的一种沥青改质方法，根据工艺和原料的不同，聚合温度为 $370 \sim 430$℃，控制反应温度和反应时间，可有效调整中间相的数量和小球体大小。

煤沥青的质量规格，见表1-3。

表1-3　煤沥青的质量规格（GB/T 2290—1994）

指标名称	低温沥青		中温沥青		高温沥青
序　号	1 号	2 号	1 号	2 号	
软化温度/℃	35 ~ 45	46 ~ 75	80 ~ 90	75 ~ 90	95 ~ 120
甲苯不溶物含量/%	—	—	15 ~ 25	≤25	—
喹啉不溶物含量/%	—	—	≤10	—	—
灰分/%	—	—	≤0.3	≤0.5	—
挥发分/%	—	—	58 ~ 68	55 ~ 75	—

C　返回料

为了降低生产成本，避免浪费，通常将电解使用后剩余的残极以及阳极生产过程中产生的废品作为原料的一部分返回生产系统重新使用，因此称之为炭素生产的返回料。

炭素生产的返回料包括残极、生碎和焙烧碎。其中，生碎是指制糊成型时产生的废糊与废生块破碎后的产品，焙烧碎是指焙烧后的废品与组装废品破碎后的产品。

1.1.3　铝用阴极炭素材料

炼铝用阴极材料是以煅烧无烟煤、冶金焦、石墨等为骨料，煤沥青等为黏结剂制成的，主要用作铝电解槽炭质内衬的块类或糊类炭素制品。这类炭素材料经过加工、砌筑或捣固，构成铝电解槽槽底主体，用于盛装铝电解反应所需的电解质和产生的铝液，并通过镶入阴极中的钢棒将电流导入槽内。

铝电解槽内衬阴极材料结构如图1-6所示。

1.1.3.1　分类

阴极材料可分为阴极炭块（含侧部炭块）和阴极糊（含炭胶泥）两类，如图1-7所示。

A　铝用阴极底部炭块

底部炭块是砌筑铝电解槽槽底用的，是铝电解槽的内槽材料，也是电解槽通电时的阴极，它具有耐火材料及导电材料的双重作用。它砌筑在电解槽底部，也称为底部炭块，是以优质无烟煤、石油焦、石墨、煤沥青等为原料制成的炭块。

根据制品的质量要求、选用的原料和采用工艺条件的不同，国内对阴极炭块基本上分为普通阴极炭块、半石墨质炭块、石墨化炭块3大类：

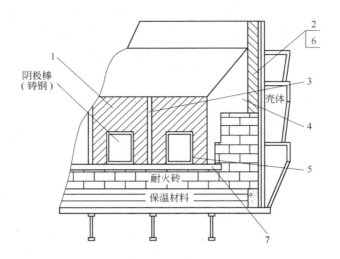

图 1-6 铝电解槽内衬阴极材料结构图（160kA 以上槽型）
1—底部炭块；2—侧部炭块；3—炭间糊；4—周边糊；
5—钢棒糊；6—炭胶泥；7—炭垫

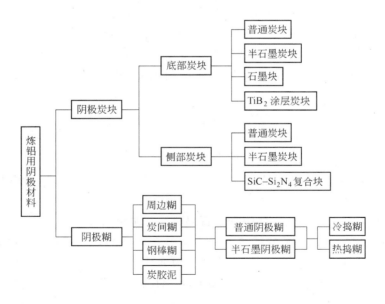

图 1-7 阴极材料分类框图

（1）普通阴极炭块，是以 1250～1350℃ 煅烧的无烟煤为主要骨料（冶金焦可作为粉料），中温煤沥青为黏结剂制成的炭块。

（2）半石墨质炭块，根据生产工艺不同分为两种。一种是用优质高温电煅烧无烟煤,或以较多的石墨碎块甚至全部用石墨碎块作骨料,用配合一定比例煤焦油或蒽油后的改质煤沥青作黏结剂制成的生坯制品焙烧后的炭块,即不需石墨化热处理;另一种是使用较多的易石墨化的焦炭作骨料制成生坯,焙烧后再进入石墨化炉,在 1800 ~ 2000℃的温度下热处理后的炭块。前者的强度、硬度较高,后者的导电性能及整体性效果较好。

(3)石墨化炭块,以易石墨化的石油焦(沥青焦)为骨料,改质煤沥青(中温煤沥青)为黏结剂制成糊料,经成型焙烧后,再经 2500℃以上的高温进行石墨化处理。

半石墨化炭块与石墨化炭块的本质区别在于制品晶格有序排列的程度不同,即石墨化度的不同。可以用制品电阻率的大小来表示石墨化程度的高低,石墨化炭块的晶格基本完全处于有序排列的状态,电阻率小于 $15\mu\Omega \cdot m$;半石墨化炭块的石墨化程度较低或只有部分石墨化,电阻率为 $15 \sim 25\mu\Omega \cdot m$。在生产工艺上表现为热处理温度的不同,半石墨化炭块的热处理最高温度在 2000℃左右,石墨化炭块的石墨化处理温度为 2500 ~ 2800℃。我国已经掌握了石墨化阴极炭块的生产技术,目前正处于在槽试验阶段。

以前,我国普通阴极炭块的横截面为 400mm × 400mm,长度为 500 ~ 2000mm,目前已全部淘汰使用。半石墨质阴极炭块逐步被高石墨质阴极所取代,其尺寸由 515mm × 450mm × 3250mm 发展到 700mm × 500mm × 4000mm,阴极炭块的尺寸随着电解槽技术的超大型化方向发展而逐渐变大。阴极炭块下面开有槽(俗称燕尾槽),用于镶嵌阴极钢棒,对尺寸的偏差及外观都有严格的要求。

B　侧部炭块

侧部炭块用于砌筑铝电解槽的侧部。构成电解槽侧部内衬主体——炉帮的炭质砌块,不需起导电作用。

侧部炭块不作为导体,而是作为槽子的抗侵蚀内衬材料。

根据外形结构分为普通侧部炭块和普通角部炭块及侧部异型炭块和角部异型炭块。

按炭块材质分普通侧部炭块和半石墨化侧部炭块两种。

1980 年以来开始试用硅质侧部块,它具有较高的热导率和机械强度,是一种化学惰性材料。碳化硅系列耐火材料,根据其含量和黏结剂的类别,通常分为直接结合、氮化硅结合、含氧氮化物和氧化物结合 4 类,其中以 Si_3N_4 结合的制品性能最佳,抗蚀性能和抗冲刷性能非常好,但是成本较高,我国在 20 世纪 80 年代后期开始试用碳化硅质侧部块。

C　铝用阴极炭素糊料

用来充填或黏结电解槽炭阴极的底部炭块之间、底部炭块与侧部炭块之间或炭块与钢棒之间缝隙的炭素糊统称阴极糊或底部糊(简称底糊)。

目前，150kA 以上大容量电解槽，阴极糊分类较细。根据使用部位不同可分为周围糊、炭间糊、钢棒糊、炭胶泥：

（1）周围糊，用来充填底部炭块与侧部炭块之间的大缝（100mm）。

（2）炭间糊，用来充填底部炭块之间 40mm 左右的缝隙。

（3）钢棒糊，用来充填阴极炭块与钢棒之间缝隙。

（4）炭胶泥，用来黏结侧块及充填底块之间 3mm 以下缝隙。

周围糊、炭间糊是填充炭块与炭块之间及炭块与炉体之间较宽缝隙的炭素糊料，又称粗缝糊，用于砌筑铝电解槽。当电解槽焙烧启动后，随着温度的升高（最高近 1000℃），粗缝糊将逐渐焦化并与周围的炭块结成一个整体，防止铝液或熔盐对槽底的渗透侵蚀，提高槽底结构的强度，使槽底电流分布均匀，还可在电解槽预热时为炭块提供一个可吸收部分热膨胀的缓冲缝隙。

阴极糊一般要求与炭块配套使用，而同一配套的糊，又根据使用部位、功能不一样而有所不同。在我国，与普通阴极炭块配套使用的糊，是以普通温度煅烧无烟煤作骨料（可用冶金焦作粉料），用中温煤沥青作黏结剂制成的；与半石墨阴极炭块配套使用的糊，是用高温电煅烧无烟煤加一部分焙烧碎作骨料，以沥青焦作粉料，用改质煤沥青作黏结剂，混捏时再配加煤焦油制成的。

一般地将常规糊加热到 100℃ 以上再用来捣固，施工操作条件较差。目前，国内外已有用冷捣糊代替热捣粗缝糊使用的趋势。

1.1.3.2　阴极炭素材料的特性

铝电解过程中，阴极上发生的主要反应是熔于冰晶石（Na_3AlF_6）中的 Al^{3+} 被还原成液态金属铝，汇积于炭质槽底表面，铝液和炭质槽底共同作为电解槽的导电阴极。由于电解质熔体中有各种氟化物、杂质，在铝电解槽这个特殊的环境中，电解质中的钠离子在电场的作用下被炭阴极选择性吸附，铝与碳发生副反应生成碳化铝（Al_4C_2）等产物，而且熔盐对阴极炭块发生侵蚀和冲刷等作用，加上热应力的作用，使阴极材料发生变形、隆起、断裂，引起阴极破损。

铝电解生产要求炭素阴极耐高温、耐冲刷、耐熔盐及铝液侵蚀，有较高的电导率、一定的纯度和足够的机械强度，以保证电解槽有较长的使用寿命，有利于降低铝生产的电耗，并使铝产品的质量不受污染。炭素阴极的材质、安装质量及工作状况对铝生产的电流效率、电能消耗和电解槽寿命有较大的影响。阴极电压降（又称炉底电压降）一般占铝电解槽电压降的 10%～15%，也就是说，铝电解生产电能消耗的 10%～15% 被消耗在阴极上。

1.1.3.3　生产工艺

各国生产阴极炭块和糊料制品所采用的工艺流程和设备基本相同。不同厂家生产的不同制品，往往有其独特的生产配方。阴极糊一般与阴极炭块配套生产和使用，它们使用相同的原料和统一的生产工艺和设备。阴极材料制品的工艺流程如图 1-8、图 1-9 所示。

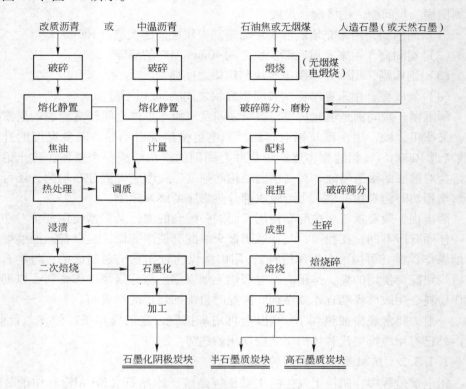

图 1-8 阴极炭块生产工艺流程图

原料经煅烧、破碎、筛分成一定的粒级，按配方计量后加入黏结剂进行混捏，混捏完成即为成品阴极糊。生产炭块时，混捏后的糊料要经成型、焙烧甚至石墨化、机加工等工序。其主要步骤如下：

（1）预碎。进厂大块料，经颚式破碎机破碎到小于 30mm（油焦）或 35~40mm（无烟煤）。

（2）煅烧。进厂的无烟煤和石油焦含有较高的挥发分、水分等，要进行煅烧，以排除水分、挥发分，达到无烟煤和石油焦的体积收缩和稳定、密度增加、机械强度、导电导热性能和抗氧化性能得到提高，使制品焙烧时有较小的体积收缩率和较高的成品率。

一般选用回转窑、罐式炉以及电气煅烧炉，煅烧温度为 1250~1300℃。普通煅烧煤用于作普通阴极炭块及配套阴极糊的原料，粉末电阻率不大于 100μΩ·m，真密度大于 1.76g/cm³。

用于生产半石墨炭块及配套阴极糊、优质密闭糊的无烟煤应选用电煅烧炉进行高温煅烧（1500~2100℃），高温煅烧煤的粉末电阻率不大于（750±100）

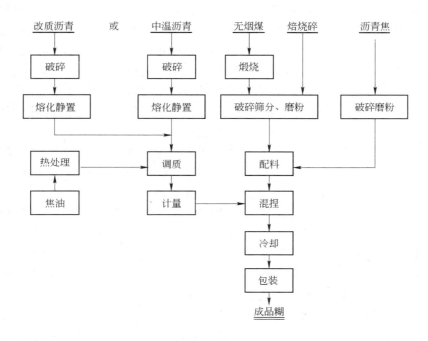

图 1-9 阴极糊生产工艺流程

$\mu\Omega \cdot m$，真密度大于 $1.80g/cm^3$。

贵州铝厂引进的电煅炉，是竖式圆筒形（$\phi_内 1930mm \times 6000mm$）的电阻炉，采用垂直悬挂式电极，电炉容量 1250kV·A，额定电压为 80V，额定电流 15000A，电炉产能为 17t/d。自炉顶加入的生无烟煤，通过安装在炉体中两端的上下电极（$\phi500mm$），构成一个电流回路，从而把电能转换成热能。由二次电流来控制无烟煤的煅烧程序。由于炉内各处电阻不同，炉内温度分布不均，径向边缘约 1500℃，炉中心可达 2100℃。与一般设备相比，电气煅烧炉具有结构简单、操作方便、煅烧温度高的优点，适于无烟煤的煅烧，每吨煅后无烟煤电耗为 800～1250kW·h。

（3）中碎筛分。为得到不同粒度级的料，要对煅烧后的原料进行破碎和筛分。中碎多采用对辊破碎机，细碎常用球磨机及悬辊式磨粉机。筛分设备多选用振动筛，焙烧和石墨化工序的填充料多用回转筛。一般将 1～12mm 的中碎粒子分为 3～4 个粒级的料，分别装入各自的料仓。

（4）配料。把各种原料、粒级的物料按工作配方称量配料。不同产品的配方不同。一般认为，大颗粒在坯体结构中起骨架作用，适当提高大颗粒的尺寸和比例可改善产品的抗热震性能和减小产品的热膨胀系数，小颗粒料可填充大颗粒间的空隙。炭块制品中粉料占干料的比例为 40%～45%。

炭阴极材料主要用煤沥青作黏结剂。普通阴极炭块用中温沥青，半石墨阴极炭块多用改质沥青（软化温度 103℃ ±3℃）或高温沥青。在生产某些种类的阴极糊时加入一定比例的蒽油和煤焦油以调整其软化温度，黏结剂用量受干料配方和成型方法的影响，振动成型比挤压成型的黏结剂用量少 1% ~1.5%。黏结剂用量与生坯、焙烧半成品以及整体石墨化处理的产品的体积密度和成品率有很大影响。黏结剂的加工改质是改善炭素制品质量的一个有效途径。各个工序中生产的不合格品和加工碎屑，可返回生产中配料使用。

配料的称量设备有配料车、机械和电子自动配料秤。贵州铝厂引进的配料设备为四联杆机械自动配料秤，计量准而快。新建厂多采用自动计量的电子配料秤。沥青的计量多用计量泵或减重法的电子配料秤。

（5）混捏。阴极材料的混捏多采用间断式双轴混捏锅。锅体采用热煤油、蒸汽或电阻加热。混捏条件包括混捏时间、混捏温度、出锅温度等。如用中温沥青，干料加入混捏锅内先干混 10 ~15min，当温度达到 110℃ 以上时加入熔化处理好的沥青，再继续搅拌 40 ~50min。如用改质沥青或高温沥青，将粉状的固体沥青与炭素干料同时加入锅内受热混捏。混捏温度应比沥青软化温度高 50 ~80℃。生产冷捣糊常在室温条件下混捏。

（6）成型。阴极炭块使用挤压成型或振动成型方法。国内常用的挤压机规格有 1.5MN、2.5MN、3.0MN、3.5MN。较先进的是 3.5MN 油压机，特点是立捣、卧压、带抽气装置，制品更致密，轴向密度分布均匀，挤压成型效率高，制品规格大。挤压成型过程是糊料的塑性变形过程，分为凉料（110℃）、预压（14.7MPa）、挤压（9.8MPa）和产品冷却（30℃ 的水泡 3 ~5h）等工序。压型工序要求生坯的体积密度不小于 $1.65g/cm^3$。

（7）焙烧。对焙烧工序的基本要求是，焙烧制度必须确保煤沥青产生最大的析焦量；在产生最大析焦量的同时整个坯体受热应均匀，使制品致密、结构均匀，无内外裂纹。

在焙烧过程中，生坯加热到 200℃ 时，沥青软化，体积增大，挥发分逸出；升温到 400℃ 时，沥青黏结力下降；500 ~800℃ 沥青结焦，体积收缩，导电性、机械强度增加；超过 500℃ 时化学变化逐渐停止，但真密度、强度、硬度及导电性继续提高。对于不再进行石墨化处理的阴极炭块，焙烧是最后的一道热处理过程，焙烧温度控制在 1100℃（制品温度）左右。焙烧炉的火道温度通常不超过 1350℃。

阴极炭块采用带盖环式焙烧炉焙烧，由十几个炉室组成为一个火焰系统，每台炉有多个火焰系统，燃料为重油或煤气。根据制品类别和规格制定焙烧曲线，焙烧基本工序为装炉、加热、冷却、出炉、清理、检查。也有采用地坑式炉及其他种类焙烧炉进行焙烧的。焙烧时为防止制品变形和氧化燃烧，常用冶金焦粒

（40mm）作填充料，在制品四周充填。焙烧过程中逸出的沥青烟，需要净化处理。

为提高阴极炭块的理化性能指标，延缓阴极炭块破损，可对阴极炭块采用浸渍（沥青）技术。

（8）石墨化。半石墨（化）炭块是普通炭块在2000℃左右的高温下进行热处理后的产品。把炭块装入石墨化炉的上部或边缘部位，利用电极石墨化过程中产生的余热使其达到1800～2000℃的温度。

中国铝用阴极炭素材料企业的工艺装备水平大致分为两大类。一类是以20世纪80年代初为起点，配套改造设计的年产1万吨阴极材料工程的全套技术和设备，其工艺装备相当于先进国家的80年代的水平。另一类是在80年代以前建成的企业，大部分为国产设备，与国外的先进设备有较大的差距。

1.1.3.4 生产用原料

生产铝用阴极炭素材料的主要原料为无烟煤、石油焦、沥青焦、石墨、冶金焦、煤沥青、煤焦油等。各种原料的特性如下。

A 无烟煤

无烟煤是煤的一个重要品种，无烟煤色黑质硬，多数为块状，煅烧时火焰短而少，不结焦，无烟煤的灰分含量波动较大（6%～20%），灰分较低的无烟煤含碳量可达到90%以上。通常用作动力或生活燃料，也可作气化原料，低灰、块状及机械强度较高的优质无烟煤是生产炭素制品的原料。优质无烟煤具有良好的耐电解质腐蚀性能，是生产阴极炭块和各种糊料的主要材料。根据无烟煤的煅烧程度，分为普通温度煅烧无烟煤（煅烧温度1250～1350℃）和电煅烧无烟煤（煅烧温度1800～2000℃）。普通温度煅烧无烟煤是生产普通阴极炭块的主要原料；电煅烧无烟煤是生产半石墨质阴极炭块的主要原料。

B 石油焦

石油焦是石油重质渣油的热解化产物。根据焦化工艺的不同，石油焦可分为延迟焦（延迟焦化法生产）和釜式焦（釜式焦化法生产）。目前采用最广泛的是延迟焦化法生产的延迟焦。

石油焦由于具有含碳量高、灰分含量低、真密度大、电阻率低、热膨胀系数小、易石墨化的特性，是用来生产石墨化阴极块的主要原料。

C 沥青焦

沥青焦是煤沥青焦化的产物，具有灰分、硫分含量低，机械强度高的特性，但抗钠腐蚀能力一般，较石油焦难于石墨化，电解膨胀率高，部分用作半石墨阴极糊的细碎料，相应改善骨料对黏结剂的吸附性能，提高扎糊筑炉质量。

D　冶金焦

冶金焦是用几种炼焦煤按一定的配比在焦炉中高温干馏焦化而得到的一种固体残留物。由于灰分含量高，主要用作焙烧炭块的填充保温料及石墨化炉的电阻料、保温料。

E　返回料

返回料是炭制品生产过程（压型、焙烧、石墨化）中产生的废品、加工时产生的切削碎和通风系统收集的粉尘等的统称，回收后可以作为物料的一部分返回生产系统重新使用。返回料具体包括：

（1）生碎。生碎是包括不合格的糊料（沥青量过少或过多、混捏时间超过6h，筛样不合格配料或其他原因导致的不合格糊料），成型过程中模箱缝隙挤出来的糊渣和挤压成型时切下的残头，成型后的生坯经技术检查不合格的废品，生产、吊运过程中打坏、碰坏的产品等物料的统称，破碎后直接配入生产生制品。

（2）石墨碎。石墨碎是炭制品在石墨化后产生的废品及石墨化半成品在加工时切削掉的碎屑等物料的统称。由于其灰分很低，导电及导热性良好，因此有广泛的用途。可以加入各类少灰或多灰炭制品中，也可作为生产石墨—树脂管的原料或电炉炼钢的增碳剂。阴极炭素制品生产中加入石墨碎，可以提高阴极炭块的热导率和耐腐蚀性能，降低电阻率。

（3）焙烧碎。焙烧碎为炭制品在焙烧后经质检不合格的残废品，打断、碰坏及机加工时产生回收的切削碎等物料的统称。焙烧碎的机械强度高于各种原料块体的机械强度，因此将焙烧碎加入各类产品的配方中，有利于提高各类产品的机械强度。

（4）石墨化冶金焦。石墨化冶金焦是在石墨化炉中的产品之间作为电阻料的冶金焦粒。这种冶金焦，因为经石墨化的高温，电阻率大大降低，灰分较少，高质量的阴极炭块中不再配入使用，是生产电极糊的好原料。

F　黏结剂

炭素生产中常用的黏结剂有中温煤沥青、高温煤沥青、改质煤沥青、煤焦油、蒽油及人造树脂等。生产不同阴极制品采用不同的黏结剂。随着以导热油为载体的沥青熔化技术的发展，为了提高产品质量，现代生产中多采用改质沥青作为生产铝用阴极炭素的黏结剂。

G　原料储存和预碎

目前，我国炭素工业为了保证连续生产，稳定产品质量，工厂都安排了专用的储备原料的仓库和场地，并需有一定的库存量。

炭素材料的生产中，应根据产品性能的不同，选择不同的原料。因此，储存原料也应分别验收、堆放入库、不应有灰分混入、水分增大。原料在煅烧前要根据煅烧炉的工艺要求，预先破碎到一定的粒度，这就是预碎工作。对于无烟煤，因灰分高，应经挑选、筛分后才用，大块无烟煤需先预碎。

1.2 煅烧概述

1.2.1 煅烧的定义及目的

炭质原料的煅烧是炭和石墨制品生产的第一道热处理工序。原料煅烧质量的好坏，对半成品和最终产品的质量都会产生很大影响。

1.2.1.1 煅烧的定义

煅烧是将各种固体炭质原料（如石油焦和无烟煤等）在隔绝空气的条件下进行高温热处理的过程。

煅烧是炭素生产的第一道热处理工序。由于各种固体原料内部结构中不同程度地含有水分、杂质或挥发分。这些物质如果不预先排除，直接用它们生产炭石墨材料，势必影响产品质量和使用性能。故炭质原料需先经过煅烧高温处理后再使用。

需要煅烧的原料有石油焦、无烟煤。沥青焦成焦温度高，挥发分含量很低，一般不需要单独煅烧，只要烘干水分就可以使用。为了提高制品的机械强度，降低灰分以及防止石油焦结块堵炉，而按一定比例配入沥青焦同延迟石油焦一起煅烧，故实际上沥青焦也受到煅烧。

原料在煅烧过程中的变化是复杂的，既有物理变化又有化学变化。原料在低温烘干阶段所发生的变化（主要是排除水分），属于物理变化，而在挥发分的排除阶段，主要是化学变化，即完成原料中的芳香族化合物的分解反应，又完成某些化合物的缩聚反应。

1.2.1.2 煅烧的目的

炭质原料煅烧的目的，在于使其具备生产操作特性较好的铝用炭素材料所必需的一些性能。煅烧时，排除水分和挥发分，物料体积收缩，结构变得致密，形成晶格，物理化学性能发生改变，具体目的为：

（1）排除原料中的水分。原料在生产、运输和储存过程中不同程度地吸收水分，若不煅烧，含水的原料不利于破碎、筛分、磨粉作业，生制品与焙烧制品都将是废品。

（2）排除原料中的挥发分，同时，原料体积收缩，分子结构重新排列。

（3）提高原料的密度和机械强度。

（4）提高原料的导电性，降低电阻率。

（5）提高原料的化学稳定性。

石油焦煅烧前后理化性能指标见表1-4。

表 1-4 石油焦煅烧前后理化指标比较

理化指标	煅 烧 前	煅 烧 后
灰分/%	< 0.35	< 0.5
真密度/g·cm⁻³	1.30 ~ 1.61	2.00 ~ 2.09
体积密度/g·cm⁻³	0.80 ~ 0.99	0.90 ~ 1.13
机械强度/MPa	22.9 ~ 61.4	58.3 ~ 77.8
硫分/%	0.17 ~ 1.09	< 1.5
挥发分/%	7 ~ 18	< 0.5
水分/%	3 ~ 18	< 0.5
收缩率/%		1.3 ~ 28.5
电阻率/μΩ·m		< 650

原料的煅烧质量一般用粉末比电阻和真密度两项指标来衡量。原料的煅烧程度越高,煅后料的粉末比电阻越低,真密度越高。

1.2.1.3 煅烧温度的确定

实验表明,经过 1300℃ 煅烧的炭质原料已达到充分收缩,因此,通常的煅烧温度选择在 1300℃ 左右比较合适。如果煅烧温度过低,炭质原料就得不到充分收缩,原料中挥发分不能完全排除,原料的理化性能不能达到均匀稳定,在下一步焙烧过程中原料颗粒会再次收缩,会导致制品变形或产生裂纹,而且制品的密度和机械强度都比较低。为了避免炭质原料颗粒在焙烧热处理过程中产生再次收缩,一般煅烧温度应高于焙烧温度。如果煅烧温度过高,原料体积密度降低,制品机械强度下降,而且砌筑煅烧窑炉的耐火材料也不允许煅烧温度提高得过高。因此,合适的煅烧温度是既可以保证煅烧物料的质量,又可以延长煅烧设备的使用寿命。根据长期的生产经验,炭质原料的煅烧温度控制在 1250 ~ 1350℃ 比较合适。

1.2.2 煅烧料的物理化学过程

炭质原料在煅烧过程中的变化是复杂的,既有物理变化,又有化学变化。具体包括:

(1) 原料中水分的排除。炭质原料在煅烧前的水分含量一般为 3% ~ 10% (一般需要煅烧的少灰原料进厂时技术要求在 3% 以下),当温度达到 130℃ 时,其所含的水分通过蒸发的形式基本排除干净。煅烧后原料的水分减至 0.3% 以下。这样的原料有利于破碎、筛分和磨粉作业,也能保证原料颗粒对黏结剂的吸附性能。

(2) 原料中挥发分的排除。炭质原料在煅烧过程中,随着温度的升高而排除的可燃性气体称为挥发分。石油焦、无烟煤和沥青焦都含有挥发分。炭质原料中挥发分含量的高低取决于成焦温度的高低或成煤的地质年度等因素。排除原料中的挥发分，使其质量均一、稳定，是煅烧的主要目的，也是提高原料理化性能的前提。

一般炭质原料加热到200℃左右，挥发分开始排除。在低温阶段从原料中排除的挥发分是原料中含有的轻馏分。温度在500～800℃范围内炭质原料中排除的挥发分最多。在这一温度范围内炭质原料发生着显著的变化。挥发分的热解和侧链基团因脱离母体，引起原料的缩聚过程。升温到800℃以上，挥发分排除速度减缓。升温到1100℃以上，挥发分排除基本结束。各种炭质原料经过1250～1350℃的煅烧后，石油焦挥发分含量一般在0.5%以下。

（3）体积收缩和密度、强度的提高。所有炭质原料在煅烧后体积都有收缩，但收缩程度不一样。一般地，原料挥发分高，在煅烧中排除的量就大，体积收缩程度就大。

各种炭质原料在煅烧过程中的体积收缩、密度、机械强度等理化指标情况见表1-5。

表1-5 各种炭质原料在煅烧过程中的体积收缩、密度、机械强度等理化指标

理 化 指 标		延迟焦		沥青焦	无烟煤	
		I	II		I	II
挥发分/%	煅烧前	11.71	14.95	0.55	7.43	6.31
体积收缩/%	煅烧后	28.5	25.5	1.25	25.5	23.9
真密度/g·cm⁻³	煅烧前	1.37	1.36	1.98		
	煅烧后	2.05	2.08	2.06	1.77	1.85
体积密度/g·cm⁻³	煅烧前	0.99	0.94	0.93	1.35	1.35
	煅烧后	1.13	1.15	1.15	1.61	1.59
抗压强度/MPa	煅烧前	6.14		8.1	11.6	13.2
	煅烧后	7.78		8.9	17.2	13.5

在煅烧过程中炭质原料剧烈地热解与缩聚反应，使其体积收缩较大，并产生许多裂纹，直接导致原料大量破碎变小。

（4）脱氢与电阻率的变化。炭质原料导电性能的改善是排除挥发分和碳平面网络中分子结构变化的结果。它和原料中氢含量的降低是一致的。因此，测定煅后焦的粉末电阻率和测定煅后焦的氢含量两种检测方法，目的是一样的。

炭质原料在煅烧过程中，随着煅烧温度的升高，挥发分排除量减少。但随着炭质原料热解反应的进一步加深，碳氢键断裂，挥发分中的氢含量却在增大。由于碳氢键的断裂和氢的排除，使碳原子团从结合状态下解放出来，变成自由电子状态，使原料导电性能提高，电阻系数下降。不同煅烧温度煅烧后的石油焦氢含量及电阻率举例见表1-6。

表1-6　不同煅烧温度煅烧后的石油焦氢含量及电阻率举例

煅烧温度/℃	真密度/g·cm⁻³	氢含量/%	电阻率/μΩ·m
1000	1.956	0.332	769
1100	2.037	0.188	551
1200	2.097	0.085	443
1300	2.136	0.031	366

（5）降低原料的化学活性。由于炭质原料中含有其他杂质元素，氢原子的价电子又和碳原子的价电子结合着，不仅原料的电阻系数大，而且原料的化学活性也较大，容易和其他物质相互作用，如容易被氧化和被其他物质腐蚀。

炭质原料在煅烧过程中，随着煅烧温度的升高，杂质元素被排除，降低了单质原料的化学活性。同时，碳氢化合物在煅烧过程中被热解，在炭质原料表面和孔壁沉积一层坚实的有光泽的碳膜，这层碳膜化学性能稳定，从而提高了原料的化学稳定性。

1.2.3　煅烧设备

原料的煅烧是炭素材料的热处理工序之一。炭素原料有各种不同结构的专门煅烧设备。煅烧炉窑结构的选择要考虑工艺要求、经济核算等条件因地制宜。

目前，国内外的煅烧炉窑主要分为回转窑、罐式煅烧炉、回转床煅烧炉、电气煅烧炉。这几种炉型的机构及煅烧工艺条件有明显的差别。不仅传热介质不一样，而且传热条件和煅烧气氛也有差异。煅烧气氛对煅烧原料的表面性质影响较大。目前国内常用的有回转窑、罐式炉和电气煅烧炉。

1.2.3.1　回转窑

回转窑和回转床是一种加热类型，是以燃烧主体及火焰与炭素原料直接接触的直接加热。由于燃料（煤气、天然气或重油）燃烧时靠空气助燃，因而碳质表面氧化多。

回转窑又称为旋窑，它的优点是产能大，换料容易，自动化控制程度高，建设速度快，对大型铝用炭素材料生产厂是适合的，是当今国际上使用最广泛的石油焦煅烧设备；回转窑的缺点是碳质烧损大（一般大于10%），原料浪费大，大、中、小修频繁。

回转床煅烧炉是国际上一种最新的炉型，已广泛用于焦炭的煅烧，特别是普通焦炭的煅烧。

1.2.3.2　罐式炉

罐式炉和焦炉是一种加热类型，利用耐火砖火道墙传出的热量以辐射方式间接加热炭素原料。

罐式炉的优点是煅烧质量好，碳质烧损小，可以充分利用石油焦本身的挥发分煅烧而不加或少加燃料，废弃热量通过蓄热室预热助燃冷空气，炉子热效率高，生产连续进行，小修比较少，维修费用较低，对中小铝厂和炭素厂是适合的；罐式炉的缺点是建设投资较大，基建钢材及异型硅砖及黏土耐火砖需要数量较多，原料挥发分大于10%以上时，炉内易结焦或放炮。

1.2.3.3 电气煅烧炉

电气煅烧炉借助电能对原料进行加热，被煅烧的炭素原料同时起着电阻发热体的作用，煅烧温度高。铝用阴极材料生产用的无烟煤经1800~2000℃的高温电煅烧后，成为电煅无烟煤。这种呈半石墨质的电煅无烟煤做成的阴极材料，在高温下能维持较高的耐压强度、耐腐蚀性，可大大延长铝电解槽的使用寿命。由于电气煅烧炉煅烧无烟煤有其特殊的价值和不可取代的地位，是其他类型的煅烧炉所不能胜任的。但是电气煅烧炉的缺点是产能小、耗费电能，生产成本较高。

回转窑的煅烧目的与罐式煅烧炉相同；不同的是，罐式煅烧炉的煅烧物料是间接加热的，而回转窑的煅烧物料则是受火焰的直接加热，氧化烧损较大，煅烧机理也有较大差异。回转窑和罐式炉的煅烧温度只有1280℃左右，煅后无烟煤的电阻率在$1200\mu\Omega\cdot m$左右，真密度在$1.74g/cm^3$左右，不能满足工艺技术要求。而电气煅烧炉煅烧温度可达2000℃，因此，阴极厂常选用电气煅烧炉来煅烧无烟煤。

1.2.4 煅烧用燃料

煅烧设备烘烤及煅烧过程补充的热量需要由外加燃料提供。煅烧需用的燃料主要是重油和燃气。

1.2.4.1 重油

重油又称燃料油，是原油提取汽油、柴油后的剩余重质油，呈暗黑色液体，主要是以原油加工过程中的常压油、减压渣油、裂化渣油、裂化柴油和催化柴油等为原料调合而成。其特点是相对分子质量大、黏度高。使用时需预热至60~80℃，使其易于流动，然后过滤除去杂质，在空气或水蒸气喷射作用下，使其雾化成细小的液滴，与空气混合均匀，并增大油与空气的接触面积，提高燃烧效率。

重油的密度一般在$0.82~0.95g/cm^3$，比热容为41.8~46.0MJ/kg，热值较高。其成分主要是碳水化合物，另外含有少量硫黄及微量的无机化合物。

重油燃烧及控制系统组成，如图1-10所示。

由原料库经加压过来的重油，首先经过加热、过滤和加压后，送入喷嘴，在高温蒸汽的作用下迅速雾化后高效燃烧，向用热部位提供热量。

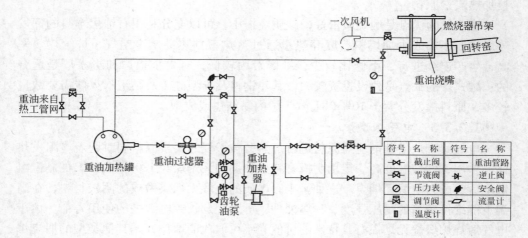

图 1-10 重油燃烧及控制系统示意图

1.2.4.2 燃气

燃气是气体燃料的总称，它能燃烧而放出热量，供城市居民和工业企业使用。按燃气的来源，通常可以把燃气分为天然气、人工燃气、液化石油气和生物质气等。煅烧系统常用的燃气主要是煤气（人工燃气的一种）和天然气。

A 煤气

煤气是以煤为原料加工制得的含有可燃组分的气体。根据加工方法、煤气性质和用途分为低热值煤气和中热值煤气。煤气化得到的是水煤气、半水煤气、空气煤气（或称发生炉煤气），这些煤气的发热值较低，故又统称为低热值煤气；煤干馏法中焦化得到的气体称为焦炉煤气，高炉煤气，属于中热值煤气，可供城市作民用燃料。煤气中的一氧化碳和氢气也是重要的化工原料。

煤气是由多种可燃成分组成的一种气体燃料。煤气的种类繁多，成分也很复杂，一般可分为天然煤气和人工煤气两大类。焦炉煤气是指用几种烟煤配成炼焦用煤，在炼焦炉中经高温干馏后，在产出焦炭和焦油产品的同时所得到的可燃气体，是炼焦产品的副产品，主要作燃料和化工原料。焦炉煤气主要由氢气和甲烷构成，分别占 56% 和 27%，并有少量一氧化碳、二氧化碳、氮气、氧气和其他烃类；其低发热值为 18250kJ/m³（标态），密度为 $0.4 \sim 0.5$kg/m³（标态），运动黏度为 25×10^{-6}m²/s。

B 天然气

天然气是埋藏在地下的古生物经过亿万年的高温和高压等作用而形成的可燃气，是一种无色无味无毒、热值高、燃烧稳定、洁净环保的优质能源。天然气是一种多组分的混合气体，主要成分是烷烃，其中甲烷占绝大多数，另有少量的乙烷、丙烷和丁烷，此外一般还含有硫化氢、二氧化碳、氮、水气，以及微量的惰性气体，如氦和氩等。热值为 $8500kJ/m^3$（标态），是一种主要由甲烷组成的气态化石燃料。它主要存在于油田和天然气田，也有少量出于煤层。天然气燃烧后无废渣、废水产生，较煤炭、石油等能源有使用安全、热值高、洁净等优势。

C 燃烧及控制系统

燃气燃烧及控制系统组成，如图 1-11 所示。

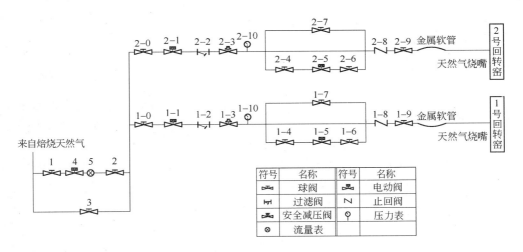

图 1-11 燃气燃烧及控制系统图

经调压后的燃气，首先经计量、过滤、安全减压，然后直接送往用气部位的烧嘴燃烧供热。

2 回转窑煅烧

2.1 基础知识

2.1.1 工艺流程

原料石油焦经初配和破碎后送入煅前料仓，再经给料皮带称重后送入回转窑，经煅烧后的料送入冷却机冷却至一定温度，最后通过胶带输送机、斗式提升机送入煅后仓储存，以备制糊成型系统取用。

煅烧炉排出的废气进入余热锅炉，进行废热利用。从锅炉出来的150~200℃的烟气用除尘设备收尘后，经烟囱排入大气中。

回转窑煅烧生产工艺流程，如图 2-1 所示。

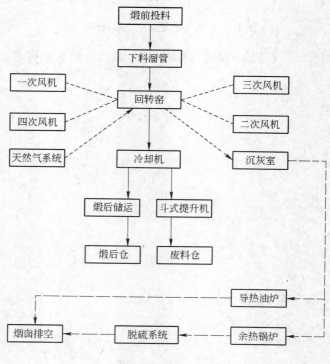

图 2-1 煅烧生产工艺流程图

为了便于工序管理，常将整个工艺系统细分为煅前上料工序、煅烧工序、煅后储运工序和循环水工序。

2.1.1.1 煅前上料

煅前上料工序的主要任务是使用天车卸车、上料，将石油焦初配、破碎后转运灌仓。

由火车或汽车运来的石油焦利用天车卸车，根据厂家、批次的不同，分别放在不同的料池内。

使用前，根据石油焦挥发分、灰分和硫分的不同，采用平铺直取的方法在规定的料池内掺配均匀。

上料时，石油焦经抓斗天车抓入带网格的格筛上，网格为 200mm×200mm 的正方形格子，大于此尺寸的石油焦需用大锤人工预破碎。格筛下安装有振动筛，筛网 70mm，大于 70mm 的料送入双齿辊破碎机破碎后落入胶带输送机，小于 70mm 的料直接落入胶带输送机。振动筛及双齿辊破碎机落下来的料经胶带输送机、斗式提升机、胶带输送机送入煅前仓以备回转窑生产使用。系统还配有电磁脉冲除尘器，对各落料点收尘，收下的粉料再返回生产系统使用。煅前上料工艺流程如图 2-2 所示。

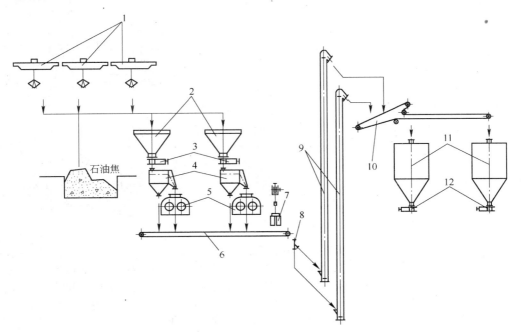

图 2-2　煅前上料工艺流程

1—抓斗天车；2—格筛料仓；3—手动平板闸；4—振动筛；5—破碎机；
6—皮带输送机；7—电磁除铁器；8—电液三通分料器；9—斗式提升机；
10—皮带输送机；11—煅前仓；12—手动平板闸

2.1.1.2　煅烧作业

煅烧作业的主要任务是控制回转窑的给料量，监控窑况（包括煅烧带、负压、给风量等）和冷却窑运行情况，生产合格的煅后焦。

煅前仓中的料通过胶带定量给料机、胶带输送机向回转窑定量给料。进入回转窑的石油焦被回转窑逐渐加热到 1250～1350℃，使其有效地除去水分、挥发分，提高真密度、机械强度，降低电阻率。煅烧好的石油焦经溜槽进入冷却机，冷却采用向高温石油焦直接喷水和向冷却机外壁淋水的间接冷却方式双重冷却，冷却后的煅后焦温度约为 65℃，以利于输送及储存。向冷却机直接喷水冷却所产生的含尘蒸汽通过多管旋风除尘器、水膜除尘器净化处理后排入大气中。多管旋风除尘器收下的料返回生产系统，水膜除尘器排出的含尘水进一步处理后循环使用。

回转窑煅烧工序工艺流程如图 2-3 所示。

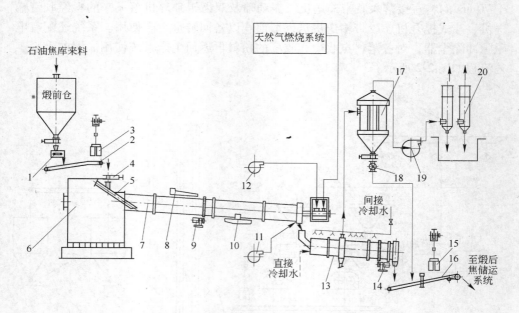

图 2-3　回转窑煅烧工序工艺流程

1—定量给料机；2，16—皮带输送机；3，15—电磁除铁器；4—电动插板阀；5—下料管；
6—沉灰室；7—回转窑；8—三次风机；9—回转窑主电机；10—二次风机；11—四次
风机；12—一次风机；13—冷却机；14—冷却机主电机；17—旋风除尘器；
18—卸灰器；19—冷却机引风机；20—水膜除尘器

将石油焦从窑尾喂入，由于窑筒体有 3% 的倾斜度，石油焦在窑内做周向翻转和沿轴向移动的复合运动，由给风燃烧装置从窑中喷入二次、三次风，使石油焦在 500～1300℃ 高温中分解及热聚，使石油焦在回转窑内完成排除挥发分和水分，深度焦化，并将碳留下，达到提高焦炭的真密度和降低比电阻的目的。经煅烧后的焦炭从窑头排出。这一系列的物理和化学变化均在隔绝空气中进行，以防止碳的氧化。正常生产时，石油焦在窑内不需要外加燃料，均靠其自身分解的挥发分燃烧提供热量，其关键是通过二次风、三次风的风量调节来控制，并保证碳质在不被烧损的条件下进行自我煅烧。

石油焦在窑内煅烧过程中约有12%的挥发分排出，其中大部分可用作窑内煅烧的燃料，其余部分可在窑的后部沉灰室内燃烧掉，以便回收余热并达到环保的要求。由于窑的尾气温度高达1100℃左右，故还可供余热锅炉回收余热。

为了保证窑内有适量的空气量，二次风和三次风的风机采用变频调速，电源通过窑体上的供电滑环供给。

为确保回转窑工作状态下的良好密封和窑筒体在热态中的直线度，窑头采用重锤压环式密封，窑尾采用迷宫式密封环密封。

2.1.1.3 煅后储运

煅后储运的主要任务是将从小窑出来的煅后焦经皮带和斗式提升机送入煅后仓内储存。

经冷却机冷却的煅后焦排出后，经胶带输送机、斗式提升机输送至煅后仓储存，供成型车间使用。不合格的煅后焦则送入废料仓，返回再煅烧。

煅后储运系统工艺流程，如图2-4所示。

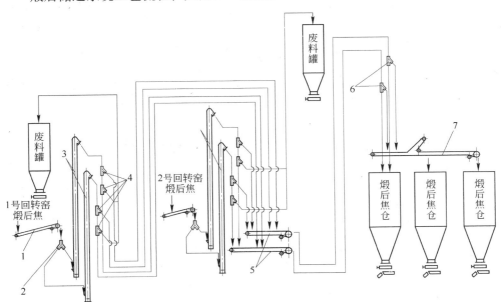

图2-4 煅后储运系统工艺流程图

1，5，7—皮带输送机；2—手拉三通分料器；3—斗式提升机；4，6—电液三通分料器

2.1.1.4　循环水系统

冷却机、部分设备轴承、回转窑下料管等均需要冷却水进行冷却，因此回转窑生产系统还配有循环冷却水系统。

该系统的主要任务是将工业用水软化除碱后，用泵加压送入需水冷却的设备，再将返回来的热水冷却后循环使用。

循环水系统主要由自动软水装置、全自动过滤器、冷水池、热水池、冷水泵、热水泵、冷却塔、配电柜等设备等组成。循环水系统工艺流程如图 2-5 所示。

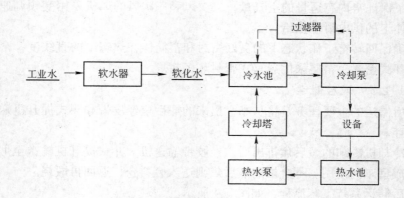

图 2-5　循环水系统工艺流程图

自动软水器及全自动过滤器工作系统如图 2-6 所示。

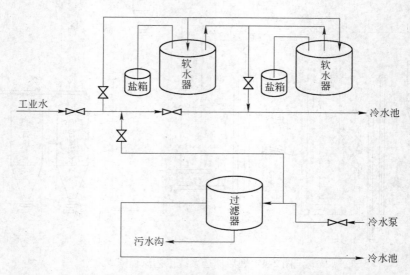

图 2-6　自动软水器及全自动过滤器工作系统图

循环水系统技术指标如下：进水总硬度不大于 10mmol/L，出水总硬度不大于 0.03mmol/L。

2.1.2 主要设备

2.1.2.1 回转窑

回转窑主要由窑筒体、窑头、窑尾、托轮、领圈、挡轮、传动装置、密封装置、燃料喷嘴和排烟系统组成。回转窑本体是一台由钢板卷焊成的圆筒，内部砌筑耐火砖或耐火浇注料。炭素制品工业使用的回转窑直径一般为 1.8~3.2m，长度为 24~65m。为了冷却灼红的煅后焦，在窑头下部装有一台结构类似回转窑但尺寸较小的冷却机。回转窑的结构如图 2-7 所示。

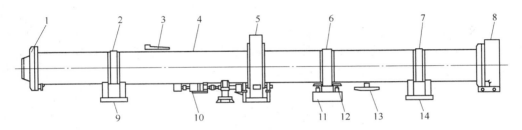

图 2-7 回转窑的结构示意图

1—窑尾；2，6，7—领圈；3—三次风；4—筒体；5—大齿圈；8—窑头；
9，11，14—托轮；10—驱动装置；12—挡轮；13—二次风

A 结构与原理

回转窑为倾斜（斜度 30/1000）安装的回转圆筒体设备，它由筒体、托轮、挡轮、窑头罩、窑尾密封、传动部件、二次供风部件、三次供风部件及内衬等组成。筒体由普通碳素钢卷板焊成，内衬为可浇注的耐火材料，托轮共有三挡，为滚动轴承支承转轴式，挡轮为滑动轴承支承的普通挡轮，配置在中间挡托轮处，窑头罩采用摩擦环重锤拉紧式密封。设置在筒体上的二次、三次供风部件，装有伸入筒体内的风管。窑体传动采用电机—减速机—开式齿轮齿圈，并附设了慢速转窑的辅助传动。其结构部件具体有：

（1）筒体。一般采用 Q235-A 钢板卷制焊接而成。在筒体中部固定有大齿轮，通过切向弹簧板将大齿轮与筒体连接，即弹簧板的一端焊接在筒体上，另一端用销轴铰接在齿圈凸缘上，这种使大齿圈悬挂在筒体上的连接结构能使齿圈与筒体留有足够的散热空间，并能减少窑体弯曲等变形对啮合精度的影响，起一定的减震缓冲作用。沿筒体长度方向上套有三个矩形轮带，轮带与筒体垫板的间隙根据热膨胀来决定，当窑运转时筒体膨胀后使轮带紧箍在筒体上，起增加筒体刚性的作用。

（2）传动系统。采用单传动，由一台调速电动机带动。调速范围可以满足生产工艺的要求。

（3）支撑装置。由托轮、托轮轴、滚动轴承组及底座组成。托轮与托轮轴承采用压配。托轮轴支撑在两个滚动轴承上，滚动轴承结构简单，摩擦力小，节省能源。

（4）密封。窑头、窑尾均采用迷宫式密封，迷宫式密封结构简单，没有接触面，所以不受筒体窜动的影响，也不存在磨损问题。

（5）窑头罩。采用钢板焊接而成的罩形，通过两侧车轮坐落在窑头操作平台上，下部与冷却机的接口连接。窑头罩内浇灌耐火浇注料，窑头罩的外端面设有两扇悬挂移动式窑门，以便进入窑内检修及窑内衬砌筑等工作。窑门上还设有伸进燃烧器用的孔以及看火孔。

B　回转窑内衬砌筑技术

目前，比较先进且成熟的筑窑技术是复合耐火砖与浇注料交叉砌筑。回转窑内衬结构，如图2-8所示。

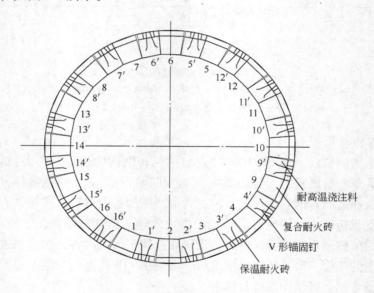

图2-8　回转窑内衬结构示意图

a　砌筑用料

砌筑用料包括：

（1）高强座泥，常用型号为TQZ-30。

（2）低水泥莫来石浇注料，常用型号为TGM-3，技术指标见表2-1。

（3）风嘴浇注料。

（4）复合耐火砖，形状如图2-9所示。

表2-1 筑窑用材料技术指标

名 称		低水泥莫来石浇注料	轻质保温砖	复合耐火砖耐火层	复合耐火砖保温层
型 号		TGM-3	TQG-2		
化学成分（Al_2O_3）		65%	45%		
最高使用温度/℃		1500	1300		
耐火度/℃		≥1770	≥1670		
体积密度/g·cm^{-3}		2.50	1.0	性能指标同莫来石浇注料	性能指标同轻质保温砖
烧后线变化率/%	1000℃	≤-0.1	≤-0.1		
	1400℃	≤-0.3			
烧后抗压强度/MPa	110℃×24h	≥45	≥10.2		
	1100℃×3h	≥60			
	1400℃×3h	≥95			

（5）保温砖，形状如图2-10所示。

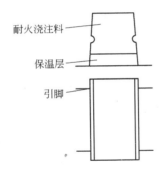

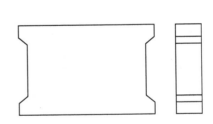

图2-9 筑窑用复合耐火砖示意图   图2-10 筑窑用保温砖示意图

（6）V形锚钩。常用材质为1Cr18Ni9Ti。

b 内衬砌筑方法

内衬砌筑方法如下：

（1）使用风镐对回转窑内衬人工开口，开口足够大时，用风镐扩长和扩宽，然后逐块拆下，使用手拉车将浇注料运出窑外。

（2）使用扁铲和电动砂轮清理干净窑皮内的锚钩及其焊疤。

（3）在规划的砌筑带中砌筑复合耐火砖，复合耐火砖与窑壳间应抹上适量的高强耐火泥。

（4）复合耐火砖砌筑完毕后，焊接锚固钉，砌筑和焊接完一行或两行复合耐火砖后转动窑体进行下行的砌筑。

（5）砌筑完 4 行后，应将其转动至顶部，开始下四行的砌筑，第八行砌筑完后旋转 90°，再进行 9~12 行的砌筑，砌筑好后旋转 180°进行第 13~16 行的砌筑。

（6）复合耐火砖全部砌筑完后，将窑内清理干净，施工浇筑带，在浇筑带内焊接锚固钉，锚固钉之间的间距以放下轻质保温砖为准，锚固钉焊接牢固后涂上座泥，砌筑轻质保温砖。

（7）轻质保温砖铺设完毕后，开始用浇注料浇筑施工。将搅拌好的浇注料倒入模具内，使用振动棒振实。在振动过程中，移动振动棒或拉出料面时应缓慢，防止溢流空洞。如此依次完成所有浇筑带的浇注工作。

C　烘窑与停窑

烘炉是不定型耐火材料施工和使用中的关键环节，其作用主要是排除衬体中的游离水和化学结合水，获得高温使用性能。烘炉得当，能提高窑炉及热工设备的寿命；否则，水分排除不畅通，将使衬体产生裂纹，降低强度，严重时甚至引起衬体的剥落事故。因此，需要根据水分蒸发及浇注料的烧结情况制定升温曲线。升温速度以沉灰室入口温度为基准，一般控制在 7℃/h 左右。

因故停窑时，为防止温度骤变给窑皮及其内衬带来很大的热冲击，降低寿命，降温也要制定降温曲线，匀速降温。降温速度以沉灰室出口温度为基准，一般控制在 25℃/h 左右。

D　检查维护重点部位

设备检查维护重点部位，见表 2-2。

表 2-2　设备检查维护重点部位明细表

序号	部　位	项　目	内　容	标　准
1	环　境	现场地面	卫生、外观	无杂物
		仪　表	数　据	显示准确
		照明灯	运行状态	完好光线明亮
		警示牌	完好情况	齐全完好
2	电　机	外　壳	卫生、外观	表面无积尘
		标识牌	悬挂情况	齐全完好
		转动部位	是否异音	无异音
		接线盒	是否异味	无异味
		温　度	温度值	<75℃
		电机绝缘	相间、对地绝缘值	>0.5MΩ
		接地线	是否松动	良好无松动
		三角带	是否龟裂	无龟裂
			松紧度	均匀、无松弛
		轴　承	是否异音	无异音

序号	部 位	项 目	内 容	标 准
3	操作箱	卫 生	积灰、杂物	无杂物
		标识牌	粘贴情况	无脱落
		按 钮	是否脱落	无脱落
		箱 体	固定、外观情况	固定牢靠、无破损
		转换开关	是否灵活	灵活完好
		进线口	封 堵	封堵完好
4	托 轮	轴 承	是否异音	无异音
		冷却水	管道畅通	畅 通
		固定螺栓	松动、锈蚀	无松动、无锈蚀
5	挡 轮	油 位	油位高度	油位不低于油标底线
		冷却水	管道畅通	畅 通
		转动部位	转 动	灵 活
6	减速箱	卫 生	表 面	无油污
		油 位	油位高度	油位不低于油标底线
		轴 承	是否异音	无异音
		对 轮	完好情况	完 好
		密封处	是否渗漏	无渗漏
		固定螺栓	松动、锈蚀	无松动、无锈蚀
7	风 机	导电弓	是否变形	无变形
		电 机	是否异音	无异音
		叶 轮	是否异音	无异音
		电 缆	表 面	无破损
8	柴油机	水 箱	是否渗漏	无渗漏
		油箱、油路	是否渗漏	无渗漏
		对 轮	完好情况	完 好
		整 体	完好情况	完 好

E 设备润滑

回转窑的润滑部位如图 2-11 所示，主要是主电机、主减速箱、轴承座、大齿圈、柴油机、柴油机减速箱、托轮、挡轮、摩擦片。

F 常见故障及其处理

a 内衬脱落及处理

内衬脱落及处理主要有以下几种：

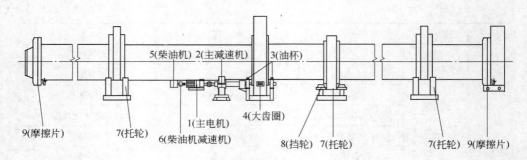

图 2-11　回转窑润滑部位示意图

（1）当查看窑况发现石油焦内混有少量的大块浇注料时（不超过 5 块），应减少煅前投料至 2t/h，回转窑的主电机频率降至 15Hz，窑头负压提高至 −30Pa 以上。具体方法为：

1）当确定脱落部位为风嘴浇筑料时，指挥拉开窑头的窑门，利用专用工具把脱落的浇筑料清除干净，然后关闭窑门，恢复生产；

2）当确定脱落部位为窑内衬时，应急小组可按照要求的速度（(25±10)℃/h）对回转窑进行降温。降至常温后，根据内衬损坏情况，再决定全部修复或局部修复。

（2）当查看窑内状况，发现石油焦内混有大量的大块浇注料时（超过 5 块），并且回转窑内衬开始大面积脱落，立即停止煅前投料，停止回转窑主电机，改为备用柴油机转窑，把煅后系统转入废料仓。

安排人员到冷却机后皮带上捡拾脱落的内衬，防止进仓。开大回转窑引风机入口蝶阀，使回转窑窑头负压达到 −30Pa 以上，以便使窑内温度尽快降低。若窑皮出现"红窑"现象时，利用储备的橡胶高压风管接到窑头的压缩空气旁支管上，对"红窑"部位进行降温，直至降至自然温度，防止回转窑窑体的变形。

b　突然停电时的紧急操作

突然停电时的紧急操作有：

（1）联系余热锅炉，迅速将烟道旁通闸板打开，保持窑尾负压，同时关闭下料管的手动插板阀，防止返火烧坏设备。

（2）主控人员立即启动回转窑的备用柴油机，用柴油机带动回转窑的运转。

（3）大窑工迅速打开下料管的备用水槽，利用备用水槽内的水冷却下料管，并打开下料管的蒸汽阀。

（4）调温工迅速关闭窑头观察孔及红外线测温仪测温孔。

（5）当遇主燃烧器使用过程中停电时，要及时关闭天然气流量调节阀。

（6）若遇停电时间过长，为防止小窑内积料过多，应将大、小窑之间的溜槽拉开，使料直接落入地面，并进行淋水作业。

（7）调温工应在停电 10min 内，把上位机系统退出，并停止上位机运行

（上位机有 UPS 电源，可使上位机停电 10min 内继续工作）。

恢复供电后的操作步骤如下：

（1）循环水系统启动循环泵，并将压力调整正常。

（2）打开上位机，进入监控系统。

（3）启动大窑引风机（启动前大窑引风机入口蝶阀要关闭），并联系余热车间关闭旁通烟道挡板。

（4）恢复煅后系统的运转（启动顺序为从后向前启动），若出现不合格料转入废料仓。

（5）启动冷却机，启动小窑引风机。

（6）启动回转窑主电机，启动二、三次风机。

（7）恢复煅前投料。

（8）窑头天然气系统投入使用。

（9）启动其他辅助设备和系统。

c　窑尾结圈的判断及处理

结圈的现象：窑尾结圈应会准确判断，轻微结圈时窑头返火，窑尾负压波动；中度结圈时窑尾有轻微漏料，沉灰室温度升高；严重结圈时，虽增大引风机抽力，但窑头负压变化不大。

结圈原因：当石油焦中水分含量大或挥发分含量高时，在回转窑窑尾容易产生结圈，导致煅烧带前移，煅烧温度提不上来，影响煅后焦质量。

结圈的处理方法如下：

（1）轻微结圈时可继续生产。

（2）中度结圈时减料至 5t/h 运行，并调节二、三次风量，窑速，负压，适当延长煅烧带。

（3）严重结圈时，停止煅前下料，减少窑尾引风量和二、三次风量，进行烧圈，烧圈应尽量控制在 2h 以内。

（4）在烧圈过程中应注意调节回转窑转速，二、三次风量适当延长煅烧带长度，防止频繁结圈和烧圈，烧圈应彻底，防止投料后重新结圈。

d　大小窑间溜槽堵料的处理

大小窑间溜槽堵料的处理有：

（1）确认为大小窑间溜槽堵料后，立刻停止煅前下料，待煅前下料停止后关闭手动插板阀。

（2）停止回转窑，将回转窑驱动转为柴油机驱动。

（3）将小窑直冷水快速接头卸下。

（4）将大小窑间溜槽拉开，落下的红焦进行洒水降温作业。为了防止落下红焦过多，引起高温，拉大小窑间溜槽时，一开始不要拉开过多，要随着堵料的减少逐渐拉开。

（5）待溜槽拉开后，选择合适的角度，清除溜槽堵塞物。

（6）溜槽内堵塞物清除后，将溜槽闭合。

（7）将柴油机联轴节脱离，回转窑连锁位启动。

（8）恢复小窑直冷水供给。

（9）启动煅前下料系统，恢复正常生产。

2.1.2.2　冷却机

冷却机主要由筒体、内衬板、窑头罩、下料溜管、传动装置（电机、减速机、齿圈）、支撑装置（托轮、托轮轴、滚动轴承组及底座）、冷却水管线及集汽装置等组成，如图 2-12 所示。

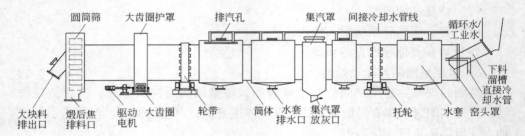

图 2-12　冷却机结构示意图

A　工作原理

冷却机是回转窑的配套设备。由回转窑排出的熟料经过窑头溜子送入冷却机冷却。筒体倾斜安装，斜度 3%。冷却机内部装有物料板等热交换装置，在冷却机筒体外壁装有水套，通过水套对筒体喷淋冷却水，料通过热传导从筒体外壁用冷却水带走热量。另外为了提高冷却效果，在冷却机机尾部分向冷却机内直接喷入冷却水，直接与热的熟料接触，通过水的蒸发吸热进行降温，产生的蒸汽通过内部的集汽装置用风机排空。

B　结构

冷却机的结构包括：

（1）筒体一般采用 Q235-A 钢板卷制焊接而成。在筒体中部固定有大齿轮，通过切向弹簧板将大齿轮与筒体连接，即弹簧板的一端焊接在筒体上，另一端用销轴铰接在齿圈凸缘上，这种使大齿圈悬挂在筒体上的连接结构能使齿圈与筒体留有足够的散热空间，并能减少窑体弯曲等变形对啮合精度的影响，起一定的减震缓冲作用。沿筒体长度方向上套有两个矩形轮带，轮带与筒体垫板的间隙由热膨胀而决定，当窑运转时筒体膨胀后使轮带紧箍在筒体上，起增加筒体刚性的作用。

（2）传动系统采用单传动，由一台调速电动机带动。调速范围可以满足生产工艺的要求。

（3）支撑装置由托轮、托轮轴、滚动轴承组及底座组成。托轮与托轮轴承采用压配。托轮轴支撑在两个滚动轴承上，滚动轴承结构简单，摩擦力小，节省能源。

（4）筒体外装有冷却水套，用于冷却筒体及收集冷却水。

（5）筒体内部装有钢衬板及拨料板，用于翻滚物料。中间部位装有集汽装置，用于收集直接冷却水产生的蒸汽。

2.1.2.3　电磁振动给料机

电磁振动给料机是一种新型的给料设备，用于把块状、颗粒状及粉状物料从储料仓或漏斗中均匀连续或定量地给到受料装置中去。可用于自动控制的流程中，实现生产流程的自动化。

A　结构与原理

给料机主要由传动装置、皮带机、称重机架、传感器、控制仪及电控系统组成。

给料机将经过皮带上的物料，通过称重秤架下的称重传感器检测质量，以确定皮带上的物料质量；装在机头的滚筒或旋转设备上的数字式测速传感器，连续测量给料速度，该速度传感器的脉冲输出正比于皮带速度；速度信号与质量信号一起送入皮带给料机控制器，产生并显示累计量/瞬时流量。给料控制器将该流量与设定流量进行比较，由控制器输出信号控制变频器调速，实现定量给料的要求。

B　特点

电磁振动给料机的特点有：

（1）体积小、质量轻、结构简单、安装方便，无转动部件不需润滑，维修方便，运行费用低；

（2）该设备由于运用了机械振动学的共振原理，双质体在低临界近共振状态下工作，因而消耗电能少；

（3）由于可以瞬时地改变和启闭料流，因此给料量有较高的精度；

（4）采用中控硅半波整流线路，因此在使用过程中可以通过调节可控硅开放角的办法方便地无级调节给料量，并可以实现生产流程的集中控制和自动控制；

（5）由于给料槽中的物料在给料过程中连续地被抛起，并按抛物线的轨迹向前进行跳跃运动，因此给料槽的磨损较小；

（6）不适用于具有防爆要求的场合。

C　检查维护重点部位

检查维护重点部位见表2-3。

表 2-3　检查维护重点部位

序号	部位	项　目	内　容	标　准
1	环　境	现场地面	卫生、外观	无杂物
		照明灯	运行状态	完好，光线明亮
		警示牌	完好情况	齐全完好
2	电机、减速箱	外　壳	卫生、外观	表面无积尘
		转动部位	是否异音	无异音
		接线盒	是否异味	无异味
		电机温度	温度值	<75℃
		电机绝缘	相间、对地绝缘值	>0.5MΩ
		接地线	是否松动	良好无松动
		轴　承	是否异音	无异音
		密封处	是否渗漏	无渗漏
		地脚螺栓	紧固情况	紧固无松动
3	变频器	电器柜	卫生、外观	无杂物、无积尘
		信　号	是否准确	准　确
4	滚　筒	密封处	是否渗油	无渗油
		螺　栓	紧固、锈蚀	无松动、无锈蚀
		转动部位	是否异音	无异音
		机　尾	轴　承	无异音
5	皮　带	跑　偏	是否跑偏	无跑偏
		皮　带	是否撕裂	无撕裂
		护　网	是否损坏	无损坏
		下料口	是否变形	无变形
		托　辊	是否完好	转动灵活

D　设备润滑

主要润滑部位是传动滚筒、张紧滚筒和电机。

E　常见故障及其处理

常见故障及其处理见表 2-4。

表 2-4　常见故障及其处理

序号	故障征象	故障原因	处理方法
1	接通电源后电振机不振动	保险丝熔断	更换保险丝
		控制箱无输出	检修控制箱
		线圈开路或引线折断	重新接好出线

序号	故障征象	故障原因	处理方法
2	调节电位器，振动微弱，对振幅反映小或不起作用	可控硅击穿，失去整流作用	更换可控硅
		控制箱输出偏小	检修控制箱
		更换线圈后，极性接错	更换线圈连接极性
		气隙堵塞	清除异物
3	机器噪声大，调整电位器振幅反映不规则有猛烈的撞击声	螺旋弹簧有断裂	更换新弹簧
		激振器与槽体连接螺栓松动或断裂，铁芯和衔铁撞击	拧紧或更换螺栓适当增大气隙
4	电振机间歇地工作或电流上下波动	线圈损坏	修理或更换线圈
		控制箱内部接触不良	检查焊点或更换性能不良元件
5	工作正常但电流过大	气隙太大	适当减少气隙
6	空载试车正常，负载后振幅降低较多	料仓排料口设计不当，使料槽承受料柱压力过大	重新设计或改进料仓口设计减少料柱压力
7	皮带跑偏	皮带松	调整张紧滚筒张紧度
		滚筒上粘料	清理传动滚筒和张紧滚筒上得粘料
		下料口不正	调整下料口
8	给料显示不准确	仪表不准	联系校验仪表

2.1.2.4 沉灰室

A 结构与原理

沉灰室分为两个部分，中间由折流墙隔开，结构示意如图2-13所示。

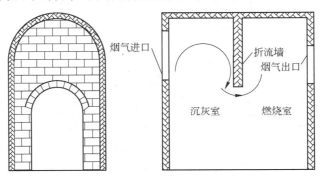

图2-13 沉灰室结构示意图

从回转窑排出的高温烟气先进入沉灰室，烟气在折流墙的阻挡下从折流墙下边流过并上升进入燃烧室，烟气中的粉尘在折流墙下部因自重原因产生一个离心力而被甩向沉灰室底部，进入燃烧室内的烟气因经过折流墙时速度减小，烟气中的可燃粉尘在燃烧室内进行二次燃烧，并将燃烧产生的热量供余热锅炉发电。因此，沉灰室也称为燃烧室或烧尽室。

B 检查维护重点部位

检查维护重点部位见表2-5。

表2-5 设备检查维护重点部位明细表

序号	部位	项 目	内 容	点检标准
1	环境	现场地面	卫生、外观	无杂物
		照明灯	运行状态	完好，光线明亮
		仪 表	外观及数据	外观完好，数据准确
		警示牌	完好情况	齐全，完好
2	风门	伺服放大器	插头是否干净、完好	干净，完好
			电源、信号线是否规范	固定规范、无拖地现象
			动作是否灵活	完好，灵活
			反馈和设定值误差是否符合标准	不超过5%
		推 杆	是否变形、损坏	无变形、无损坏
			转动部位是否灵活	灵活可靠
		闸 板	是否变形、缺损	无变形、无缺损
3	沉灰室	折流墙	是否倾斜、下沉	无倾斜、下沉
		拱 顶	是否有下沉及严重裂纹	无下沉及严重裂纹
		外 壳	是否有烧红点	温度正常，无烧红点
		积灰情况	是否有严重积灰	无严重积灰

2.1.2.5 离心式引风机

A 结构与原理

离心式引风机由电机、轴承箱、机壳、叶轮、进风口、调节阀组成。

当离心式引风机的叶轮被电动机带动旋转时，充满于叶片之间的气体随同叶轮一起转动，在离心力的作用下，气体从叶片间槽道甩出，并将气体由叶轮出口处输送出去，因气体外流使叶轮中间形成真空，外界的气体就被自动吸入叶轮进行补充，由于风机的不停工作，将气体吸进压出，形成气流的连续流动，从而连续地将气体排出。该系统离心式引风机的作用是将回转窑内形成负压，保证石油焦煅烧过程的正常进行。

B 检查维护重点部位

检查维护重点部位见表2-6。

表2-6 设备检查维护重点部位明细表

序号	部位	项 目	内 容	点检标准
1	环境	现场地面	卫生、外观	无杂物
		照明灯	运行状态	完好，光线明亮
		仪 表	数 据	准 确
		警示牌	完好情况	齐全，完好
2	电机	外 壳	卫生、外观	表面无积尘
		标识牌	悬挂情况	齐全完好
		转动部位	是否异音	无异音
		接线盒	是否异味	无异味
		电机温度	温度值	<75℃
		电机绝缘	相间、对地绝缘值	>0.5MΩ
		接地线	是否松动	良好无松动
		轴 承	是否异音	无异音
		对 轮	缓冲垫	完 好
			对轮销	完 好
3	操作箱	卫 生	积灰、杂物	无杂物
		标识牌	粘贴情况	无脱落
		按 钮	是否脱落	无脱落
		箱 体	固定、外观情况	固定牢靠、无破损
		转换开关	是否灵活	灵活完好
		进线口	封 堵	封堵完好
4	叶轮	表 面	是否积灰	无积灰
		转 动	是否异音、振动	无异音、无异常振动
		动、静平衡	是否符合标准	符合标准
5	轴承箱	卫 生	表 面	无油污
		油 位	油位高度	油位不低于最低线
		轴 承	是否异音	无异音
		冷却水	管道畅通	畅 通
		对 轮	完好情况	完 好
		地脚螺栓	是否松动、锈蚀	无松动、无锈蚀
		密封处	是否渗漏	无渗漏

序号	部位	项目	内　容	点检标准
6	风量调节阀	叶片	是否有积灰	无积尘
			是否齐全完好	齐全，完好
		法兰连接	是否漏风	密封良好、螺栓齐全
7	电动执行机构	伺服放大器	插头是否干净、完好	干净，完好
			电源、信号线是否规范	固定规范、无拖地现象
			动作是否灵活	灵活，完好
			反馈和设定值误差是否符合标准	不超过 5%
		推杆	是否变形、损坏	无变形、无损坏
			转动部位是否灵活	灵活可靠

2.1.2.6　抓斗桥式天车

桥式起重机是横架于车间、仓库和料场上空进行物料吊运的起重设备。由于它的两端坐落在高大的水泥柱或者金属支架上，形状似桥，所以又称"天车"或者"行车"。抓斗桥式天车属于桥式起重机的一种，主要用于散货、废旧钢铁、木材等的装卸与吊运作业。

A　结构与原理

抓斗桥式天车的桥架沿铺设在两侧高架上的轨道纵向运行，起重小车沿铺设在桥架上的轨道横向运行，构成一矩形的工作范围，可以充分利用桥架下面的空间吊运物料，不受地面设备的阻碍。它是使用范围最广、数量最多的一种起重机械。

抓斗桥式天车一般由装有大车运行机构的桥架、装有起升机构和小车运行机构的起重小车、抓斗、电气设备、司机室等几个大部分组成，以钢丝绳分别联系抓斗起升、起升机构、开闭机构，如图 2-14 所示。

抓斗桥式天车使用传统的绕线式电动机转子串电阻调速方式，实现对起重机上各机构起停及运行速度的控制。起升机构是通过控制三相异步电动机的正反转，经过联轴器和减速器带动绕有钢丝绳的卷筒，使吊钩升或降。两个移动机构，也分别是通过控制三相异步电动机的正反转，经过联轴器和减速器带动车轮转动。

抓斗桥式天车的取物装置为双卷筒的四绳抓斗，配有两组电机卷筒（提升和开闭），每组卷筒引出两根钢丝绳，其中两根成一组分别生根在抓斗平衡架两端作提升用，另一组钢丝绳经过上横梁的滑轮与下横梁的滑轮，组成滑轮组，起开闭斗部作用。提升钢丝绳将抓斗起吊在适当位置上，然后放下开闭钢丝绳，这时靠下横梁的自重迫使斗部以下横梁大轴为中心将斗部打开，当斗部开到两耳板与碰块相撞时，即斗部打开到最大极限。开斗时，上横梁滑轮和下横梁滑轮中心距

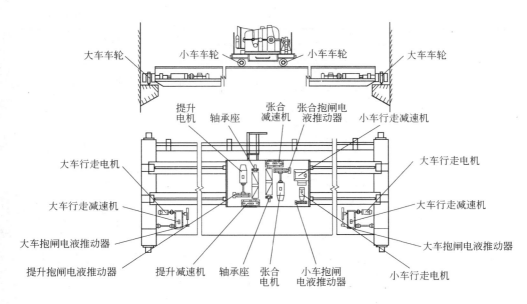

图 2-14　抓斗桥式天车结构示意图

加大，然后提升钢丝绳落下，将已打开的抓斗，落在要抓取的松散堆积物上面，再收绕开闭钢丝绳，将上横梁滑轮与下横梁滑轮的中心距恢复到原来的位置，这样就完成了抓取物料的过程。在闭合的斗部里装满物料后，提升开闭钢丝绳，整个抓斗也被吊起，经行车移动到所需卸料场地上，开斗卸下所抓取的物料。抓斗可在任一高度张开和闭合，结构简单，工作可靠。

　　B　检查维护重点部位

检查维护重点部位见表 2-7。

表 2-7　抓斗桥式天车的检查维护重点部位明细表

序号	部位	项　目	内　容	点检标准
1	环境	现场地面	卫生、外观	无杂物
		照明灯	运行状态	完好，光线明亮
		护　栏	焊　接	无开焊
		警示牌	完好情况	齐全，完好
2	电机	外　壳	卫生、外观	无积尘
		转动部位	是否异音	无异音
		接线盒	是否异味	无异味
		电机温度	温度值	小于 80℃
		电机绝缘	相间、对地绝缘值	大于 0.5MΩ

序号	部位	项　目	内　容	点检标准
2	电机	轴　承	是否异音	无异音
		固定螺栓	紧固、锈蚀	无松动、无锈蚀
3	控制箱	卫　生	积灰、杂物	无杂物
		按　钮	是否脱落	完　好
		标识牌	粘贴情况	无脱落
		操作手柄	动　作	灵活无错位
		指示灯	显　示	显示正常
4	端子排箱	接线鼻子	接　线	无松动
		箱　体	固定、锈蚀	无松动、无锈蚀
		端子排	是否损坏	无损坏
5	配电箱	电缆线	排列、破损	排列整齐、无破损
		卫　生	积灰、杂物	无杂物、无积灰
		继电器	动　作	灵活可靠
		端子排	是否损坏	无损坏
		电器元件	是否异味	无异味
		电器元件	是否异音	无异音
		开　关	完好情况	完　好
6	减速机	油　位	油位高度	油位不低于最低线
		密　封	是否漏油	无漏油
		转动部位	是否异音	无异音
7	抱闸	间　隙	是否符合要求	不小于 0.4mm
		闸　皮	磨　损	磨损度不大于 10mm、不漏铆钉
8	液压泵	推　杆	行　程	行程合理
9	保护	小车限位	是否动作	灵敏可靠
		大车激光防撞	是否动作	灵敏可靠、两车间距 4m
		门限位	是否动作	灵敏可靠
		提升限位	是否动作	灵敏可靠
		防撞垫	破　损	无破损
10	滑触线	直线导管	平行度	不大于 1.5/1000
			三根导管水平和垂直方向直线度	不大于 1.5/1000
		悬吊与固定部件	固定情况	固定牢靠

序号	部位	项 目	内 容	点检标准
10	滑触线	连接夹	连接固定情况	固定牢固，无损坏
		极与极和极与外壳间隙	绝缘电阻	不小于5MΩ
11	轨道	大车轨道	跨距偏差	不大于6mm
			相对标高偏差	不大于10mm
			轨道接头	间隙一般为1～2mm，温度间隙为4～6mm，高低差不应大于1mm，横向偏移不应大于1mm
			轨道压板	不松动，螺栓紧固、无锈蚀
		小车轨道	跨距偏差	不大于2mm
			相对标高偏差	不大于3mm
			轨道接头	间隙一般为1～2mm，高低差不应大于1mm
			轨道压板	无开焊、无脱落
12	抓斗	焊接处	是否开焊	无开焊
		导绳轮	磨损、转动	无磨损、转动灵活
		钢丝绳	断丝、变形	断丝不超过一捻距4丝、无变形
13	车轮	大车车轮	对角线的长度差	不大于5mm
			同一端的车轮轴距偏差	不大于4mm
			踏面	无裂纹，不得有超过3mm深的凹陷和压痕，最大磨损量不得超过轮缘厚度的15%
		小车车轮	对角线的长度差	不大于3mm
			同一端的车轮轴距偏差	不大于2mm
			踏 面	无裂纹，不得有超过3mm深的凹陷和压痕，最大磨损量不得超过轮缘厚度的15%
14	卷扬滚筒	盘绳槽	磨损程度	最大磨损深度不超过卷筒名义直径的1/150
		轴承	转动	无异音
15	小车电缆	电缆	表面	无龟裂、无破损
		滑轮小车	转动部位	转动灵活
		钢丝绳	两小车间连接	连接牢靠

序号	部位	项目	内　容	点检标准
16	自动加油器	油包	油	低于 1/5 更换油包
		电池	电池	半年更换一次
17	电源	开　关	箱　体	无变形
			接　线	紧固可靠
		滑触线	变　形	无变形

C　更换钢丝绳

操作步骤：

（1）松开损坏钢丝绳卷扬滚筒压板螺栓和抓斗上固定螺栓；

（2）将新钢丝绳一端固定在卷扬滚筒压板上，转动 2～3 圈卷扬滚筒后，再将钢丝绳另一端固定在抓斗上；

（3）提升试车，调整钢丝绳长度。

检修标准：

（1）滚筒压板螺栓固定牢靠；

（2）钢丝绳卡固定牢靠；

（3）钢丝绳长度一致，试车运行时无扭曲变形现象。

D　常见故障及其处理

常见故障及其处理方法有：

（1）钢丝绳出槽：

1）导绳轮出槽。拔出导绳轮开口销，取下导绳轮，钢丝绳复位，安装好导绳轮；

2）动滑轮出槽。松开动滑轮轴端盖，窜动轴错开挡板，钢丝绳复位，恢复轴端盖。

（2）控制系统无法启动：

1）限位开关误动作：检查限位开关是否能正常复位，如无法复位，应在限位开关摇臂轴处加注润滑油并往复活动摇臂直至正常复位，关好大小车通行门，确保限位开关动作到位；

2）电锁、急停开关或控制线路损坏时，应联系检修人员处理。

2.1.2.7　双齿辊破碎机

A　结构与原理

双齿辊破碎机由传动装置、机架部分、破碎辊、机械弹簧装置、联动机构等部分组成，如图 2-15 所示。

双齿辊破碎机的两个圆柱形齿辊是工作的主要机构。工作时，两个圆辊做相向旋转，由于物料和辊子之间的摩擦作用，将给入的物料卷入两辊所形成的破碎

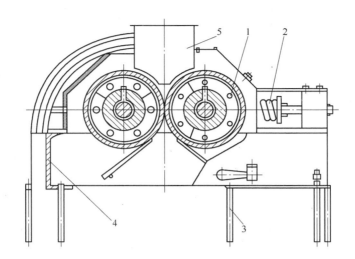

图 2-15 双齿辊破碎机结构示意图

1—辊子；2—保险弹簧；3—地脚螺栓；4—机架；5—进料口

腔内压碎，破碎后的物料在重力作用下，从两个辊子间的间隙处排出。

B 检查维护重点部位

检查维护重点部位，见表 2-8。

表 2-8 检查维护重点部位明细表

序号	部位	项目	内容	标准
1	环境	现场地面	卫生、外观	无杂物
		照明灯	运行状态	完好，光线明亮
		警示牌	完好情况	齐全，完好
2	电机	外壳	卫生、外观	表面无积尘
		标识牌	悬挂情况	齐全，完好
		三角带	是否龟裂	无龟裂
			松紧度	均匀、无松弛
		转动部位	是否异音	无异音
		接线盒	是否异味	无异味
		电机温度	温度值	<75℃
		电机绝缘	相间、对地绝缘值	>0.5MΩ
		接地线	是否松动	良好无松动
		地角螺栓	紧固、锈蚀	无松动、无锈蚀
		轴承	是否异音	无异音

序号	部 位	项 目	内 容	标 准
3	操作箱	卫 生	积灰、杂物	无杂物
		标识牌	粘贴情况	无脱落
		按 钮	是否脱落	无脱落
		箱 体	固定、外观情况	固定牢靠、无破损
		转换开关	是否灵活	完 好
		进线口	封 堵	封堵完好
4	限 位	保 护	动 作	灵敏可靠
		进线口	封 堵	封堵完好
		螺 栓	固定是否牢靠	固定牢靠

C 常见故障及其处理

堵料的处理方法如下：

(1) 立即在主控室按下急停按钮或将现场就地控制箱转换开关打至"检修"位。

(2) 通知天车工停止向格筛抓料。

(3) 将破碎机的电源抽屉拉出，并挂"有人工作，禁止合闸"的安全警示牌，把现场的转换开关转到"检修"位。

(4) 打开双齿辊破碎机上导料管，将堵塞的异物清除。

(5) 待所有的异物清除后，对破碎机送电，现场转换开关转到"就地"位，点动设备，确认设备运转正常。

(6) 设备点动转动正常后，切断破碎机电源，并挂警示牌，就地控制箱打到"检修"位。

(7) 把上导料管紧固好，就地控制箱打到"遥控"位，把主电源送上。

2.1.2.8 斗式提升机

斗式提升机简称斗提机，适用于对颗粒状、粉状散体物料在较大垂直方向的输送，在冶金行业应用广泛。

其主要特点是：横向尺寸大、输送量大、提升高度大、能耗小（能耗约为气力输送的 1/10 ~ 1/5）、密封性好，但工作时易过载、易堵塞、料斗易磨损。

斗提机按安装形式可分为固定式和移动式，按牵引构件不同又可分为带式和链式，工程实际中较常用的是固定式带式斗提机。

A 结构

斗提机主要由牵引构件（畚斗带）、料斗（畚斗）、机头、机筒、机座、驱动装置和张紧装置等部分组成。整个斗提机由外部机壳形成封闭式结构，外壳上部为机头、中部为机筒、下部为机座。机筒因提升高度不同可由若干节构成。内部结构主要为环绕于机头头轮和机座底轮形成封闭环形结构的畚斗带,畚斗带上每隔一定的距离安装了用于承载物料的畚斗。斗提机的驱动装置设置于机头位置,保证畚斗带有足够张力的张紧装置位于机座外壳上,通过头轮实现斗提机的驱动和畚斗带的张紧。为了防止畚斗带逆转,头轮上设置了止逆器。机筒中安装了畚斗带跑偏报警装置,畚斗带跑偏时能及时报警。底轮轴上安装有速差监测器,以防止畚斗带打滑。机头外壳上设置了一个泄爆孔,及时缓解密封空间的压力,防止发生粉尘爆炸。以上几个特殊构件的设置,都是为了保证斗提机能正常安全地运转。其构件具体包括:

(1)畚斗带。畚斗带是斗提机的牵引构件,其作用是承载、传递动力。要求强度高、挠性好、伸长率小、质量轻。常用的有帆布带、橡胶带两种。帆布带是用棉纱编织而成的,主要适用于输送量和提升高度不大、物料和工作环境较干燥的斗提机;橡胶带由若干层帆布带和橡胶经硫化胶结而成,适用于输送量和提升高度较大的提升机。

(2)畚斗。畚斗是盛装输送物料的构件。根据材料不同有金属畚斗和塑料畚斗。金属畚斗是用 1~2mm 厚的薄钢板经焊接、铆接或冲压而成;塑料畚斗用聚丙烯塑料制成,它具有结构轻巧、造价低、耐磨、与机筒碰撞不产生火花等优点,是一种较理想的畚斗。常用的畚斗按外形结构可分为深斗、浅斗和无底畚斗,适用于不同的物料。畚斗用特定的螺栓固定安装在畚斗带上。

(3)头轮和底轮。头轮和底轮也称驱动轮和从动轮(从动轮也起张紧作用),分别安装于机头和机座,它们是畚斗带的支承构件,即畚斗带环绕于头轮、底轮形成封闭环形的挠性牵引构件。头轮和底轮的结构与胶带输送机驱动轮和张紧轮相同。

(4)机头。机头主要由机头外壳、头轮、短轴、轴承、传动轮和卸料口等部分组成。

(5)机筒。常用的机筒为矩形双筒式。机筒通常用薄钢板制成 1.5~2m 长的节段,节段间用角钢法兰边连接。机筒通过每个楼层时都应在适当位置设置观察窗,整个机筒中部设置检修口。

(6)机座。机座主要由底座外壳、底轮、轴、轴承、张紧装置和进料口等部分组成。

B 工作原理

斗提机利用环绕并张紧于头轮、底轮的封闭环形畚斗带作为牵引构件,利用安装于畚斗带上的畚斗作为输送物料的构件,通过畚斗带的连续运转实现物料的输送。因此,斗提机是连续性输送机械。理论上可将斗提机的工作过程分为三个阶段,即装料过程、提升过程和卸料过程:

(1)装料过程。装料是指畚斗在通过底座下半部分时挖取物料的过程。畚斗装满程度用装满系数表示。根据装料方向不同，装料方式有顺向进料和逆向进料两种，工程实际中较常用的是逆向进料，此时进料方向与畚斗运动方向相向，装满系数较大。

（2）提升过程。从畚斗绕过底轮水平中心线开始至畚斗到达头轮水平中心线的过程，即物料随畚斗垂直上升的过程称做提升过程。此时应保证畚头带有足够的张力，实现平稳提升，防止撒料现象的发生。

（3）卸料过程。物料随畚斗通过头轮上半部分时离开畚斗从卸料口卸出的过程称为卸料过程。卸料方法有离心式、重力式和混合式三种。离心式适用于流动性、散落性较好的物料，含水分较多、散落性较差的物料宜采用重力式卸料，混合式卸料对物料适应性较好，工程实际中较常用。

C 检查维护重点部位

检查维护重点部位见表2-9。

表2-9 检查维护重点部位明细表

序号	部 位	项 目	内 容	点检标准
1	环 境	本 体	是否锈蚀	无锈蚀
		现场地面	卫生、外观	无杂物
		照明灯	运行状态	完好，光线明亮
		警示牌	完好情况	齐全，完好
2	电 机	外 壳	卫生、外观	表面无积尘
		标识牌	悬挂情况	齐全，完好
		转动部位	是否异音	无异音
		接线盒	是否异味	无异味
		电机温度	温度值	<80℃
		三角带	是否龟裂	无龟裂
			松紧度	均匀、无松弛
		电机绝缘	相间、对地绝缘值	>0.5MΩ
		接地线	是否松动	良好无松动
		轴承	是否异音	无异音
		地角螺栓	紧固、锈蚀	无松动、无锈蚀
3	减速机	油位	油位高度	油位不低于1/2
		转动部位	是否异音	无异音
		密封处	是否渗油	无漏油
		地角螺栓	紧固情况	无松动、无锈蚀
4	滚筒	上部轴承	是否异音	无异音
		下部轴承	是否异音	无异音

序号	部 位	项 目	内 容	点检标准
5	皮 带	料 斗	是否脱落、变形	无脱落、无变形
		跑 偏	是否跑偏	无跑偏
		接 头	是否撕裂	无撕裂
		皮 带	是否撕裂	无撕裂
6	限 位	保 护	动 作	灵敏可靠
		进线口	封 堵	封堵完好
		螺 栓	固定是否牢靠	固定牢靠
7	操作箱	卫 生	积灰、杂物	无杂物
		按 钮	是否脱落	无脱落
		转换开关	是否灵活	完 好
		进线口	封 堵	封堵完好
		箱 体	固定、外观情况	固定牢靠、无破损
		标识牌	粘贴情况	无脱落

D 常见故障及其处理

常见故障及其处理方法有：

（1）斗提堵料：

1）停止斗提前级给料设备；

2）停止斗提电源，启动备用斗提；

3）转换给料三通至备用斗提；

4）清理堵料。

（2）斗提皮带跑偏。调整斗提底部滚筒轴两侧张紧螺杆，保证皮带张紧度合适，根据皮带跑偏方向，缓慢拉紧同侧张紧螺杆，直至皮带到斗提外壳中间位置。

2.1.2.9 皮带输送机

皮带输送机是一种摩擦驱动以连续方式运输物料的机械。应用它可以将物料在一定的输送线上，从最初的供料点到最终的卸料点间形成一种物料的输送流程。

皮带输送机的主要特点是机身可以很方便地伸缩，设有储带仓，结构紧凑，适应性强，阻力小、寿命长、维修方便、保护装置齐全，可不设基础，机架轻巧，拆装十分方便。

A 结构与原理

通用皮带输送机由输送带、托辊、滚筒及驱动、制动、张紧、改向、装载、卸载、清扫等装置组成。

输送带连接成闭环形，用拉紧装置拉紧，在电机驱动下，靠输送带与滚筒之间的摩擦力，使输送带连续运转，从而达到运输物料的目的。常用的有橡胶带和塑料带两种。橡胶带适用于工作环境温度 -15~40℃ 之间，物料温度不超过 50℃，向上输送散粒料的倾角 12°~24°。对于大倾角输送可用花纹橡胶带。塑料带具有耐油、酸、碱等优点，但对于气候的适应性差，易打滑和老化。带宽是带式输送机的主要技术参数。

托辊分为槽形托辊、平形托辊、调心托辊、缓冲托辊等类型。槽形托辊（由 2~5 个辊子组成）支承承载分支，用以输送散粒物料；调心托辊用以调整带的横向位置，避免跑偏；缓冲托辊装在受料处，以减小物料对带的冲击。

滚筒分驱动滚筒和改向滚筒。驱动滚筒是传递动力的主要部件，分为单滚筒（胶带对滚筒的包角为 210°~230°）、双滚筒（包角达 350°）和多滚筒（用于大功率）等几种类型。

张紧装置的作用是使输送带达到必要的张力，以免在驱动滚筒上打滑，并使输送带在托辊间的挠度保持在规定范围内。

B 检查维护重点部位

检查维护重点部位，见表 2-10。

表 2-10 皮带输送机的检查维护重点部位明细表

序号	部 位	项 目	内 容	点检标准
1	环境	现场地面	卫生、外观	无杂物
		照明灯	运行状态	完好，光线明亮
		警示牌	完好情况	齐全，完好
2	电机	外壳	卫生、外观	表面无积尘
		标识牌	悬挂情况	齐全，完好
		转动部位	是否异音	无异音
		接线盒	是否异味	无异味
		电机温度	温度值	<75℃
		电机绝缘	相间、对地绝缘值	>0.5MΩ
		接地线	是否松动	良好无松动
		轴承	是否异音	无异音
3	操作箱	卫生	积灰、杂物	无杂物
		标识牌	粘贴情况	无脱落
		接地线	固定情况	良好无松动
		按钮	是否脱落	无脱落

序号	部 位	项 目	内 容	点检标准
3	操作箱	箱 体	固定、外观情况	固定牢靠、无破损
		转换开关	是否灵活	灵活完好
		进线口	封 堵	封堵完好
4	滚 筒	密封处	是否渗油	无渗油
		螺 栓	紧固、锈蚀	无松动、无锈蚀
		转动部位	是否异音	无异音
		机 尾	轴 承	无异音
5	皮 带	跑 偏	是否跑偏	无跑偏
		皮 带	是否撕裂	无撕裂
		护 网	是否损坏	无损坏
		四项保护	动 作	灵敏可靠

C 设备润滑

皮带输送机需要润滑的部位主要是电动滚筒、导向滚筒、张紧滚筒和电机。

D 常见故障及其处理

常见故障及其处理方法有:

(1) 皮带跑偏。跑偏容易损坏皮带,还可能引起撒料。跑偏的原因有多种,需根据不同的原因区别处理。具体方法有:

1) 调偏托辊法。一般是胶带机跑偏范围不太大,可用槽型调偏托辊自动调整。当胶带跑偏时,碰到槽型调偏托辊上的小挡辊,因挡辊与胶带边缘的摩擦作用而沿胶带运行方向向前移动,另一侧则相对向后移动。此时胶带朝后转的挡辊侧移动,直到回到正常位置(利用胶带"跑后不跑前"的规律)。

2) 如果胶带重负荷运行跑偏,可将胶带跑偏的滚筒和托辊支架适当加高,使胶带上的物料自重产生一个阻止胶带跑偏的分力,直到胶带回到正常位置。

3) 垫高调偏法。如果胶带空转总向某一侧跑偏时,可将相对的另一侧托辊支架适当垫高,前后垫高数组,以第一个垫起的托辊为准,缓慢减少垫起的高度,胶带跑偏就会消失(利用胶带"跑高不跑低"的规律)。

4) 托辊清洁法。如果胶带运行跑偏在某一固定点上而且固定不变,就要检查此点的托辊是否发生停转、皮带上粘的石油焦或煅后焦粉末使滚筒径变大或异径、托辊脱落等故障,以便采取相应的措施。

5) 调整装置法。如果胶带机运转左右跑偏,无固定方向,说明胶带松弛,应调整拉紧装置,绷紧胶带,跑偏就会消失。

6) 滚筒调偏法。如果胶带运转在滚筒处跑偏,说明滚筒转动时水平窜动、有粘料(使筒径变大或异径)或存在安装误差,应根据情况校正前后滚筒的水平度和平行度，跑偏就会消失。

7）物料校正法。如果胶带运行时，空转不跑偏，重负荷运转跑偏，说明物料在胶带两边分布不均匀，装载漏斗不正，应校正漏斗或在漏斗中安装导料板，改变落料角度，以达到随时调整料流方向，使胶带两边石油焦或煅后焦分布均匀一致。

8）托辊调偏法。如果胶带空载总向某一边跑偏，可在胶带跑偏侧中心位置，将一组托辊支架与机架连接的 4 根固定螺栓卸掉 3 根，留下 1 根当轴。当胶带向人所站立的一侧跑偏时，可将支架沿胶带运行方向向前移动适当角度；反之，当胶带朝另一侧跑偏时，可将支架逆胶带运行方向移动适当角度，再固定，跑偏就会自然消失（其作用相当于一个槽型调偏托辊，利用胶带"跑后不跑前"的规律）。

9）拉紧装置法。如果胶带空载和重载运行时都向同一侧跑偏，说明胶带两侧松紧程度不一样，应根据"跑紧不跑松"的原理调整前后滚筒处的丝杆或配重等拉紧装置。

（2）皮带打滑。皮带输送机（皮带运输机）的输送带打滑是指胶带与驱动滚筒间打滑，是胶带与驱动滚筒间的摩擦力小造成的。输送带打滑是生产中常遇到的一种生产故障，输送带打滑可能会造成胶带磨损，严重时使输送带烧毁甚至引起火灾。因此，发现皮带打滑时，必须及时停机处理。

造成此种故障的原因分析如下：

（1）辊筒与输送带间摩擦力不够，主要原因是张力不够、载荷启动、辊筒表面摩擦系数不够等；

（2）输送带过负荷运行。

其解决方法有：

（1）输送带初张力太小。输送带离开滚筒处的张力不够造成输送带打滑，这种情况一般发生在启动时，解决的办法是调整拉紧装置，加大初张力。

（2）尾部滚筒轴承损坏不转或上下托辊轴承损坏不转的太多。造成损坏的原因是机尾浮沉太多，没有及时检修和更换已经损坏或转动不灵活的部件，使阻力增大造成打滑。

（3）传动滚筒与输送带之间的摩擦力不够造成打滑，或者是因为输送带上有水或环境潮湿。解决办法是在滚筒上加些松香末，但要注意不要用手投加，而应用鼓风设备吹入，以免发生人身事故。

（4）启动速度太快也能形成打滑，此时可慢速启动，如使用鼠笼电机，可点动两次后再启动，也能有效克服打滑现象。

（5）输送带的负荷过大，超过电机能力也会打滑，此时打滑有利的是对电机起到了保护作用，否则时间长了电机将被烧毁，但对于运行来说则是打滑事故，容易引起火灾。

2.1.2.10 电磁除铁器

电磁除铁器是根据电磁感应原理，利用电能产生强大磁场吸引力的设备，它能够将混杂在物料中的铁磁性杂质清除，以保证输送系统中的破碎机、研磨机等机械设备的安全正常工作，同时可以有效地防止大、长铁件划裂输送皮带的事故发生，也可显著提高原料品位。按其卸铁方式又可分为人工卸铁、自动卸铁和程序控制卸铁等多种工作方式。

A　结构与原理

电磁除铁器主要由本体、提升机构、可控硅整流柜组成。

电磁除铁器通电后产生强大的磁力。皮带输送机输送的散状物料通过安装在皮带输送机上方的电磁除铁器时，物料中的铁磁杂物被吸起，从而去除物料中的铁磁质杂物。

B　检查维护重点部位

检查维护重点部位见表2-11。

表 2-11　检查维护重点部位明细表

序　号	项　目	内　容	标　准
1	卫　生	积灰、杂物	表面无积尘
2	电流表	数　据	显示正常
3	电压表	数　据	显示正常
4	指示灯	显　示	显示正常
5	标识牌	悬挂情况	齐全，完好
6	转换开关	是否灵活	完　好
7	接地线	是否松动	良好无松动
8	箱　体	固定、外观情况	无锈蚀

C　常见故障及其处理

常见故障及其处理方法有：

（1）吸铁能力不足。对起吊高度和倾斜角进行调整。

（2）弃铁时行走小车不动。如手拉葫芦拉链出槽或卡槽，对拉链进行复位操作。

2.1.2.11 直线振动筛

直线振动筛又称为双轴惯性振动筛，是惯性振动筛的一种。它具有很高的生产率和筛分效率。

A　结构与原理

直线振动筛主要由筛箱、箱型振动器、悬吊减振装置和驱动装置等组成，如

图2-16所示。

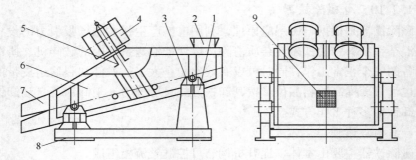

图 2-16   直线振动筛结构示意图
1—弹簧；2—入料口；3—上弹簧座；4—振动电机；5—电机座；
6—箱体；7—出料口；8—支架；9—筛网

　　振动器有两根主轴，两轴上装有偏心距相同、偏心质量相等的装置。两轴之间是一对速比为1的齿轮连接。电动机经三角皮带带动主轴旋转时，通过齿轮使从动轴转动，两轴的回转角度相同，而方向相反，所以在两轴上相同质量的偏心所产的离心惯性力在 Y 轴方向的分力，其方向相反，而大小相等，所以互相抵消；而在垂直的 X 方向上的分力相互叠加，其结果在 X 方向产生一个往复的激振力，使筛箱在 X 方向上产生往复的直线轨迹的振动。激振力的方向与水平成45°角。物料在筛面上的运动不是依靠筛面的倾角，而是取决于振动的方向角。所以，直线振动筛的筛面是小平安装的。

　　B　检查维护重点部位

　　检查维护重点部位见表2-12。

表 2-12   直线振动筛的检查维护重点部位明细表

序号	部 位	项 目	内 容	标 准
1	环 境	现场地面	卫生、外观	无杂物
		照明灯	运行状态	完好，光线明亮
		警示牌	完好情况	齐全，完好
2	电 机	外 壳	卫生、外观	无积尘
		转动部位	是否异音	无异音
		接线盒	是否异味	无异味
		电机温度	温度值	<80℃
		电机绝缘	相间、对地绝缘值	>0.5MΩ
		轴 承	是否异音	无异音
		接地线	是否松动	良好无松动
		地角螺栓	紧固、锈蚀	无松动、无锈蚀

续表2-12

序号	部位	项目	内容	标准
3	本体	标识牌	悬挂情况	齐全，完好
		振动垫	破损	无破损
		·软连接	帆布	无破损

C 设备润滑

直线振动筛需要润滑的主要部位是电机轴承和其他转动轴承。

2.1.2.12 旋风除尘器

旋风除尘器是应用最广泛的一种干式除尘设备，除尘效率可达70% ~80%（高者可达90%以上）。

旋风除尘器的结构由进气口、圆筒体、圆锥体、排气管和排尘装置组成，工作原理如图2-17所示。

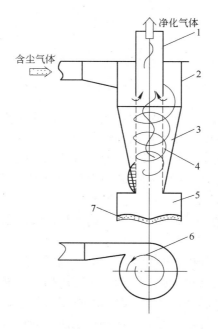

图2-17 旋风除尘器结构原理图
1—内圆筒；2—外圆筒；3—圆锥部；4—假想圆筒；
5—灰斗；6—涡旋流动；7—被分离的粉尘

含尘气体沿切线方向进口进入除尘器的圆柱体部分，形成旋风，气流中的固体尘粒相对于气体有较大的质量，在离心力的作用下被甩向筒壁，并受重力的作用下沉降落到锥形底部卸出，净化后的气体沿中间的排气管排出，实现"尘"

与"气"的分离，达到净化的目的。

2.1.2.13 水膜除尘器

水膜除尘器主要由圆筒体、水管、喷头组成，如图2-18所示。

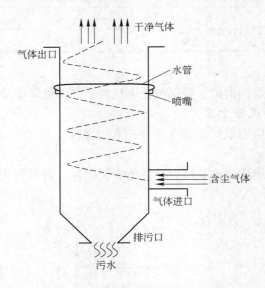

图2-18 水膜除尘器原理示意图

高压水沿布置在筒体上部的喷嘴切向进入筒体喷至器壁，在内壁形成一层旋转向下流动的很薄水膜。含尘气体由筒体下部沿切向引入，旋转上升，尘粒受离心力作用被抛向筒体内壁，被筒体内壁向下流动的水膜层所吸附，随水流到底部锥体，经排尘口卸出。经除尘后的气体从上口排向大气。

2.1.2.14 电液三通

电液三通主要由阀体、阀轴、阀板、曲柄机构及液压推杆、电机组成，如图2-19所示。

输送皮带或斗式提升机上的物料进入电液挡板三通管，根据物料选路要求由现场操作人员或程序控制室启动电液推杆执行机构，电液推杆带动连接杆及挡板轴转动一定角度，使电液挡板处于左路通或右路通的特定位置，物料可顺利通过电液挡板三通管按要求进入下部的输送器，从而达到物料选路的目的。

2.1.2.15 布袋除尘器

脉冲袋式除尘器是一种高效率的干法"固-气"相分离设备，除尘效率可达99.98%。

A 结构与原理

脉冲袋式除尘器主要是用来收集粉尘，由净气室、箱体、灰斗、喷吹系统、输灰电机、引风机、关风器及电控部分组成，如图2-20所示。

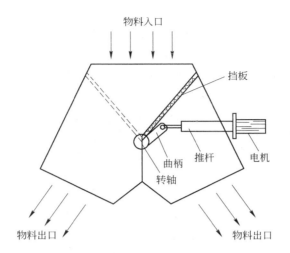

图 2-19 电液三通原理示意图

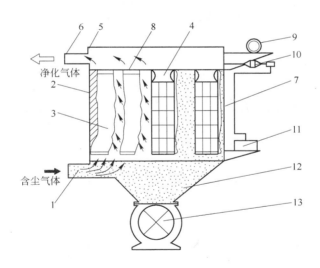

图 2-20 脉冲袋式除尘器
1—气体入口；2—中部箱体；3—滤袋；4—文氏管；5—上箱体；
6—排气口；7—框架；8—喷吹管；9—空气仓；10—脉冲阀；
11—脉冲控制仪；12—集尘斗；13—排尘阀

　　脉冲袋式除尘器利用纺织器作为过滤材料。含尘空气在风机的吸引下，由下箱体底部进风口进入吸尘室箱体，尘粒被阻留在滤袋外壁，透过滤袋净化后的空气从风机出风口排出。随着滤袋表面尘粒的增加，除尘器阻力也相应增大，逐渐减弱过滤能力，当阻力达到一定程度时，需要进行清灰处理。此时脉冲控制仪定期发出信号，循序打开电磁脉冲阀，使气包内的压缩空气通过脉冲阀经喷吹管上的小孔，喷射出一股高速高压的引射气流进入滤袋，使滤袋急速膨胀，随后喷吹终止，滤袋又急剧收缩，如此一胀一缩，使积附在滤袋外壁的尘料抖落，保证滤袋处于良好的工作状态。布袋在不同阶段的工作状态如图 2-21 所示。

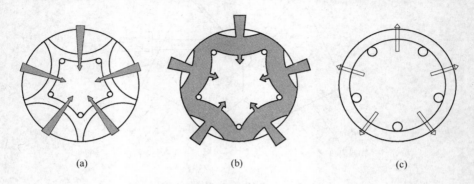

图 2-21　布袋工作状态示意图

（a）过滤初期；（b）过滤末期；（c）喷吹清灰

B　检查维护重点部位

检查维护重点部位见表 2-13。

表 2-13　脉冲袋式除尘器的检查维护重点部位明细表

序号	部　位	项　目	内　容	点检标准
1	现　场	现场地面	卫生、外观	无杂物
		照明灯	运行状态	完好，光线明亮
		警示牌	完好情况	齐全，完好
2	电　机	外　壳	卫生、外观	表面无积尘
		标识牌	悬挂情况	齐全，完好
		转动部位	是否异音	无异音
		接线盒	是否异味	无异味
		电机温度	温度值	<75℃
		电机绝缘	相间、对地绝缘值	>0.5MΩ
		接地线	是否松动	良好无松动
		轴　承	是否异音	无异音
		地角螺栓	紧固、锈蚀	无松动、无锈蚀
3	操作箱	卫　生	积灰、杂物	无杂物
		标识牌	粘贴情况	无脱落
		按　钮	是否脱落	无脱落

序号	部　位	项　目	内　容	点检标准
3	操作箱	接地线	固定情况	良好无松动
		箱　体	固定、外观情况	无锈蚀、固定牢靠
		转换开关	是否灵活	灵活，完好
		进线口	封　堵	封堵完好
4	输灰螺旋	润　滑	油位高度	油位不低于 1/2
		转动部位	是否异音	无异音
		密封处	是否渗油	无渗油
5	关风器	轴　承	是否异音	无异音
		油　位	油位高度	油位不低于 1/2
		转动部位	是否异音	无异音
6	电磁阀	阀　体	是否漏风	无漏风
		脉　冲	喷吹情况	喷吹效果佳
7	阀　门	手　轮	转动情况	转动灵活
		阀　体	是否漏风	无漏风
8	汽水分离器	杯　体	是否破损	无破损
9	电　缆	绝缘外皮	是否龟裂	无龟裂
10	轴　承	声　音	是否异音	无异音
11	软　管	管　体	是否裂漏	无破裂

C　设备润滑

脉冲袋式除尘器需要润滑的主要部位是风机电机、螺旋、关风器电机、关风器减速机、螺旋电机和螺旋减速机。

D　常见故障及其处理

输灰螺旋堵料时，停止除尘器电源，拆开输灰螺旋外壳，清理堵料，恢复外壳。

关风器堵料时，停止除尘器电源，拆下关风机，清理堵料。

2.1.3　工艺技术

2.1.3.1　传热及供风

煅烧物料在回转窑内受到燃烧气体的对流、热辐射和灼热耐火材料的综合加热。煅烧物料在移动过程中，处于表面的物料受到热气流的对流和热辐射加热，也受到灼热耐火材料内衬的辐射加热；贴近内衬的物料则受到灼热耐火材料的直接加热；处于堆积料中间的物料则靠煅烧物料自身的热传导加热。物料因窑体转动而不停翻动，使物料交替受热，物料温度比较均匀。

为了充分利用挥发分的热量，使挥发分在窑内充分燃烧，提高煅烧带温度，回转窑需要进行二次鼓风。增设二次鼓风后，一次风主要解决喷入燃料燃烧所需空气，而从物料中逸出挥发分的燃烧所需空气主要靠二次鼓风供给。对于煅烧高挥发分石油焦，进行二次鼓风后可全部利用挥发分燃烧加热而停用燃料。

二次鼓风装置是在窑体外圆适当位置安装随窑同转的离心式鼓风机，再通过环管引出的送风管向窑内鼓风，即二次风和三次风。鼓风机的电动机由窑外滑环供电。

2.1.3.2　逗留时间及产量计算

物料在回转窑内的逗留时间 $t(\min)$ 可按下式计算：

$$t = \frac{L}{\pi D n \tan\alpha}$$

式中　D——窑内径，m；

　　　n——窑转速，r/min；

　　　L——窑体长度，m；

　　　α——窑体倾斜角，(°)。

如果逗留时间过长，将使物料烧损增加，灰分增加，产量降低；如果逗留时间过短，则物料烧不透，煅烧质量变差。一般物料在窑内逗留时间不得少于 30min。

物料在窑内的填充率是指物料占窑体总容积的百分率。填充率高则窑的产量也高，但填充率超过一定范围又会恶化操作条件，物料煅烧不透。一般物料在窑内的填充率为 4%～15%，窑的内径增大，填充率应适当减小。

回转窑的产量 Q 可按下式计算：

$$Q = 148 n \gamma \phi D^3 \tan\alpha$$

式中　γ——物料的堆积密度，t/m³；

　　　ϕ——填充率，%。

2.1.3.3　原料掺配

石油焦质量的均一稳定直接影响着阳极的使用性能。而目前的国内预焙阳极生产，面临着石油焦来源广杂、性能波动大等问题。作为预焙阳极生产厂家，一方面要严格把进厂原料质量关，另一方面要积极适应石油焦缺乏的现状，根据原料硫分、灰分、挥发分合理地对不同等级、不同指标的石油焦分仓存放、搭配使用，将有害成分的危害降低到最低程度，稳定阳极质量。

在上料时，应根据理化指标化验结果，首先将不同批次的原料在某一个仓内平铺直取，提前混合均匀，以达到物料质量尽量均一的目的，然后再上料生产。

2.1.3.4 工艺操作

回转窑生产的工艺操作制度包括：装料体积、焦炭在窑内的移动状况、煅烧带控制和负压制度。

A 装料量

装料量一般由窑体的内径所决定，填充率通常在 4% ~15% 范围内。窑筒内径越大，填充率越小，窑内径为 1m 的或小于 1m，允许填充率为 15%。而内径为 2.5 ~3m 的填充率仅为 6%。我国回转窑内径为 1.7 ~3.05m，其填充率平均为 3.42% ~6.32%，填充率普遍很低。除了回转窑的内径影响填充率以外，还有煅烧带的长度、窑的倾斜角、转速及煅烧温度也影响填充率。

填充率过大，则窑内料层厚，会恶化传热条件，煅烧不透；太薄，又影响产量。前苏联规定焦炭在窑内停留时间不少于 30min，我国为 30 ~60min，美国为 60 ~90min。

B 焦炭在窑内的移动情况

焦炭在窑内的移动情况是比较复杂的，被煅烧的石油焦进入窑内后，在颗粒上有重力、离心力和摩擦力的作用。离心力垂直于筒壁方向，重力的两个分力，一个与离心力的方向相反，另一个与筒体断面圆相切。颗粒料与粗料在摩擦力的作用下，附在窑壁一起慢慢升起，当转到一定高度时，重力的切向力逐渐增大，当大过摩擦力时，颗粒则沿着料层表面滑落下来。因为回转窑有一定的倾斜度，颗粒滑落滚动时，沿着斜度的最大方向下降，因此，颗粒向前移动了一定的距离。随着窑体的缓慢转动，从窑尾注入的石油焦也逐渐向窑头移动，经过尾部的预热带，进入高温煅烧带，再经冷却带将煅烧好的石油焦从窑头溜槽送入冷却机。冷却机也是倾斜安装，采用向外壁直接淋水间接冷却和向内部高温石油焦上直接喷水直接冷却的双重冷却方式。冷却后的石油焦经输送设备运至煅后仓储存。不合格的石油焦送入废料仓，返回再煅烧。

C 煅烧带控制

利用窑头喷入的燃料和石油焦排出的挥发分燃烧后产生的热量来煅烧石油焦。窑内形成三个温度带：预热带、煅烧带和冷却带。

预热带为靠近窑尾的一段，石油焦从窑尾的下料管进入窑内，窑尾温度一般为 500 ~900℃，石油焦在预热带移动过程中，排出水分及部分挥发分。

煅烧带为窑的中间位置部分，是窑内温度最高的一段。煅烧带温度、长度和位置都将对煅烧过程产生重要的影响，这三者之间既相互独立又互相联系，并随各种条件的变动而变化。影响煅烧带温度的因素有：燃料热值及用量、挥发分的含量、内衬保温效果及环境温度、负压、煅烧带长度、煅烧带位置等。影响煅烧带长度的因素有：窑体长度、水分含量、挥发分、物料移动速度、负压和煅烧带温度。在窑内负压正常的情况下，煅烧带长度约占窑体长度的一半。影响煅烧带位置的因素有：燃料用量、物料移动速度、负压、下料量和水分含量。由上述可知，可以通过增加下料量、窑转速、负压、燃料用量、助燃空气等参数达到控制煅烧带的目的。在实际生产中，还要根据石油焦粒度、水分、挥发分等各种指标的不同，适当选择运行参数，合理搭配，努力做到勤观察、勤调整。根据窑内煅烧带的状况，各相关仪表显示的数据，煅后焦质量分析情况，对各种参数进行及时调整，以减少或消除各种因素的变化对煅烧带影响，使煅烧带始终处于最佳状态。

冷却带是靠近窑头、物料处于冷却降温的区段。

D 负压制度

负压是影响煅烧带温度、长度和位置的关键因素之一，也是影响煅烧质量的决定因素。窑头负压大，烟气流量大，带走热量多，使煅烧带温度降低，反之温度升高。窑内负压大，窑尾热交换强度大，物料升温快，挥发分排出提前，使位置后移，影响煅烧温度，进而影响煅烧质量，且增大炭质烧损；负压小，煅烧带位于窑头，甚至压过窑头，石油焦的各种变化还未进行完全便进入冷却机，将使石油焦煅烧不透。

2.1.3.5 降低炭质烧损的方法

降低炭质烧损的方法有：

（1）窑头严格密封，由传统迷宫式改为重锤填料密封或重锤端面密封。

（2）尽量减少一次空气量，增设二次和三次空气喷射装置，并严格控制风量，以减少物料在窑内冷却带的氧化烧损。

（3）在冷却筒的进料端设置水管直接喷淋灼热的煅后料，快速冷却，可大大减少煅后料在冷却筒中的氧化，同时产生的水蒸气用风机抽出。

（4）原料应预先经过筛分，小于50mm的筛下料不经过预碎而直接供给回转窑使用，减少进窑的粉料量。

（5）力争实现少用或不用燃料煅烧。

（6）在维持正常的煅烧条件下，尽量减少窑尾排烟机的总排烟量，降低窑尾烟气流速和温度，窑尾负压不宜太大，减少粉尘抽走量。

（7）将窑尾进料端用高铝耐热混凝土浇注成收口型，加料溜管底部的端口正对着筒壁，而不要对着气流方向。

（8）回转窑的温度、空气量和燃料应实现自动测定和调节。

2.1.4 煅烧系统PLC

2.1.4.1 系统简介

回转窑煅烧的PLC系统通常由煅前给料系统、回转窑煅烧系统、煅后焦储运系统、除尘系统组成：

（1）煅前给料系统的工作任务是将煅前仓内的石油焦通过输送线输送到回转窑内煅烧。

（2）回转窑煅烧系统的工作任务是将回转窑内的石油焦经高温煅烧成煅后焦，再下到冷却机内降温冷却。

（3）煅后焦储运系统的工作任务是将经冷却机冷却后的煅后焦按要求输送到相应的煅后仓，供成型车间取用。

所有系统均采用 PLC 控制，根据工艺流程的要求，实现连锁启动、停车及故障指示等功能。

2.1.4.2　声光信号约定

A　声音信号

声音信号分启动预告和故障报警两种，本系统声源有控制室内上位机内部报警响铃及现场预告电铃。

B　标签信号

上位机上对应每台设备均设有标签，标签编号与设备项目代号一致：

（1）三通开、关到位时，其对应指示灯出现并闪烁，离开开、关位时指示灯消失。故障时对应标签 1s 脉冲闪亮。

（2）设备故障时，相应标签脉冲闪亮，故障闪光信号一直保持到故障排除后，按"复位"按钮可解除。

（3）料位指示：所有料仓料位均通过棒状图真实反映在上位机上。

（4）窑仪表量及参数设定：设有专用画面显示窑的仪表量及相应参数设定，操作人员可根据生产情况设定或查看。

当故障发生时，可根据指示灯信号确定哪一台设备故障，再对照 PLC 的 I/O 接线图检查 PLC 模块上指示灯状态，即可基本确认故障情况。

2.1.4.3　技术操作

系统操作方式分两种：就地手动操作和集中连锁控制。

A　就地手动操作

每台设备的电机安装现场旁均设有就地控制箱。将相应设备的就地控制箱上选择开关拨至"就地"位置，按"启动"、"停止"按钮，即可实现对应设备的启、停操作。

B　集中连锁控制

在控制室内利用上位机上的按钮对系统进行控制，是通过 PLC 采集信号依据程序进行工作判断来实现的。系统启动过程及运行状态可直观地通过上位机进行观察。

全系统启动前，必须检查所有设备的 MCC 状态，要求热继电器复位，断路器闭合，并将所有就地控制箱上选择开关拨至"遥控"位，所有事故开关、拉绳开关、急停均复位。

　　a　斗提、下料点的选择

　　在系统运行前，应先选择将要运行的斗提，将对应斗提"选择开关"按下；同样将下料点"选择开关"按下以确定将要下料的方向，此时对应的三通自动转换到将要下料的方向。严禁在系统设备运行过程中切换斗提和下料方向。

　　b　料位

　　所选煅后仓的料位可以直观地在上位机上的棒状图观看，当所选煅后仓料位高于其所设定的高料位时，系统不能启动或系统在运行时顺序停机。

　　c　试音

　　在上位机上按下"试音"按钮，现场电铃响；不响的为故障，需检查对应电铃及其线路。

　　d　系统启动

　　回路检查正常，急停、故障均复位，且所选煅后仓的料位无高料位信号。按下"启动"按钮现场预告铃响10s，系统将按程序逻辑进行工作。除尘设备可脱离主流程就地检修或启动。

　　e　直接冷却水控制

　　为保证煅后焦排料温度稳定在规定范围内，在投料量、烟气温度、窑转速等参数稳定后，将直接冷却水调节方式切换到自动控制模式。根据排料温度、烟气温度等参数，设定合适的烟气温度，自动控制程序自动调节直接冷却水流量。在自动控制模式下，如排料温度波动幅度过大，应将直接冷却水控制方式先切换到手动模式，等排料温度稳定后再切换到自动模式。

　　f　系统停止

　　系统正常运行需要结束时，按"停止"按钮，系统将按流程顺序停机。

　　若系统运行时所选煅后仓料位为高位，则其对应运行设备将顺序停车；若输送系统某一设备有故障时，其上游设备全急停，下游设备顺序停。

　　g　急停

　　发现有设备异常、人身事故等紧急情况时，按下"急停"按钮，全系统立即停止。系统再次启动前须将急停按钮复位。急停按钮只能在紧急情况下使用，系统正常停车时禁止使用。

　　h　系统故障

　　(1) 故障报警。系统故障时发出声光报警。故障标签出现在屏幕上并闪烁，同时报警吧上也同时出现故障类型并闪烁，直观地通知相关人员及时处理。

　　若输送系统某一设备有故障时其上游设备全急停，下游设备按流程停车并发出声光报警；若除尘系统有故障则只停对应除尘器，系统只发出声光报警。

　　若上位机上某一设备对应的"MCC"标签出现并闪烁，说明此设备的MCC

故障；若上位机显示该设备"SA"标签出现并闪烁，说明此设备机旁控制箱上的选择开关不在遥控状态；若上位机显示该设备"OT"标签出现并闪烁，说明该设备启动时间超出设定值；三通对应的位置由箭头判断；全系统正常后，可进行下一步操作。

（2）报警确认。系统运行过程中，出现故障后，上位机内部响铃响并且报警标签出现在报警吧并闪烁，以提醒操作人员注意，此时按"报警确认"按钮，则报警音响解除。报警被记录在报警汇总表里，操作人员随时可打开报警汇总查看记录，以便了解设备运行状况。

（3）故障复位。系统在运行过程中，某一设备发生故障，上位机上对应的标签出现并闪烁，系统按程序停止工作，报警吧报警信息出现并发出声音报警。此时，主控人员通知相关岗位人员处理故障，待故障处理后，对应设备标签消失，按下"故障复位"按钮，系统具备再次启动条件。

2.1.4.4 常见故障及处理

A 电气回路故障

系统启动前进行回路检查时发现设备回路不正常，一般情况是：

（1）机旁控制箱选择开关未拨至"遥控"；

（2）拉绳及事故开关未复位；

（3）抽屉内对应端子排内熔断器熔断；

（4）热继电器未复位；

（5）断路器未闭合；

（6）PLC控制柜对应回路的端子熔断器熔断；

（7）有关接线端子松动；

（8）继电器的线圈烧坏、触点损坏或接触不好。

B 电气故障

在系统运行时出现电气故障，可检查PLC输出模块对应某设备的输出继电器、输入信号的有无来确定：

（1）现场事故及拉绳开关、选择开关的动作；

（2）电机过载或堵转，造成线路保护元器件（热继电器、断路器）动作；

（3）PLC对应输出继电器线圈烧坏、触点损坏或接触不好；

（4）控制电源接地、熔断器熔断；

（5）抽屉内端子接触不良造成电机缺相；

（6）抽屉内接触器线圈烧坏、触点损坏或接触不好；

（7）有关接线端子松动。

C 发出启动命令后设备不运行

一般情况是：

（1）相应输出继电器损坏；

（2）抽屉内接触器线圈烧坏、触点损坏或接触不好；

（3）电机缺相；

（4）设备本体上的限位开关损坏或接线不良。

D PLC 故障

一般情况是：

（1）CPU 瞬时掉电清零，应检查控制电源是否良好。

（2）控制电源正常，但 PLC 框架无电，检查电源模块熔断器是否烧坏。

2.2 操作技能

在生产过程中，要保证设备的正常运行和人员的安全，必须要有具体的操作和作业标准，以约束岗位人员的作业行为，保证煅烧各项工序的顺利进行和人员的安全。回转窑煅烧系统的技术操作如下。

2.2.1 抓斗天车技术操作

2.2.1.1 操作前的检查

A 断电检查

断电检查包括：

（1）检查并确认控制箱的电源已切断，各操作手柄在停止位。

（2）检查并确认钢丝绳完好，无破股断丝现象，在卷筒上和滑轮中缠绕正常，无脱槽、串槽、打结、扭曲等现象，钢丝绳端部压板螺栓及绳卡紧固牢靠。

（3）检查并确认抓斗无裂纹、变形，各螺栓无松动，各滑轮无严重磨损现象。

（4）检查并确认各机构制动器制动瓦靠紧制动轮，制动瓦衬及制动轮无异常磨损，各销轴安装正常，开口销、定位板齐全。

（5）检查并确认各种保护罩完好，防护栏杆牢固。

（6）检查并确认各机构传动件的连接螺栓和各部件固定螺栓紧固牢靠。

（7）检查并确认导电滑块与滑线接触良好。

（8）检查并确认各限位开关、防撞装置完好。

（9）检查并确认各机械润滑良好。

B 试车检查

试车检查包括：

（1）确认断电检查项目处于良好状态后，确认滑触线电源开关已合闸，合上驾驶室内配电柜刀闸开关（总电源开关）、激光防撞电源开关，打开电锁，按下启动按钮，准备试车检查。

（2）开车前先按蜂鸣器报警，确认大车上、下均无人，前进方向和轨道上无障碍物后方可试车。

（3）检查并确认天车大车照明和驾驶室照明完好。

（4）检查并确认大车、小车、提升和开合斗机构制动器工作正常，制动力矩符合要求。

（5）试验大车、小车、提升安全保护开关动作灵敏、可靠。

（6）检查并确认起重机各传动机构正常，无异音。

（7）检查并确认各电机温度及振动正常，无异味。

2.2.1.2 正常操作

A 天车大车左（右）运行的操作

启动时，将司机左侧控制器手柄打向左（右）位置，逐级换挡（根据车速需要，从1挡至5挡逐级切换），使大车逐渐加速；停车时，将控制器手柄逐级转回零位。

B 天车小车前（后）运行的操作

启动时，将司机左侧控制器手柄打向前（后）位置，逐级换挡（根据车速需要，从1挡至5挡逐级切换），使小车逐渐加速；停车时，将控制器手柄逐级转回零位。

C 抓斗上升（下降）的操作

当四根钢丝绳全部用上力时，将司机右侧开闭和升降控制器手柄同时打向上升（下降）位置；停止时，开闭和升降控制器手柄同时转回零位。

D 抓斗开（闭）的操作

将司机右侧开闭控制柄打向开（闭）位置；停止时，将控制器手柄转回零位。

E 原料掺配作业

原料掺配作业包括：

（1）掺配以技术员下发的配料单为准，严格按配料单要求对不同厂家石油焦进行掺配。

（2）掺配时，将不同指标的石油焦在配料池内逐层平铺撒开，保证配料均匀。

（3）采用直取抓料，即"竖抓"的方式，保证配好的料能够均匀抓取。

2.2.1.3 停车操作

停车操作包括：

（1）将天车停到指定的位置，把抓斗降到仓内地面或物料上，并保证卷筒上所剩的钢丝绳不少于 5 圈。

（2）将各控制器手柄打到零位，按下操作箱上的停止按钮，关闭电锁，断开驾驶室内激光防撞开关和配电柜刀闸开关（总电源开关）。

（3）将抓斗天车在运行中及检查中发现的问题、故障及处理情况全部记入交接班记录。

（4）按设备维护要求对天车进行清洁、维护。

2.2.1.4 异常情况处理

异常情况处理包括：

（1）出现异常紧急情况时，立即按下控制箱上的急停按钮。

（2）将所有手柄打回零位，并拉下驾驶室总刀闸，等待检修人员处理。

2.2.1.5 安全注意事项

安全注意事项有：

（1）经试车检查确认一切正常后方可带负荷作业。

（2）操作控制手柄时，应逐级换挡，使机构逐级加速，以确保各机构平衡无冲击。

（3）严禁抓斗升降、大车行走、小车行走三种操作同时进行。

（4）除非是为防止发生事故而需紧急停车外，严禁开反车制动。

（5）抓料时必须待抓斗关严，缓缓垂直提升，确认四根钢丝受力一致时，方可继续提升抓斗并移动大车或小车。

（6）抓斗提升高度要高于下料格筛处防护栏杆高度。

（7）天车运行时如遇突然停电或电压显著降低时，应尽快把所有控制器手柄扳回零位，拉下刀闸开关（总电源开关）。

（8）开车前应发出警报，抓料时应连续发出音响信号，以防止人在抓斗下面通过。

（9）卸料或抓仓边料时，必须经确认车厢内及汽车驾驶室内人员全部撤离后方可进行操作。

（10）司机必须做到三准（看准、听准、吊准）、四稳（开稳、走稳、吊稳、停稳）。

（11）作业结束后必须断开空调、照明电源，拉下刀闸开关（总电源），锁上驾驶室门锁。

（12）两天车同时工作时，必须保证安全距离不少于 5m。

（13）当天车或轨道上有人时严禁动车，待所有人员撤离到驾驶室或地面上后方可动车。

2.2.2 煅前上料系统技术操作

2.2.2.1 开机前的准备

A 控制室的检查

检查并确认控制室操作盘、指示灯、仪表指示及现场照明正常，各设备处于待机状态，控制按钮打到"遥控"位，并进行试灯、试铃工作。

B 皮带输送机的检查

皮带输送机的检查包括：

(1) 检查并确认皮带运输机上无人工作。

(2) 检查并确认输送皮带完好、无跑偏，接头无开胶。

(3) 检查并确认托辊无缺损，电动滚筒油位正常。

(4) 检查并确认急停保护灵敏可靠。

C 斗式提升机的检查

斗式提升机的检查包括：

(1) 检查并确认斗式提升机处无人工作。

(2) 检查并确认输送皮带完好，张紧度合适。

(3) 检查并确认斗子无严重磨损、松动、脱落。

(4) 检查并确认滚筒轴承、减速机润滑良好。

(5) 检查并确认斗提底部无积料，防护盖、观察孔关严。

(6) 检查并确认三角皮带无异常磨损、缺失，张紧度合适。

(7) 检查并确认三角皮带、对轮护罩牢固可靠。

D 双齿辊破碎机的检查

双齿辊破碎机的检查包括：

(1) 检查并确认破碎机内无堵料。

(2) 检查并确认辊齿无严重磨损及缺损。

(3) 内部检查完后，要关严检修孔。

(4) 检查并确认三角皮带张紧度合适，护罩牢固可靠。

E 振动筛的检查

振动筛的检查包括：

(1) 检查并确认振动筛内无积料。

(2) 检查并确认激振电机及激振子完好。

(3) 检查并确认减振橡胶完好无裂纹。

(4) 检查并确认振动筛处软连接无损坏，无漏料点。

F 脉冲袋式除尘器的检查

脉冲袋式除尘器的检查包括：

（1）检查并确认螺旋输送机连接螺栓紧固，对轮护罩完好。

（2）检查并确认关风器连接螺栓紧固，对轮护罩完好。

（3）检查并确认各脉冲电磁阀完好。

（4）检查并确认风机三角皮带无异常磨损、缺失，张紧度合适。

（5）检查并确认三角皮带护罩牢固可靠。

检查并确认无误后，与天车工联系准备启动设备为煅前仓上料。

2.2.2.2 系统启动

系统启动包括：

（1）在控制室操作盘上，将转换开关转换至所要使用的筛分破碎系统、斗式提升机。

（2）在控制室操作盘上，将转换开关转换至所需要上料的煅前仓。

（3）经确认具备启动条件后进行连锁启动：

1）启动前按住控制室控制盘上的"试音"按钮5s，通知所有现场人员准备启动设备。

2）按下控制室控制盘上的"系统启动"按钮，系统按逆物料流程的顺序依次启动系统各设备。

（4）设备运转后，确认无异常情况时，通知天车工开始抓料、上料；天车工在未接到抓料信号之前禁止向格筛内抓料，防止系统堵塞。

2.2.2.3 人工破碎

人工破碎包括：

（1）作业前，检查确认大锤、长管等工具完好，破碎格筛附近无人员作业。

（2）通知天车工往格筛上投料。

（3）在格筛边沿站稳后，使用大锤破碎大块石油焦，并使用长管进行疏通。

（4）破碎完成后，人员离开格筛，等待天车再次投料。

2.2.2.4 巡视检查

巡视检查包括：

（1）设备运转时，运行巡视工至少每30min对系统巡视一次，巡视时必须两人结伴而行。

（2）巡视检查各皮带输送机输送皮带无跑偏、接头无开裂。

（3）巡视检查各皮带输送机托辊转动灵活，无异常声音。

（4）巡视检查各电动机、减速机、风机无异味、无异常声音、无异常振动。

（5）巡视检查斗式提升机内部无异常声音。

（6）巡视检查双齿辊破碎机转动正常，无异常振动、无异常声音。

（7）巡视检查各机器无漏料。

（8）巡视检查各除尘器反吹风正常，关风器转动灵活，螺旋输灰器转动灵活。

（9）巡视完成后，要把巡视检查内容如实记录下来。

2.2.2.5 停车操作

停车操作包括：

（1）通知天车工停止向受料漏斗抓料。

（2）确认格筛内及系统尾部皮带输送机无石油焦时，可进行停止操作。

（3）系统停止时，按下控制室操作盘上的"系统停止"按钮，系统按顺物料流程的顺序依次停止系统各运行设备。

2.2.2.6 异常处理

异常处理包括：

（1）当发现不确定因素导致双齿辊破碎机堵塞时，进行如下处理：

1）立即在主控室按下急停按钮或在现场就地控制箱上将转换开关打至"检修"位。

2）通知天车工停止向格筛抓料。

3）通知检修人员把该破碎机的电源抽屉拉出，并挂"有人工作，禁止合闸"的安全警示牌，把现场的转换开关转到"检修"位。

4）打开双齿辊破碎机上导料管，将堵塞的异物清除。

5）待所有的异物清除后，通知检修人员送电，现场转换开关转到"就地"位，点动设备，确认设备运转正常。

6）若设备点动转动正常后，检修人员切断电源，并挂警示牌，就地控制箱打到"检修"位。

7）把上导料管紧固好，就地控制箱打到"遥控"位，把主电源送上。

（2）系统停电的处理。若供电系统故障，使全部设备停止运行时，应采取如下措施：

1）及时确认是全车间停电还是只是本系统停电。

2）若只是原料系统停电，车间值班人员通知检修查明原因，处理故障。

3）如停电时间过长，及时与回转窑主控室联系，采取减料保温措施。

2.2.2.7 注意事项

注意事项包括：

（1）巡视时，必须按规定的路线行走，严禁翻越栏杆，上下楼梯时必须抓好扶手。

（2）巡查设备温度时，必须用红外线测温仪，严禁用手触摸。

（3）人工破碎注意事项：

1）站在格筛边上破碎石油焦时，应随时注意天车行动路线，当听到天车警铃时，要及时撤到安全地带，待抓斗放完料开离格筛后，方可继续进行破碎。

2）破碎格筛上的石油焦时，人员要站在格筛边部，严禁脚踏格筛孔，防止滑跌。

3）破碎时大锤要持稳，防止破碎工具落入格筛内部。

4）严禁单手抡大锤，抡锤前查看周围是否有人员。

5）破碎人员要戴好防尘口罩和防护眼睛。

（4）设备运转过程中，严禁打开人孔盖、观察孔等探视设备。

（5）凡是悬挂安全警示牌的设备严禁启动。

（6）在巡视地坑、料仓、运输机、斗提等部位时，必须两人结伴而行。

（7）定期对地坑进行排水作业。

（8）设备运转中必须做到"十不准"：

1）不准在运输机上拾料；

2）不准站在设备上作业；

3）不准中途改变操作程序；

4）不准将身体的任何部位和其他物件伸入正在运转的设备内；

5）不准进入破碎机内处理堵料；

6）不准给减速机、轴承加油；

7）不准向破碎机内放置异物；

8）不准打捞掉落在机内的物具；

9）不准在工作场所任意堆放其他物具；

10）不准跨越设备的警戒线。

（9）除因设备运转过程中发生故障需要紧急停车外，严禁用急停开关停止设备；此按钮按下去后带锁止机构不回弹，若恢复此按钮至正常位置，顺时针旋转此按钮45°即可弹出。

（10）系统上料完成需要停运时，必须确认格筛内部无料、末级皮带上无料后方可按照停止程序停车。

（11）检查料仓料位时，严禁用明火照明。

（12）生产现场严禁吸烟和使用明火，严禁堆放易燃易爆物品。

2.2.3　天然气燃烧系统技术操作

天然气燃烧系统主要由管道、流量表、过滤器、减压安全阀、球阀、止回阀、电动阀门、喷枪等组成，另外还需要手动测漏监控的检测仪1套。

2.2.3.1　点火前的准备

点火前的准备包括：

（1）检查确认管道、阀门、仪表等外观完好。

（2）检查确认天然气测漏报警仪完好。

（3）检查确认手持式测漏仪完好。

（4）通知余热将旁通打开，保证窑头负压在－15～－5Pa。

（5）依次打开阀门，使压力表压力达到目标值。

如果压力表压力小于目标值，应拉起减压阀泄压旋钮，待气压达到目标值时，再进行下一步的操作。打开阀门时，先打开电动阀门旋钮盖帽，然后提起阀门旋钮即可。打开电动阀前先合上电动阀控制箱电源，然后按下启动按钮即可。

（6）利用手持测漏仪查看各法兰盘、压力表、流量计、气阀、过滤器、减压阀、止回阀、金属软管接头等部位是否有泄露点。如有泄漏点，立即关闭阀进行处理。故障排除前严禁通气。

（7）将窑头天然气烧嘴向前推进到点火标记位置。

（8）排空。操作步骤如下：

1）卸掉金属软管与烧嘴连接的快速接头，将金属软管伸出窗外。

2）将天然气电控箱上点火转换开关打到"点火位置"，然后按住"点火"按钮10～15s，电磁阀门打开。

3）打开阀门，对空排放；同时打开窑头高压风阀门对排空的天然气进行稀释。

4）排空完毕后，松开"点火"按钮，并关闭阀门。

（9）接上金属软管与烧嘴的快速接头，使用手持式测漏仪查看快速接头处是否有泄漏。

（10）打开火焰探测器冷却风阀门。

2.2.3.2　点火操作

点火操作包括：

（1）点火准备工作完毕后，准备点火。

（2）回转窑点火烘窑时采用人工点火操作，将火把伸至烧嘴前方，按住控制箱"点火"按钮，电磁阀门打开，点火成功后，松开"点火"按钮，将阀门开度从小到大缓慢调节，根据所需温度，调整火焰大小，确定阀门开度。

（3）回转窑因窑温低或回转窑停窑保温时的点火操作，按住控制箱"点火"按钮，电磁阀门打开，点火成功后，松开"点火"按钮，根据需要将开度从小到大缓慢调节。

（4）火焰稳定后，根据升温曲线或升温要求调整天然气阀门开度，控制天然气流量。

2.2.3.3　巡视检查

巡视检查包括：

（1）每2h对天然气管路进行一次测漏检查和记录，发现漏气立即关气处理。

（2）实时查看天然气是否熄火，若天然气熄火，要立即关闭阀门，然后按照点火操作程序重新点火，两次点火时间间隔不少于10min。

2.2.3.4 熄火操作

熄火操作包括：

（1）关闭阀门，将点火控制箱转换开关打到停止位。

（2）把烧嘴支架向后退到熄火标记位置。

2.2.3.5 注意事项

注意事项包括：

（1）严禁在天然气管路附件放置易燃、易爆品，严禁在天然气管路附近吸烟或使用明火。

（2）严禁在窑内进行天然气排空，严禁对着电气设备、火源和热源排空。

（3）排空或点火时，必须一直按住电磁阀"点火"按钮，等控制箱上"点火成功"指示灯亮后再松开按钮。

（4）正常情况下喷嘴处天然气可以立即自动燃烧，如5s内喷嘴处无火焰，必须立即关闭阀门、松开"点火"按钮，检查管道及阀门，故障处理完后方可重新点火，连续两次点火间隔不少于10min。

（5）正常情况下，严禁打开天然气旁通阀门。

（6）严格按照"先排空、后点火、再通气"的步骤进行操作。

（7）窑头操作人员要穿戴好劳保用品，观察天然气燃烧情况时要佩戴面罩。

（8）操作人员必须严格执行岗位责任制和交接班制度，每小时使用测漏仪器对燃烧器、管道、阀门、仪表进行一次测漏，并做好检测记录。

（9）点检员每月对天然气报警仪进行一次试验检查。

（10）定期校验手持式测漏仪和更换电池，测漏仪保持完好。

2.2.3.6 应急处理

发生天然气泄漏、火灾及人员窒息时，应立即关闭阀门，并通知单位值班人员，及时启动应急预案。

A 事故特征

事故类型包括：

（1）天然气泄露；

（2）天然气着火；

（3）人员窒息。

易发生区域为回转窑窑头。

危害程度分析：

（1）天然气泄露遇到明火后会发生着火，达到爆炸极限时发生爆炸事故。

（2）天然气着火造成人员伤害和设备损坏。

（3）天然气泄漏造成现场人员窒息，抢救不及时会造成死亡事故。

事故征兆：

（1）天然气管道附近人员精神状况异常，甚至昏倒。

（2）天然气味道扩散，泄露报警动作。

（3）天然气管道产生火苗。

B　现场应急处理措施

a　人员窒息处理

当发现人员窒息时，立即关闭现场天然气阀门，迅速将病人转移到空气新鲜的地方，并通知医院到现场进行救护。

在医护人员到达前，急救人员应采取人工呼吸法和胸外挤压法进行救治，不得放弃抢救。

b　天然气泄漏

发现天然气管道或阀门出现泄漏时，应立即关闭上一级天然气阀门。划定以泄漏点为中心，方圆50m内为危险区域，区域内严禁明火、吸烟、打手机和操作电气设备。等待抢修部门紧急处理。

c　天然气着火

天然气着火的应急措施有：

（1）发现天然气着火，立即关闭天然气阀门，用二氧化碳灭火器等进行灭火。

（2）值班人员接到通知后，立即组织人员紧急疏散，并向厂调度室汇报。

（3）将事故现场划为危险区域，布置警戒线，非抢救人员禁止入内。负责抢救的人员必须穿戴好劳保用品，佩戴氧气呼吸器，严禁用纱布口罩或其他不适用于防止人员窒息的器具。

（4）为防止天然气爆炸，在处理过程中，危险区域内严禁携带火种，同时打开天然气管道附近的门窗保证空气畅通。未查明事故原因和未采取防范措施前，任何人不得打开阀门送气。

（5）火势无法控制时，人员立即紧急疏散到安全地点。

C　注意事项

注意事项包括：

（1）所有救援人员均应佩戴好劳保用品。

（2）在事故地点设置警戒区，防止人员靠近危险区域。

（3）发现受伤人员，必须将受害者转移至安全范围内，立即实施现场抢救，伤势严重的由医疗人员负责立即送往附近医院。

（4）每月进行一次天然气管路专项检查。

（5）每月试验一次天然气泄露报警和闭锁保护，发现问题立即处理。

（6）运行人员严格按安全规程作业。

2.2.4   回转窑煅烧技术操作

回转窑煅烧工序的主要任务是完成煅前上料、烘窑、煅烧及冷却和煅后储运四项工作。

2.2.4.1   启动前的准备

完成检修工作后，对系统设备仔细检查，确认处于完好状态。准备工作包括如下步骤：

(1) 使用冷却水的设备要提前通水，并检查确认水压、流量正常。

(2) 检查确认天然气压力正常，对天然气管路测漏检查及排空。

(3) 检查确认煅前仓料位满足生产要求（不少于70%）。

(4) 检查确认点火所用工器具准备齐全（火把、扳手）。

(5) 检查确认各设备护罩、护网、护栏完好。

2.2.4.2   启动前的检查

A   煅前下料系统

a   胶带定量给料机

(1) 检查确认校秤完毕，打开煅前仓下手动插板阀。

(2) 检查确认皮带完好，皮带上下无积料，下料口无异物卡、堵。

b   皮带输送机

(1) 检查确认皮带张紧程度，皮带无起层、裂口、跑偏，电动滚筒无漏油，润滑油位正常。

(2) 将就地控制箱打到就地位，送电检查确认皮带保护灵敏、可靠，检查完毕后将就地控制箱打到检修位。

c   电磁除铁器

(1) 确认吸附的杂物已清理干净。

(2) 送电检查确认电磁除铁器的吸力、位置恰当。

d   电动插板阀

(1) 检查确认电动插板阀各限位开关位置恰当。

(2) 送电检查确认电动插板阀动作正常，限位灵敏可靠，检查完毕后将就地控制箱打到检修位。

e   下料管

(1) 检查确认下料管内无堆积物料。

(2) 打开下料管冷却水阀门，确认下料管冷却水畅通、无泄漏，并把冷却水量调整至不小于$4m^3/h$。

(3) 检查下料管插入窑内状况，确认下料管距窑尾内衬收口有足够的距离（水平位置大于100mm），确保转动过程中与内衬无摩擦，确认下料口距内衬有足够的距离（垂直位置大于180mm）保证料的畅通。

B 回转窑及附属设备系统

a 大窑引风机

（1）检查确认轴承箱润滑油位正常。

（2）检查确认轴承箱冷却水畅通。

（3）检查确认各紧固、连接螺丝紧固。

（4）手动盘车，检查确认无卡阻现象。

（5）送电检查确认引风机入口蝶阀开度正常，动作灵敏可靠。

b 沉灰室

（1）检查确认拱顶、边墙和折流墙无裂纹、凹陷、凸起、倾斜。

（2）检查确认防爆门和检修门完好。

（3）检查确认手动进风挡板动作灵活，无异常后将挡板关闭。

（4）送电检查确认电动进风挡板入口蝶阀开度正常，动作灵敏可靠。

（5）确认一切正常后，用耐火砖封住检修门。

c 回转窑系统

（1）检查内衬无严重磨损、断裂、剥落等现象，窑内无杂物。

（2）检查进出料端部，确认耐火材料挡铁及窑头下料算子满足运行要求。

（3）检查回转窑窑头、窑尾密封装置，确认窑头、窑尾摩擦片磨损量不超过2cm。

（4）检查Ⅰ、Ⅱ、Ⅲ挡轮、挡轮组及轮带：检查确认轮带及托轮表面无龟裂、异常磨损；托轮、挡轮轴承冷却水畅通；挡轮油杯内润滑油位正常；托轮、挡轮组紧固螺栓及顶丝紧固正常。

（5）检查一、二、三、四次风系统：检查确认二、三次风机供电滑环装置接触良好，滑块张力恰当；检查二、三次风管内无杂物，螺栓无松动；检查确认各风机入口无吸附物，入口挡板开度合适；检查确认一次风机轴承箱润滑油位正常。

（6）检查驱动装置：检查确认传动三角皮带张紧度恰当，无龟裂、异常磨损；检查确认柴油机机油正常，冷水箱内冷却水充足，向油箱内添加柴油，各紧固螺栓无松动；检查确认主减速机和辅助减速机的润滑油位正常；检查确认大、小齿轮箱内有适量的润滑油；拨动联轴节应灵活、到位。

d 比色测温仪

检查确认压缩空气和冷却水管路畅通，无滴漏。当比色测温仪的冷却水出现管路堵塞时要进行清扫。

e 天然气燃烧系统

（1）对管道、阀门、仪表进行检查，确认外观无损坏现象。

（2）检查确认天然气泄漏闭锁及停电闭锁电磁阀门已打开。

（3）利用天然气监测仪器检查确认天然气管道无泄漏。

（4）检查确认天然气压力达到目标值。

（5）检查确认火焰测温仪的冷却风阀门已打开。

（6）检查确认金属软管与烧嘴的快速接头连接完好。

（7）检查确认所有球阀的开闭状态。

C　冷却机设备系统

a　冷却机（小窑）

窑内部的检查：检查直式衬板、螺旋衬板、内部衬里的磨损及变形状况；检查确认直接冷却喷头完好、无堵塞；进料管耐火材料无损坏和异物堵塞；筒筛无变形和松动。

窑外部检查：检查确认间接冷却水畅通；检查确认Ⅰ、Ⅱ挡轮带无磨损和龟裂；托轮冷却水畅通；挡轮油杯内润滑油位正常；托轮、挡轮组紧固螺栓及顶丝紧固。

驱动装置检查：检查确认减速机润滑油位正常；大小齿轮箱润滑油正常。

b　旋风除尘器

（1）检查内部风管磨损情况，确认储料仓无堵塞。

（2）检查确认星型卸灰阀润滑油位正常。

（3）送电检查确认星型卸灰阀转动灵活，检查完毕后，将就地控制箱打到检修位。

c　引风机

（1）检查确认轴承箱润滑油位正常。

（2）检查确认轴承箱冷却水畅通。

（3）检查确认地脚螺栓紧固。

（4）检查确认风机入口及出口风管无积料、堵塞。

（5）送电检查确认引风机运转正常，检查完毕后，将就地控制箱打到检修位。

d　水膜除尘器

（1）检查确认水膜除尘器通水管道畅通，水压、水量正常。

（2）检查确认水膜除尘器进出口管道无积料、堵塞。

（3）检查确认水膜除尘器水管喷头完好，喷水正常。

D　煅后储运系统

a　胶带输送机

（1）检查确认皮带张紧度合适，螺栓无松动，皮带上无杂物，皮带无起层、断裂、跑偏现象。

（2）检查确认电动滚筒油位正常，各部轴承润滑良好，转向正确。

（3）送电检查确认皮带保护灵敏可靠、皮带运转正常，检查完毕后，将就地控制箱打到检修位。

b 斗式提升机

（1）检查确认斗提螺栓、轴承座及联轴节正常，皮带无破损、跑偏，皮带张紧度合适。

（2）检查确认料斗无松动、脱落、缺损现象，底部无积料。

（3）检查确认斗提三角皮带张紧度合适，无缺损、断裂。

（4）检查确认减速机油位正常。

（5）送电检查确认斗提观察孔闭锁、急停开关及减速机逆止器完好，检查完毕后，将就地控制箱打到检修位。

c 三通

（1）检查确认各三通无漏油。

（2）检查确认后把三通打至所要使用的位置。

（3）送电检查确认各三通动作灵活，限位开关灵敏可靠，检查完毕后，将就地控制箱打到检修位。

d 脉冲除尘器

（1）检查确认各收尘管手动阀门开闭正常，收尘管无堵塞。

（2）检查确认关风器、螺旋输送机润滑油正常。

（3）送电检查确认引风机、关风器、螺旋输送机运行正常，检查完毕后，将就地控制箱打到检修位。

（4）检查确认脉冲控制箱正常，确认反吹风正常，无漏风。

e 废料仓

检查确认废料仓内无积料。

f 电磁除铁器

（1）吸附的杂物是否清理干净。

（2）送电检查电磁除铁器的吸力、位置是否恰当。

E 控制系统的检查

（1）进行灯亮、音响、线路试验，如有异常找有关人员及时处理。

（2）各远距离控制机构与对应岗位人员配合检查：

1）确认各挡板动作到位，然后将烟道主闸板全开，旁通闸板全关。

2）确认上位机与现场对应的挡板和调节阀开度一致。

（3）根据余热车间要求，配合余热车间做好余热锅炉的保护试验。

2.2.4.3 点火操作

A 点火前的准备

点火前的准备包括：

(1) 确认准备工作全部结束之后，各岗位人员明确分工。

(2) 点火之前必须与余热车间联系，得到认可后方可进行点火操作。

(3) 煅烧各岗位的工作关系是以调温岗位为中心，各岗位在其指挥之下进行有关配合工作的操作，各岗位信息联络如图2-22所示。

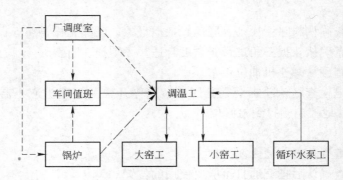

图2-22　岗位信息联络示意图

(4) 点火前先启动循环水泵。

(5) 通知余热车间逐渐拉开旁通烟道闸板，使窑头负压控制在 -15~ -5Pa。

(6) 启动一次风机，频率设定在15Hz。

B　回转窑点火操作

回转窑点火操作包括：

(1) 将火把伸至烧嘴前方，按住控制箱"点火"按钮，点火成功后再松开，将天然气阀门开度从小到大缓慢调节。

(2) 火焰稳定后，根据升温曲线调整天然气阀门开度，控制天然气流量。

(3) 点火初期，火焰状态不稳定，应经常查看火焰指示灯，防止熄火。

(4) 当出现熄火现象时，为了排除窑内的可燃性气体，窑头负压调至 -15Pa以上并持续10min；检查原因使之恢复正常后，把窑头负压调回到正常的设定值，再重新点火。

2.2.4.4　升温操作

点火成功后就进入回转窑的正常升温操作，严格按升温曲线进行升温。

A　柴油机的操作

启动前的检查：

(1) 确认各部位紧固连接牢靠，附件完整。

(2) 确认操作机构灵活。

(3) 确认柴油、机油及冷却水充足。

(4) 确认变速杆置于空挡位置，回转窑已经停稳。

柴油机的启动步骤：

（1）将油门给定在中间位置，左手压住减压杠，右手徒手握紧摇把逐步加速摇动。

（2）听到"突突"声后立即松开减压杠、拉出摇把。

（3）拔下联轴节定位销，将连轴节手柄快速推向减速机连轴节，两连轴节完全啮合后，再将定位销复位。

柴油机的停止步骤：

（1）将油门给定在最小值（刻线最上面）。

（2）回转窑停稳后，拔下定位销，退出联轴节，再将定位销复位。

安全注意事项：

（1）冬季启动前，不准用明火烘烤机体；严冬季节启动前应先加70℃左右温水预热，不能加大量的沸水。

（2）新装或更换喷油器后应进行中速低负荷磨合，磨合时间不应少于30min。安装前必须将偶件用干净的煤油或轻柴油清洗，去除防锈油。

（3）柴油机启动后，应低速运转，注意倾听各部件有无异常声音，观察机油压力，并检查有无漏水、漏油、漏气现象。

（4）在运行过程中，如发现不正常现象，要及时停车；停车时严格按照停止步骤操作。

（5）操作柴油机时必须安排专人监护，严禁一人独自操作。

B　窑的间断运转

利用柴油机带动回转窑间断运转。每次转窑时，需及时启停柴油机：

（1）从一开始点火至120℃保温结束，每隔60min将窑回转0.5圈。

（2）120℃升温起至350℃升温结束止，每隔30min将窑回转0.5圈。

（3）升温至350℃时，关闭柴油机，切换、启动主电机带窑运转。

C　启动窑头冷却风机（四次风机）

当窑头温度达到350℃时，现场或集控开始启动窑头冷却风机。

D　启动二、三次风机

沉灰室入口温度达420℃时，开始启动二、三次风机，操作步骤如下：

（1）确认二、三次风机频率为15Hz。

（2）现场确认滑块接触状态正常后，现场或集控启动风机。

E　启动系统设备

根据工艺流程由煅后至煅前依次启动系统设备。

F　连续运转回转窑

当沉灰室入口温度达到350℃时进行以下操作：

（1）停止柴油机，把离合器打开。

（2）确认回转窑主电机频率 15Hz。

（3）将连锁推杆退出。

（4）现场或集控启动回转窑。

G   投料

投料的操作为：

（1）当沉灰室出口温度达到 550℃ 时，启动大窑引风机，关闭旁通烟道闸板，保持窑头负压在 −15 ～ −5Pa。

（2）把煅前胶带定量给料机投料量设定为 1t/h，准备间断投料。投料初期要选用料块较大、水分含量较低的石油焦，禁止向窑内投入粉料或水分含量高的石油焦，防止未燃烧粉尘在回转窑内或沉灰室内积聚发生爆炸。

（3）启动煅前胶带定量给料机，从下料管观察料进入窑内燃烧状况，原则是投料 5min、停止 5min（具体可视升温速度而定）。

（4）投料开始后，启动脱硫系统。

（5）根据升温曲线，在主控室调整投料量。

（6）根据升温需要，逐渐调整其他各工艺参数。

H   间接冷却水、直接冷却水投用

冷却水投用操作为：

（1）在现场开动间接冷却水阀门，根据料温调整流量。

（2）在主控室用电动调节阀调整直接冷却水流量，根据排汽温度确认流量正常。

（3）为确保煅后焦排料温度稳定在规定范围内，在投料量、烟气温度、窑转速等参数稳定后，将直接冷却水调节方式切换到自动控制模式（根据排料温度、烟气温度等参数，设定合适的烟气温度，自动控制程序自动调节直接冷却水流量）。

在自动控制模式下，如排料温度波动幅度过大，应将直接冷却水控制方式先切换到手动模式，等排料温度稳定后再切换到自动模式。

I   煅后焦的取样化验

待煅后皮带上有煅后焦时，通知取样化验粉末比电阻与真密度。

煅后焦理化指标未达要求时，将其打入废料仓，并联系运输车辆及时排空；当煅后焦达到所要求的质量时，及时转入煅后仓。

2.2.4.5   正常运行时的操作

根据产量计划和运行窑况，将下料量控制在最佳范围，转入稳定的正常运行阶段：

（1）时刻监视上位机各运行参数及报警信号是否正常。

（2）根据化验结果，调整天然气流量，二、三次风供风量，优化煅烧条件，满足产量、质量要求。

（3）经常观察窑况，根据原料、燃烧情况、料面、煅烧带的长度和位置，调整回转窑的转速，改变煅烧条件。

（4）查看窑头负压、煅烧带温度、天然气流量和压力等参数是否在规定值内，避免较大波动。

（5）查看冷却机有关参数是否在规定值内，防止出现潮料、热料。煅后焦排料温度一般控制在 60~80℃。

（6）查看回转窑筒体监测上位机，观察回转窑筒体温度及其变化，超过300℃时及时上报车间检查处理。

（7）实时监控二氧化硫浓度，发现浓度超过标准时，及时通知岗位人员调整氨水流量。

（8）按时检查煅后焦储运系统，有无堵料、跑料、漏料现象，煅后仓料位情况，发现料位满时，及时进行切换。

（9）严格按照设备点检内容，每2h对现场设备进行一次检查，并做好记录。

（10）经常保持成型车间、原料班、水泵房的联系，出现异常后共同协调处理。

A 煅烧带的调整

a 位置

煅烧带位置一般控制在二、三次风嘴之间。

当煅烧带位置靠后时，可以适当地减小窑头负压，降低三次风频率，增加二次风频率，提高窑转速，使煅烧带位置向前移动，但通过调整以上参数仍然无法前移时可适当地增加下料量。

当煅烧带位置靠前时，可适当地减少下料量，把窑头负压增大，并增加三次风频率，降低二次风频率，降低窑转速，使煅烧带位置后移。

若是由于窑尾结圈造成的煅烧带位置迁移，可把下料量在原有基础上降低一半进行烧圈，烧圈后再转入正常生产。

b 温度

当煅烧带温度低于控制值时，可适当地增加天然气流量，并微调二、三次风频率，降低窑头负压来提高煅烧带的温度。

当煅烧带温度高于控制值时，应减小或停止天然气流量，并降低二、三次风频率，加大窑头负压，通过调整以上参数仍然无效时适当减少下料量来降低煅烧带的温度。

c 煅烧带长度

当煅烧带的长度不能满足要求时，需要适当的调整二、三次风的频率、回转窑转速、下料量等参数。

B 窜窑作业

a 窑运转中产生窜动的原因

理论上讲回转窑及小窑筒体以 3%~4% 的斜度安置在托轮上。托轮的中心线都平行于筒体的中心线，筒体转动时，会因其自身重量产生的下滑力而缓慢下行。再加上压液挡轮的作用，窑体的中间轮带会在上下挡轮之间往复游动，俗称窜动，这样可以防止轮带与托轮的局部磨损，托轮很少调整。而实际上窑会因为许多原因不正常窜动，如基础沉陷不同，筒体弯曲使轮带与托轮接触不均匀，设备磨损，设备外形尺寸制造误差，特别是由于轮带与托轮接触面之间摩擦系数的变化，及托轮中心线不平行于筒体中心线，都会引起筒体的不正常上下窜动。如果只在一个方向上较长时间窜动，则属于不正常现象，需要定期进行窜窑作业。

b 回转窑窑体不正常窜动造成的危害

回转窑窑体不正常窜动造成的危害有：

（1）回转窑机头、机尾密封件的不均匀磨损，密封失效，造成能源损耗、物料泄漏、环境污染。

（2）如果窜动力量过大，会使液压挡轮过载，造成调整窑体上下行的液压挡轮寿命缩短、损坏。

（3）当托轮轴向力超过一定范围时，托轮的止推盘就会向轴瓦的端面施加力，造成端面不正常摩擦引起温升，温度上升到一定程度就会破坏止推盘附近油膜，使轴瓦润滑状况不良，最终引起整个轴瓦温度升高。

（4）受轴向力严重的托轮与轮带接触面不均匀，造成轮带与托轮局部磨损。有时会在运转中出现托轮振动并在其表面及轮带表面出现轴向亮线，托轮也有时会出现转动变慢的现象，出现这种现象也是因托轮轴向受力过大，托轮轴轴瓦端面与托轮轴止推盘产生剧烈干摩擦，从而造成运转中托轮的短暂停转，使轮带与托轮之间相互滑动而不是正常情况下的滚动并相互擦伤。

（5）更为严重者，可能造成托轮与窑体的脱离。

回转窑不正常窜动如忽视不管，窑工况就会不稳定，托轮也会经常异常发热，造成减产或停产，带来重大经济损失。因此，窑不正常上下窜一定要高度重视，查找原因，在不影响生产的情况下快速准确地使窑恢复正常"上下浮动"状态。

c 常用的窜窑步骤

第一步，首先要通过全面检查、正确判断轴向推力最大的托轮，方法如下：

（1）观察和记录轮带和挡铁之间的间隙，判断每组托轮对窑的轴向力的方向，间隙在高端，托轮组对窑向窑头方向作用力；间隙在低端，托轮组对窑向窑尾方向作用力。

（2）观察和记录托轮轴轴端止推盘与轴瓦端面间隙（以推力盘在托轮轴轴

端为例），以此来确定每个托轮的受力情况。间隙在低端，托轮会将轮带和筒体推向窑尾方向，反之间隙在高端，会将轮带和筒体推向窑头方向。观察间隙大小及轴瓦端面的油膜情况，结合温度的高低，来判断其受力大小。

（3）压铅法。准备铅丝（$\phi2mm$ 保险丝），捋直并截成若干略长于托轮宽度的段。将各档轮带圆周相同位置上各标记几点，慢转窑体，当轮带上的标记点与其同一档托轮分别接触时，平行于托轮母线放入铅丝碾压，若托轮轴线平行于窑中心线，所碾压出的铅丝应为矩形长条。再比较同一档的铅丝的宽度：宽度大的说明该托轮靠近窑中心线，应将其平行外调；宽度小的说明该托轮远离窑中心线，应将其平行内调。若碾压出的铅丝呈棱形或三角形，说明托轮轴线歪斜于窑体轴线，结合托轮窜动方向判定托轮歪斜方向后进行适当调整。经几次调整使其同一档压出的铅丝呈宽度一致的矩形长条，同时，测量并记录轴承座移动量。

第二步，找出轴向受力最大的托轮后，再通过以下办法来调整：

（1）改变摩擦系数法。通常采用在托轮表面上涂抹或浇淋黏度不同的润滑剂，以改变托轮和轮带接触时的摩擦因数，达到控制窑体合理窜动的目的，这种方法效果最快，但治标不治本。有的厂往托轮表面上撒粉状物，如水泥粉、生料粉等来改变摩擦因数，进而达到控制窑体窜动的目的。因为水泥粉和飞灰粉等对托轮和轮带的表面有损伤，在一般的情况下应尽量避免使用。只有在极特殊的情况下，如发现因窑体的窜动马上就要出现大的事故时才可以暂时使用。使用该方法时，首先应判断欲加润滑剂的那只托轮的受力情况，然后决定加多大摩擦因数的润滑剂。一般情况下，在轮带与托轮表面上施加摩擦力大的物质时窑体向上窜动，施加摩擦力较小的润滑剂时可使窑体向下窜动。

通常运行时，回转窑和小窑分别需要每小时一次窜窑作业。

（2）调整托轮轴中心线法。可根据图解法、仰手律法、调窑口诀等来判断出拖轮中心线需要调整的方向，如果方向搞错不但不能控制筒体窜动，反而会使窜动加剧，严重者造成重大事故，因而确定调斜方向是极为重要的。具体方法介绍如下：

1）图解法。窑体上下串动调整图解法。

2）仰手律法。面向窑向下转动侧，伸出双手，掌心向下，将食指拇指伸直，两食指分别指向一个托轮的两轴承座，并指着相应轴承座的调整方向，两拇指则分别指向窑的窜动方向。面向窑向上转动侧，伸出双手，掌心向上，将食指、拇指伸直，两食指分别指向一个托轮的两轴承座，并指着相应轴承座的调整方向，两拇指则分别指向窑的窜动方向。

3）调窑口诀。站在窑侧向窑看，筒体自上而下转，进左筒体向右串，进右筒体向左串。

调整托轮是一项细致而复杂的工作，应注意以下几点：一次调整的量不要过大，也不要只在一对托轮上调，调整一对后，如不见效果，可在另一对吃力较大的托轮上调整。还要注意禁止将同一对托轮的中心线调成"八"字形，更不能将两道托轮调成大"八"字形，否则虽然也能把筒体的窜动控制得比较稳定，但却给筒体的推力一个向上，一个向下，产生扭矩，会使功率消耗增大，托轮与轮带表面磨损严重。大齿附近的托轮尽量不要动，以免破坏大小齿的啮合状况。整个过程要观察托轮轴端止推盘与轴瓦端面间隙及油膜情况，直至轴向力有所改观。另外，在安装时，托轮轴承组检测定位后应及时划线、打点，清晰地标示其位置，避免筒体安装后因其承载而移动，无法观察到位移情况，或进行调整时无法参考原始位置。在窑未砌耐火砖空负荷运转时就应该观察窑窜动情况，调好托轮位置，使窑能够正常的上下窜动，以免影响点火投料。通过第一步仔细观察和记录就可以准确地查找到问题所在，再按照第二步的各种方法依次对各个受轴向力的托轮对症下药，窑的不正常窜动现象就会很快得以解决，并要在窑的长期巡检工作中多观察，发现问题及时处理，长期保证窑"上下浮动"的正常工况，这样就可以减少回转窑的故障率、增长使用寿命、降低电耗、保证产量，最终达到可观的经济效益。

2.2.4.6　停系统操作

A　减少下料量

减少下料量包括：

(1) 每 2h 减少料量 1t，当煅后焦取样化验不合格时，将其转入废料仓。

(2) 调整沉灰室风门开度以及二、三次风风量。

(3) 随着投料量减少，调整冷却机引风机，使窑头降温速度不大于 25℃/h。

(4) 随着下料量的减少，大窑转速、小窑转速也相应减少。

(5) 随着下料量的减少，逐渐减小直冷水的流量，直至关闭。

(6) 下料量减至 3t/h 后，为了达到所要求的降温速度，窑头天然气燃烧系统投入使用。

B　停止投料

停止投料包括：

(1) 以 1t/h 投料量下料 2h 后，关闭煅前仓插板阀，待胶带定量给料机无料后，停止给料机。

(2) 待煅前皮带无料后，停止皮带机。

(3) 关闭手动插板阀。

(4) 关闭窑尾电液动插板阀，防止返火烧损皮带。

(5) 用现场操作盘将电磁除铁器断电，把电磁铁上的吸附物装入箱内。

(6) 调节窑头负压。将窑头负压调整到 −30 ~ −15Pa。

(7) 改变窑速。随着下料停止，用上位机改变窑速，降至 15Hz。

（8）改变二、三次风风量。随着窑内物料的减少和温度的下降，逐渐减少二、三次风风量，控制二、三次风风区域温度下降速度，防止内衬损伤。

（9）调整一次风风量。由于天然气流量变化，应随时调整一次风流量调节阀的开度及频率。

C 回转窑间断运行

回转窑间断运行操作有：

（1）当沉灰室出口温度降至450℃以下时，将回转窑改为柴油机运行，停止大窑主电机；同时，将二、三次风风机停止。

（2）沉灰室出口温度达到下述规定时，回转窑间断运行：450～300℃，每30min转窑0.5圈；300～150℃，每60min转窑0.5圈；150℃以下，每2h转窑0.5圈。

（3）当沉灰室出口温度达150℃以下时，停止大窑引风机。

D 冷却机及煅后储运系统停止

冷却机及煅后储运系统停止操作有：

（1）根据排汽温度，逐渐降低小窑引风机频率及入口蝶阀开度。

（2）待冷却机内煅后焦排空后，停止冷却机运行。

（3）待煅后系统的料全部进入废料仓后，逐个停止煅后系统的设备。

（4）把废料仓内的料全部排空。

E 天然气熄火

回转窑内物料排空后，进行天然气熄火操作：

（1）关闭阀门，将点火控制箱转换开关打到停止位。

（2）按下电磁阀停止按钮，关闭电磁阀门。

（3）将烧嘴支架向后推出1～1.5m，移出喷嘴。

2.2.4.7 异常处理

A 回转窑系统异常停电

a 事故特征

事故类型：

（1）异常停电导致回转窑停运，窑体变形、设备损坏。

（2）异常停电导致循环水系统停运，下料管烧毁。

（3）异常停电导致大窑引风机停运，造成窑尾返火烧毁设备。

危害程度分析：

发生异常停电时，如不能及时处理将造成回转窑设备损坏报废、系统停产。

事故征兆：

（1）回转窑突然停止运行。

（2）主控室上位机报警或停机。

b　现场应急处置措施

停电 2h 内的处理：

（1）关闭窑尾下料管手动插板阀，防止窑尾防火烧损皮带。

（2）打开烟道旁通闸板，恢复窑内负压。

（3）大窑工打开备用水箱阀门，关闭下料管进水阀，利用备用水冷却下料管。

（4）拉开下料溜槽，防止冷却机内因温度过高烧损设备。

（5）关闭窑头罩测温孔，保护好比色测温仪。

（6）打开下料管蒸汽阀，及时排出高压蒸汽，防止因下料管蒸汽压力过高损坏下料管。

（7）立即启动柴油机缓慢转窑。

（8）每隔 20min 检查一次下料管冷却水是否断流。

（9）若停电时间超过 2h，则按照降温曲线停窑。

恢复送电后启动设备：

（1）从煅后往煅前检查各设备情况。

（2）斗提地坑出现堵料情况，应及时清理积料。

（3）检查确认下料管冷却水不断流。

（4）停止柴油机，将连锁推杆退出，准备使用电机转窑。

（5）各设备检查确认完好后，按照以下顺序操作：启动水泵—启动大窑引风机—关闭旁通闸板—关闭备用水阀门，逐步打开下料管进水阀，下料管冷却水流量正常后，再关闭蒸汽阀门。

（6）从煅后向煅前逐台启动设备。

（7）打开手动插板阀，启动输送皮带机和给料机。

（8）巡视检查大窑引风机、斗式提升机等关键设备的运行情况。

（9）合理调整工艺参数，尽快恢复窑况。

c　注意事项

注意事项包括：

（1）所有救援人员均应佩戴好劳保用品。

（2）在事故地点设置警戒区，防止其他人员靠近危险区域。

（3）发现受伤人员，必须将受害者转移至安全范围内，立即实施现场抢救，伤势严重的由医疗人员负责立即送往附近医院。

（4）检修人员要按要求巡检配电室，岗位工检查下料管冷却水流量及下料管完好情况。

（5）循环水恢复后，应缓慢打开下料管冷却水进水阀，防止突然加大冷却水流量导致下料管急剧收缩损坏。

（6）启动大窑引风机前，必须将蝶阀手动调节到关闭状态，防止引风机启动过流。

（7）变频电机送电后，严禁瞬间大幅度调整频率，防止电机过流。

（8）勤查看窑况，及时发现并打捞脱落浇注料。

（9）使用天然气前必须测漏。

（10）若事故出现在夜间，应启用应急照明灯。

B 回转窑内衬脱落

a 事故特征

事故类型：

（1）回转窑内衬脱落、窑体变形损坏。

（2）窑筒体高温造成人员烫伤。

易发生区域：

回转窑二次风嘴至窑尾筒体内衬。

危害程度分析：

（1）内衬脱落造成回转窑窑皮发红，严重时造成窑体变形、设备损坏。

（2）因回转窑筒体高温造成附近人员烫伤。

事故征兆：

（1）回转窑的石油焦内有浇注料。

（2）窑皮最高温度超过350℃。

（3）窑皮出现烧红现象。

b 现场应急处置措施

现场应急处置措施有：

（1）回转窑窑皮发红（"红窑"）时的处理：

1）立即以 2t/h 的速度降低煅前投料，并把天然气系统投入使用，煅后料打入废料仓。

2）若烧红点长度沿窑纵向长度不超过 2m，沿窑横向长度不超过 1.5m，按照要求的降温速度对回转窑进行降温。

3）若烧红点长度沿窑纵向长度超过 2m 或沿窑横向长度超过 1.5m 时，应立即停止煅前投料，改为柴油机转窑，并将橡胶高压风管接到窑头的压缩空气支管上，对烧红点部位进行降温，防止回转窑窑体变形。

（2）回转窑风嘴浇注料脱落造成风管烧红时的处理：

1）检修工准备好风嘴堵头、电焊机、木板等工具，穿戴好防护面罩、棉手套等劳保用品。

2）停止煅前下料，并关闭电动插板阀，防止返火损坏设备。

3）将窑体转到检修位置后，停止回转窑运行。

4）检修人员立即将准备好的堵头对损坏风嘴进行封堵处理。

5）若处理时间超过 20min，应暂停处理，使用柴油机转窑 2min 后再处理，防止高温窑体长期处于静止状态而变形。

6）处理完毕后，打开电动插板阀恢复煅前下料，恢复回转窑正常运行。

（3）回转窑内衬脱落时的处理：

1）回转窑石油焦内混有少量的大块浇注料（不超过 5 块）时：

①减少煅前投料至 2t/h，回转窑主电机频率降至 15Hz；

②确定为风嘴浇注料时，拉开窑头窑门，利用专用工具把脱落的浇注料清除干净，然后关闭窑门，回转窑转入正常生产；

③确定为窑内衬时，按照降温速度对回转窑进行降温。

2）回转窑石油焦内混有大量的大块浇注料（超过 5 块），且回转窑内衬开始大面积脱落时的处理措施：

①立即停止煅前投料，停止回转窑主电机，改为备用柴油机转窑，把煅后系统转入废料仓；

②安排专人到冷却机后皮带捡拾脱落的内衬，防止进仓或堵料；

③开大回转窑引风机入口蝶阀，使窑温尽快降低；

④将橡胶高压风管接到窑头的压缩空气支管上对"红窑"部位进行冷却，防止回转窑窑体的变形。

c 注意事项

注意事项包括：

（1）所有救援人员均应佩戴好劳保用品。

（2）在事故地点设置警戒区，防止其他人员靠近危险区域。

（3）清理浇注料时，控制好窑头负压，防止返火。

（4）清理完毕浇注料后，将地面清扫干净，用水将浇注料和清理工具浇凉，防止人员烫伤。

（5）使用天然气前必须进行测漏。

C 其他故障处理

a 大小窑间溜槽堵料的应急处理

（1）确认大小窑间溜槽堵料后，立刻停止煅前下料，待煅前下料停止后关闭手动插板阀。

（2）停止回转窑，将回转窑驱动转为柴油机驱动。

（3）将小窑直冷水快速接头卸下。

（4）将大小窑间溜槽拉开，对落下的红焦洒水降温。为了防止落下红焦过多，引起高温，拉大小窑间溜槽时，一开始不要拉开过多，要随着堵料的减少逐渐拉开。

（5）待溜槽拉开后，选择合适的角度，清除溜槽堵塞物。

（6）溜槽内堵塞物清除后，将溜槽合闭。

（7）柴油机联轴节脱离，启动回转窑主电机。

（8）恢复小窑直冷水供给。

（9）启动煅前下料恢复正常生产。

b　系统中某一环节设备故障停止运转

（1）应及时把故障前流程设备停止，故障后系统仍继续运行。

（2）若回转窑、煅前系统也停止应关闭窑尾下料管插板阀，用柴油机转窑。

（3）立即查找原因和故障点，有备用设备的要及时启动备用设备。

（4）故障排除后及时启动系统，尽快恢复正常。

（5）清扫散落的煅后焦，搞好清洁卫生。

c　窑尾结圈

结圈原因：

当石油焦中的水分含量大或挥发分含量高时，在回转窑窑尾容易产生结圈，导致煅烧带前移，煅烧温度提不上来，影响煅后焦质量。

结圈现象：

窑尾结圈应准确判断，轻微结圈时窑头返火，窑尾负压波动；中度结圈时窑尾有轻微漏料，沉灰室温度升高；严重结圈时，虽增大引风机抽力，但窑头负压变化不大。

结圈处理：

（1）轻微结圈时可继续生产。

（2）中度结圈时减料运行，并调节二、三次风风量、窑速、负压，适当延长煅烧带。

（3）严重结圈时，停止煅前下料，减少二、三次风风量，烧圈应尽量控制在 2h 以内。

（4）在烧圈过程中应注意调节回转窑转速，二、三次风风量适当，延长煅烧带长度，烧圈应彻底，防止投料后重新结圈，防止频繁结圈和烧圈。

2.2.4.8　安全注意事项

A　点火烘窑注意事项

点火烘窑注意事项包括：

（1）取得煅烧工岗位操作证方可独立上岗操作，劳保穿戴齐全。

（2）回转窑内衬检修完毕，烘窑前养生时间不少于一周。

（3）窑头四周严禁吸烟和使用明火，严禁堆放易燃易爆物品。

（4）天然气点火前，必须认真检查确认管道无泄漏。

（5）正常点火时，严禁打开天然气旁通阀门。

（6）为防止泄露天然气在一定空间内积聚，在点火前应打开窑头的门窗，保证空气畅通。

（7）天然气排空时，严禁对着人或电气设备。

（8）回转窑点火之前，要使窑内形成负压，防止点火后的火焰从窑头火眼内喷出烧伤人员和设备。

（9）天然气点火严格按照"先点火、后通气"的步骤进行操作。

（10）天然气点火时，必须有三人同时进行，一人使用火把点火，一人点动电磁阀开关，另外一人调节天然气流量。

（11）回转窑点火初期火焰不稳定，当天然气喷嘴熄火后，要关闭喷嘴天然气阀门，把窑头负压调整至 -50 ~ -15Pa，静等 10min 以上，使窑内可燃气体充分排空后再进行点火作业，防止窑内可燃气体发生爆炸。

（12）必须按要求定时对天然气管道进行测漏，并做好记录。

（13）烘窑的最初阶段因内衬内含有大量水分，应避免急剧升温，这是保证烘窑质量的关键；烘窑过程中因天然气中断等原因造成中断烘窑时，处理正常后以每小时 20℃升温至中断前的温度，然后按升温曲线继续升温烘窑，相应延长烘窑时间并做好记录。

（14）升温过程中若内衬出现滴水现象（二、三次风管处）立即转入保温状态，直至停止滴水后 8h，再按升温曲线进行升温。若在保温期间出现滴水，相应地延长保温时间，但停止滴水到保温期间结束的时间应保持不少于 8h。

（15）烘窑过程中要控制好火焰，防止偏斜、添窑皮而损伤内衬，控制好天然气流量、一次风量、风压、负压，避免波动过大，尽量维持火焰稳定，保证烘窑质量。

B 回转窑初期投料注意事项

回转窑初期投料注意事项包括：

（1）回转窑投料初期要间断进行，确保所投石油焦的挥发分排除燃烧，严禁窑尾所投石油焦未燃烧再继续投料。

（2）开始投料初期要选用料块较大、水分含量较低的石油焦，禁止向窑内投入粉料或水分含量高的石油焦（可能会引起窑内粉尘爆炸）。

（3）投料初期要控制好窑的升温速度，避免出现温度的急剧上升。

（4）投料初期要控制好冷却机的排料温度，防止温度过高烫坏皮带。

（5）待煅后皮带上有煅后焦时，通知取样化验，取样频率为 2h 一次。

C 煅烧调温注意事项

煅烧调温注意事项包括：

（1）观察窑内状况时，必须戴好防护面罩和手扪子，只能从观察孔观察。

（2）巡查设备温度时，必须用红外线测温仪，严禁用手触摸。

（3）检查运转中的齿轮、托轮、轮带、挡轮时，必须扎紧袖口，严禁将手伸入转动部位，女同志的头发必须盘放到安全帽内。

（4）凡是悬挂安全警示牌的设备严禁启动。

（5）上下楼梯必须抓好扶手。

（6）夜间作业必须保证照明。

（7）冬季作业必须采取相应的防滑措施。

D 巡检时注意事项

巡检时注意事项包括：

（1）巡视时，必须两人结伴而行。

（2）严格按照规程要求的时间、范围及内容进行巡视。

（3）必须按规定的路线行走，严禁翻越栏杆，上下楼梯时必须抓好扶手。

（4）巡查设备温度时，必须用红外线测温仪，严禁用手触摸。

（5）设备运转过程中，严禁打开人孔盖、观察孔等探视设备。

（6）凡是悬挂安全警示牌的设备严禁启动。

（7）托轮及轮带间加油时，必须扎紧袖口，严禁将手伸入转动部位，严禁戴手套。

（8）摇动柴油机时，要紧握摇把，松柴油机的点压后，要迅速把摇把撤离柴油机，防止摇把伤人，柴油机油门要轻给，严禁猛给油猛松油，使柴油机振动加剧；当室外温度低于2℃时，要及时排出柴油机水箱内的水。

（9）当回转窑停产，要用柴油机每3天转动回转窑1/2圈。

（10）窑尾漏的焦运至石油焦仓库前，必须用水把焦完全浇凉。

（11）观察下料管状况和处理下料管堵料时，必须戴好防护面罩和手打子，头部严禁正对管口，防止火焰喷出伤人。

（12）下料管出现返火现象时，要迅速关闭手动插板阀，再关闭电动插板阀，停止煅前下料，通知控制室提高回转窑负压，返火结束后再恢复煅前下料。

（13）生产现场严禁吸烟和使用明火，严禁堆放易燃易爆物品。

（14）皮带运输机运转中必须做到"七不准"：

1）不准脚踏、跨越皮带运输机或防护盖；

2）不准将头、手伸入防护盖内；

3）不准将头、手和其他物具伸入皮带下和托辊、滚筒之间；

4）不准在生产现场奔跑、打闹、跳跃；

5）不准在空中人行道上往下扔东西；

6）不准走出人行道或栏杆以外的地方；

7）不准把工器具及其他物件搁放在运输机或过道上。

（15）斗式提升机使用注意事项：

1) 斗式提升机在启动前，必须检查其设备各部位是否完好齐全，斗体底部是否有卡料和其他障碍物，确认无误后方可通知主控室启动运行；

2) 在运行中发现有掉斗子、皮带打滑、皮带跑偏应立即停机进行处理；

3) 如发现提升机内有异物将斗子卡住时，应立即停料、停机进行处理；

4) 设备运转中，严禁将头、手伸入设备内。

(16) 观察小窑内部状况时，必须戴好防护面罩和手扣子，头部严禁正对观察口，防止热气喷出伤人。

(17) 煅后仓料位测试时，要带好安全带，防止人员坠落仓内。

(18) 严禁在仓顶部或楼梯上堆放杂物。

(19) 打扫卫生时，严禁将工具伸入转动部位。

(20) 夜间作业必须保证照明。

(21) 冬季作业必须采取相应的防滑措施。

E 窑内浇注料清理注意事项

窑内浇注料清理注意事项包括：

(1) 必须佩戴好劳保用品，包括棉手套、隔温防护服、面罩等。

(2) 关闭窑头天然气，并对喷嘴进行吹扫作业。

(3) 当窑门拉开后，停止煅前投料，停止回转窑主电机，人员要离窑门至少2m的距离，防止高温烫伤。

(4) 清理出的浇注料要及时转运到安全地点，并进行浇水降温。

(5) 清理浇注料用的工具使用完后，要用水冷却至常温储存好，备下次使用。

F 溜槽堵料清理注意事项

溜槽堵料清理注意事项包括：

(1) 人员必须佩戴好劳保用品，棉手套、隔温防护服、面罩等。

(2) 拉开溜槽之前，首先接好消防水管，以备对掉落的红料进行浇灭。

(3) 拉开溜槽之前，停止煅前投料，把回转窑驱动改为柴油机驱动。

(4) 拉开溜槽时缓慢进行，防止堵塞的红料突然全部掉落，烧伤设备及人员。

(5) 当红料掉落时，要用消防水及时浇灭。

(6) 溜槽清理干净后，才可转入正常生产。

2.2.5 煅烧循环水系统技术操作

2.2.5.1 操作前的准备

A 补水软化

补水软化包括：

（1）当冷水池水位低于下限时，按顺序工艺流程顺序依次打开阀门开始补水；当冷水池水位达到上限时，依次关闭阀门，停止补水。

（2）内循环操作。根据每周一次的取水化验结果，当水池水质硬度大于目标值时，打开或关闭相应阀门，进行内部循环软水操作，使循环水可在软水器内循环软化。

B　水泵启动前的准备

水泵启动前的准备包括：

（1）确认水池内水位处于正常范围内。

（2）确认冷却塔减速机润滑良好。

（3）打开水泵进口阀门，确认水泵内的空气排空（打开水泵排气孔，有水流出）。

（4）点动水泵，确认转动方向正确。

（5）点动冷却塔风扇，确认转动方向正确。

（6）用手扳动消声止回阀连杆，上下转动灵活。

（7）确认各阀门、管道、水泵无漏水现象。

2.2.5.2　系统启动

系统启动包括：

（1）启动冷却塔风机，检查运转正常。

（2）打开热水泵入口阀门，启动热水泵，打开热水泵出口阀门，控制泵出口压力。

（3）打开冷水泵入口阀门，启动冷水泵，打开冷水泵出口阀门，控制泵出口压力和冷水管压力达到目标值。冷水管压力低于目标值时，再启动另一台冷水泵保证冷水管压力正常。

（4）打开全自动过滤器入口阀门，对冷水池内水进行过滤处理。

2.2.5.3　巡视检查

巡视检查包括：

（1）每小时巡视一次。

（2）检查声音、振动、电机和轴承温度、润滑状况、水池水位、冷水管水温、压力等情况是否正常，并做好记录。

（3）及时检查水池水位，冷水池水位低于下限时，打开阀门进行补水，保持水量平衡。

（4）冷水管水温高于35℃时，立即同时将2台冷却塔风机启动运行，对循环水进行冷却降温。

2.2.5.4　系统停止

系统停止包括：

（1）关闭全自动过滤器的入口阀门。

（2）关闭冷水泵出口阀门，停止冷水泵，关闭冷水泵入口阀门。

（3）关闭热水泵出口阀门，停止热水泵，关闭热水泵入口阀门。

（4）停止冷却塔风机。

2.2.5.5　异常情况处理

异常情况处理包括：

（1）当泵房停电或设备故障不能保证供水时，应通知相关用水岗位打开工业水阀，关闭循环水阀，同时汇报单位值班领导。

（2）供电恢复或故障消除后，重新启动循环水泵。

（3）泵体发热时，要及时检查是否缺油，出水阀是否关闭或管路发生堵塞等现象。

（4）循环水回流量过大时，要及时调节热水泵出水量，查找外来水源并关掉。

（5）冷水池水温过高，检查冷却塔冷却风机是否正常运行。

（6）水泵达不到规定的压力时，检查阀门是否全开，检查水泵转动方向是否正确，否则通知检修处理。

2.2.5.6　安全注意事项

安全注意事项包括：

（1）取得水泵工岗位操作证方可独立上岗操作，劳保穿戴齐全。

（2）必须按照规程要求的时间、范围、路线及内容进行巡视，严禁翻越栏杆。

（3）上下楼梯时必须抓好扶手。

（4）开机前必须检查确认设备、仪表和安全装置是否完好。

（5）凡是悬挂安全警示牌的设备严禁启动。

（6）水池水位低于吸水管口或入口阀全闭时，不得启动水泵。

（7）水泵启动前充分排气，严禁空转水泵。

（8）水泵必须在润滑良好和无故障的情况下方可启动。

（9）正常情况下，水泵的每次启动间隔应在30min以上。

（10）自动软水器操作注意事项：

1）微电脑控制器参数调整好后，严禁出现断电情况。

2）盐箱内加盐应使用干净的工业盐，避免杂质堵塞，影响正常工作。

3）定期检查盐箱内的剩余盐量，及时补加，不可完全用完再加。

4）如果工业盐用完没及时补加，要分别对两罐进行强制再生后才能投入运行。

（11）巡视检查时，不准用手和其他物具触碰设备的转动部位，并注意防止衣物被卷入运转设备内。

（12）巡查设备温度时，必须用红外线测温仪，严禁用手触摸。

（13）设备运转过程中，严禁打开人孔盖、观察孔等探视设备。

（14）严禁超过额定压力工作。

（15）常用水泵因故障停机后，应立即切断水泵电源，并及时启动备用水泵确保工业用水。

（16）换用备用水泵操作时，应先启动备用水泵，确认其工作正常后，方可停止所要停的泵。

（17）气温低于5℃，可各开启一台热、冷水泵进行循环，防止水管冻裂。

（18）停泵时，应先关泵出口阀，然后按停止按钮。

（19）泵停止后，泵入口阀可不关，但阀或泵滴漏时，需关闭泵入口阀。

（20）停机时，如水温在2℃以下，必须及时排放泵中的冷却水。

（21）夜间作业，必须保证照明充足。

（22）生产现场严禁吸烟和使用明火，严禁堆放易燃易爆物品。

3 罐式炉煅烧

3.1 基础知识

3.1.1 工艺流程

符合质量要求的原料由火车或汽车运入原料库，卸在规定的原料槽中。按生产要求的配比，将不同理化指标的原料在配料槽中配匀后，由抓斗抓入格筛上（或颚式破碎机内）预碎，经振动给料机均匀给料，由齿式对辊破碎机粗破碎成50mm以下的原料。再由斗式提升机、皮带运输机转入煅烧炉加料斗或储存于煅前储料斗中。取用时，料从煅前储料斗进入下部的皮带运输机，再经斗式提升机、皮带运输机进入煅烧炉加料斗。

原料在炉上的加料斗中，经加料自动探料器控制，由螺旋加料机按时均匀加入炉内。物料靠自重从上向下移动，在移动过程中逐渐被位于料罐两侧的火道加热。当原料的温度达到 350~600℃时，其中的挥发分大量释放出来，通过挥发分道汇集并送入火道燃烧。原料经过 1200~1300℃ 的高温煅烧，完成一系列的物理化学变化后，从料罐底部进入水套冷却，按一定的时间间隔由排料装置排出炉外。合格的煅后焦，用电车和链式提升机（或高压风力输送系统）运往煅后储料漏斗；同时，为降低煅前料的挥发分以防止炉内结焦，将一部分煅后焦返回煅前储料斗，根据原料挥发分情况，决定返回料占原料的比例（通常为 10%~20%）。按比例回配的煅后焦由电磁振动给料器、带式输送机、斗式提升机输送到可逆配料输送机与延迟石油焦一起输送到煅前储料斗内备用。不合格的煅后料返回原料库再进行二次煅烧。

煅烧过程中排出的高温烟气，可当作热媒锅炉或蒸汽锅炉的热源，或送入换热室预热燃料和挥发分燃烧所需要的空气。

罐式炉煅烧系统工艺流程，如图 3-1 所示。

为了便于工序管理，常将整个工艺系统划分为煅前上料工序、加料调温工序、排料回配工序、循环水工序。

3.1.2 主要设备

3.1.2.1 罐式炉

罐式炉是在固定的料罐中对炭素材料间接加热，使之完成煅烧过程的热工设

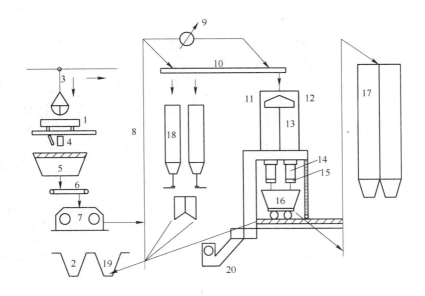

图 3-1　罐式炉煅烧工艺流程示意图

1—车厢；2—原料槽；3—抓斗天车；4—颚式破碎机；5—带格配料斗；6—皮带给料机；
7—齿式对辊破碎机；8—提升机；9—计量秤；10—运料皮带；11—漏斗；12—加料装置；
13—罐式煅烧炉；14—冷却水套；15—排料机构；16—排料小车；17—煅后斗；
18—煅前储料斗；19—返料储槽；20—烟道

备，是煅烧这一工序最重要的设备。罐式煅烧炉具有煅烧质量好，炭质损失小，比较容易实现利用炭素原材料本身的挥发分煅烧，不加或少加燃料的优点。因此，罐式煅烧炉是炭素工业中被广泛采用的炉型。

A　罐式炉的结构

罐式煅烧炉由炉体（包括料罐、火道、四周大墙，有的还有换热室）和金属骨架以及附属在炉体上的冷却水套、加料装置、排料装置、煤气（或重油）管道、余热利用系统和烟囱等几部分组成。

根据燃烧气流与物料的运动方向是否相同，分为顺流式罐式炉和逆流式罐式炉。燃烧气流的总流向与物料在罐内的运动方向一致，都是由上向下的，称为顺流式罐式炉，如图 3-2 所示；燃烧气流的总流向从炉中下部向上部流出罐体的，称为逆流式罐式炉，如图 3-3 所示。

B　料罐和火道

一台罐式炉是由若干个相同尺寸的煅烧罐组成，料罐和火道是炉体最重要的组成部分。料罐按纵横方向成双排列，连同它两侧的四条火道构成一组，一台炉可有 3~7 组。料罐的水平截面为两端是弧形的扁长形，罐壁垂直或略向外倾斜。每个料罐的左右两侧都有 6~8 层水平走向的加热火道，烟气在火道内是一长

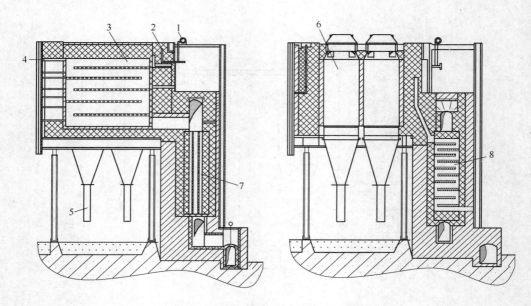

图 3-2　顺流式罐式煅烧炉结构示意图

1—燃气管道；2—燃气喷口；3—火道；4—观察孔；5—冷却水套；
6—煅烧罐；7—蓄热室；8—预热空气道

"之"字形路线，火焰不与原料直接接触。料罐和火道都处于高温，工作条件恶劣，而且还要求罐壁导热性好，气密性高，故全部采用异型硅砖或高铝砖砌筑。

C　大墙

炉体的中部是几组料罐和火道，外部四周是大墙。在大墙中设有挥发分和预热空气通道。煅烧过程中排出的挥发分从罐上部的逸出口流出，由位于炉顶部的集合道把同组中的挥发分汇集，然后经大墙中的通道，才能送到燃烧口和需要补充热量的火道进行燃烧。经换热室或炉底空气预热道预热过的空气，也要通过大墙中的通道才能送到煤气（或重油）和挥发分的燃烧点供其燃烧。为了控制挥发分和预热空气的供给量，专门设有拉板砖进行调节。另外在大墙上还设有很多火道观察孔、测温测压孔，便于对炉子的操作和监控。大墙采用黏土质耐火砖、保温砖和红砖等砌筑。

在炉后不设余热锅炉的时候，为了充分利用废烟气的余热，可设换热室。换热室由黏土质的格子砖砌筑，废烟气和空气按各自的通道交错流动进行换热。废烟气通过格子砖后温度由 1000℃ 降为 500～600℃，而空气则被预热到 400～600℃。预热空气助燃，不但提高煅烧温度，还节约燃料，当改用延迟焦作原料后，大量挥发分的燃烧，不但满足了煅烧温度的要求，而且还大大富余，采用换热室的形式已不能充分利用这部分热量，所以被余热锅炉取代。

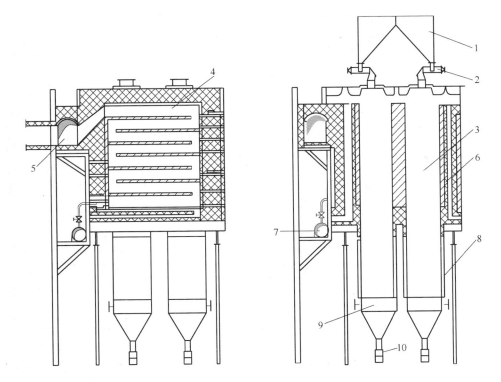

图 3-3　逆流式罐式煅烧炉结构示意图（无蓄热室）

1—加料储斗；2—螺旋给料机；3—煅烧罐；4—加热火道；5—烟道；6—挥发分道；
7—燃气管道；8—冷却水套；9—排料机；10—振动输送机

D　辅助设备

整个炉体用金属骨架支撑和紧固。冷却水套悬挂在料罐的底部。煅烧好的料通过冷却水套即被冷却到100℃以下。加、排料装置分别位于炉顶和冷却水套下面。

E　耐火材料

罐体和火道是用异型硅砖砌筑的。硅砖具有导热性好、荷重软化温度高、高温机械强度大等特点，适用于间接加热、火道温度高、有物料摩擦和撞击的工作条件。其缺点是抗热震性差，故操作中应注意尽量减少温度的波动。一般把硅砖做成带凸棱和沟槽的异型砖，并且尺寸要求准确，砌筑砖缝要求严格，这样不但增加了砌体的气密性，还加强了整体的机械强度。除此之外，由于燃烧口温度高，因而使用高铝砖砌筑，换热室和四周外墙则用热稳定性较好的黏土质耐火砖以及保温砖和红砖砌筑。

罐式炉筑炉用的主要耐火材料见表3-1。

表 3-1　罐式炉筑炉用的主要耐火材料

名　称	使　用　位　置
黏土砖	挡料砖，罐底，罐壁，水平空气道，拉板，空气竖道管砖，拉板座，烟道旋砖，喷火嘴组合砖，大盖板，挥发分溢出口，外墙，空气道出口
轻质保温	炉底、顶及外墙
硅砖 JG-94	罐壁砖，火道盖板砖，火道墙砖
硅砖 GZ-95	罐体、火道，组间盖板，硅砖墙大观察孔
特种高铝砖	喷火嘴，支撑板内衬砖

另外，筑炉时还使用一些附属耐火材料，如轻质浇注料、硅质耐火泥、硅酸铝耐火纤维毡、复合硅酸盐保温材料、黏土火泥和轻质火泥等。

F　罐式炉早期破损的原因

罐式炉的炉体一般可使用 8 年左右。罐体早期破损的主要现象是在罐体砖面上先形成气孔，逐渐扩展成熔洞，甚至使罐壁烧穿；另外是罐壁砖砌体产生裂纹，后果与形成熔洞和炉壁烧穿相同。此外，还常有火道内烧嘴砖脱落和熔渣堵塞火道等现象发生。造成罐式炉早期破损的原因有以下四点：

（1）砌筑质量。砌筑质量差表现为砖缝偏大，砖缝宽窄不均和灰浆不饱满。异型硅砖在砌筑前没有经过预安装或预安装马虎，造成罐体砌筑后尺寸偏离设计要求，膨胀缝不均匀，火道内掉入泥浆未清理，砌筑时炉体受湿、淋雨和受冻等，都会影响炉体寿命。

（2）烘炉升温速度不合适。烘炉升温过快，在烘炉过程中对炉体膨胀管理不善，炉体部位造成不均衡的应力，烘炉后炉体产生变形或较大裂纹。

（3）硅砖质量。硅砖组织结构疏松，气孔率较大，机械强度低，耐火度不合要求以及砖变形和尺寸不符合标准等质量缺陷，都会造成罐体早期破损。

（4）生产操作。煅烧时不按规程操作，造成局部温度过高（特别是煅烧高挥发分石油焦时），使硅砖砌体局部烧熔。加排料不正常，料面忽高忽低，罐内结焦堵炉后处理不当，甚至产生"放炮"现象，都会损坏炉体。

因此，延长罐式炉炉龄需要从炉子设计、材料准备、基建施工、烘炉和生产操作等方面严格控制，煅烧过程中必须按规程进行加料和调节炉温，避免出现局部温度过高的现象。发现炉体局部破损要及时采取措施，这样才能延长炉体寿命。

3.1.2.2　加料系统设备

罐式炉的加料装置由螺旋加料系统和控料尺系统所组成。

螺旋加料机系统设备主要包括电动机、皮带减速机、偏心轮、偏心杆、棘轮、棘爪以及螺旋加料机等，如图 3-4 所示。

工作时，电机带动三角皮带轮，通过减速机将动力传给偏心轮，通过连杆带

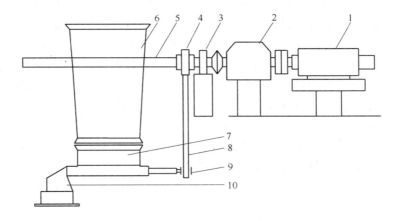

图 3-4 螺旋加料机系统设备示意图

1—电机；2—减速机；3—轴承；4—偏心轮；5—轴；6—加料漏斗；
7—螺旋加料机；8—连杆；9—棘轮棘爪；10—下料溜子

动棘爪做往复弧形运动，棘爪啮合齿轮带动螺旋机将料斗中物料通过溜槽加入罐式炉中。

探料系统的主要设备有电机传动装置、导杆、滑轮和探料器，如图 3-5 所示。

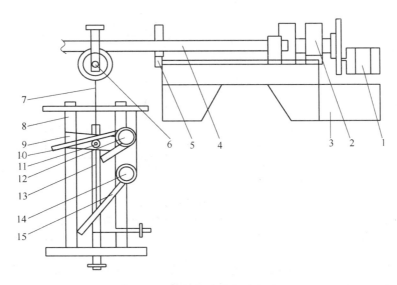

图 3-5 探料系统设备示意图

1—电动机；2—机架；3—机座基础；4—导杆；5—轴承；6—滑轮；7—钢丝绳；8—滑轨；
9—滑块；10—叉板；11，14—销轴；12—拉板；13—探料杆；15—导向杆工作时，电机通过丝杆螺母将转动变为直线运动，传给导杆并通过滑轮、钢丝绳带动探料杆上下运动进行探料，若面深超过探料行程，则探料滑块下降时超过导向杆底部，上升时使叉板转动，将螺旋加料机头部棘爪带到棘轮齿内，棘爪运动时，啮合棘轮转动，带动螺旋加料机加料。若料面深度不超过探料行程，则探料滑块下降时不能超过导轮杆底部，上升时就不能使叉板转动，棘爪就压不到棘轮内，因而螺旋机停止加料。

3.1.2.3 排料装置

排料装置的设备主要由液压系统、水套、棘爪、棘轮、排料滚、挡块、储料斗、钟形罩、溜槽以及电磁振动给料机组成，如图3-6所示。

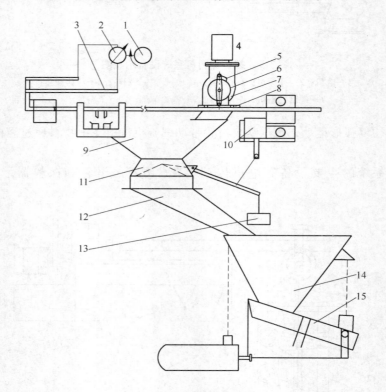

图3-6 排料装置示意图

1—电动机；2—轴向柱塞泵；3—油管路；4—水套；5—棘爪；6—棘轮；7—排料滚；8—挡块；
9，14—储料斗；10—气缸；11—钟形罩；12—溜子；13—重锤；15—电磁振动给料机

当液压系统工作时，推动拉板做往复直线运动，拉板上的固定挡板带动棘爪杆，棘爪啮合棘轮做旋转运动。棘轮旋转时带动排料滚转动，将水套中已冷却的煅后焦排至储料斗中，当气缸上升时，带动钟形罩打开，煅后焦通过溜槽进入下部的储料斗，再由电磁振动给料机匀速给料至风力系统通过管道输送到中碎系统。

3.1.3 工艺技术

3.1.3.1 主要参数

A 通过时间

原料通过煅烧罐的时间主要受排料量的影响，并与料的堆积密度有关，可按下式计算：

$$t = \frac{lbh\rho}{Q} \times 100\%$$

式中　t——原料通过煅烧罐的时间，h；

l——煅烧罐内截面长度，m；

b——煅烧罐内截面宽度，m；

h——煅烧罐内有效高度，m；

ρ——原料平均堆积密度，kg/m³；

Q——每罐每小时排料量，kg。

B 料罐产能

每个料罐的产能按下式计算：

$$g = \frac{FHr}{t}$$

式中　g——一个料罐一小时的煅后焦产量，kg/h；

F——料罐的断面积，m²；

H——料罐的装料高度，m；

r——炭素材料的堆积密度，kg/m³；

t——物料在料罐内的停留时间，h。

炉子的实际产能也可按下式对照核算：

$$G' = g't'(100 - a)$$

式中　G'——一台炉一天的实际煅后焦产量，kg/d；

g'——加料机每小时平均加料量，kg/h；

t'——加料机一天实际工作小时数，h/d；

a——挥发分、水分及炭质烧损的百分数。

C 炭质烧损

测定石油焦在罐式炉中的烧损应以干基为标准，即将原焦中的挥发分及水分排除在外，先分析原焦的挥发分及水分含量，选择几个正常生产的煅烧罐，仔细称量同一时间内的加料量和排料量后，再按下式计算：

$$\eta = \frac{G}{m(1 - V - W)} \times 100\%$$

式中 η——炭质烧损率,%;

G——规定时间内的实际排料量,kg;

m——规定时间内的实际加料量,kg;

V——原焦中的挥发分,%;

W——原焦中的水分,%。

罐式煅烧炉的烧损率一般为3%~8%。

3.1.3.2 烘炉作业

A 烘炉的目的

罐式炉的主体由黏土耐火砖砌筑,炉子的心脏部分用硅砖砌筑,上、下部分和四周也是黏土砖砌筑,砌体含水量相当大。

烘炉是炉子投产前必不可少的由常温转入正常工作温度的工艺操作,包括干燥和烘烤两个阶段。干燥的目的是在保证灰缝不变形、不干裂,保持炉子砌体严密性的前提下,逐渐地尽可能完全地排除罐式炉砌体中的水分。对一座7组28室8层火道的罐式炉来说,约含有水分210多吨,可见罐式炉砌体含水量是相当大的。烘炉升温的目的在于提高砌体的温度,并使加热火道达到可以开始正常加排料时的温度。干燥与烘炉是互相联系的,不能决然分开,所以一般统称烘炉。

作为炉子主要耐火材料的硅砖,在加热和冷却过程中不仅会发生热胀冷缩,还伴随 SiO_2 结晶形态的转化,产生较大的体积变化。因此,烘炉需要的时间很长(50~60天),而且要制定烘炉曲线,严格控制升温速度和温度的均匀性。

B 烘炉曲线的制定

烘炉曲线规定了升温速度、保温时间、烘炉期限和烘炉终了温度。

制定烘炉曲线先要采集有代表性的砖样,进行线膨胀率的测定,然后根据经验,取每昼夜的线膨胀率为0.03%~0.04%,以确保砌体的安全。这样就可以通过计算得到理论上的烘炉曲线,再把实际情况(砌筑质量、施工季节、自然干燥时间等)考虑进去,并参考以往烘炉的实际经验,进行调整和修正,即得到指导烘炉的实际烘炉曲线。

a 制定依据

罐式炉的烘炉曲线是根据炉体含水分的多少,不同温度区间的硅砖膨胀特性以及煅烧烘炉实践而制定的。制定依据如下:

(1)确定干燥期的理论依据。干燥阶段主要是排除砌体中的水分,砌体内的水分可分为外部水和内部水两类,前者是指物体受热到45℃便可排除的水,而后者则需受热到105℃才能排除。一般来说,将上下层平均温度值在103~105℃内视作干燥期终了温度是比较合理的。

在干燥过程中,水的蒸发由表及里,逐渐深入砌体里,干燥层也由表面逐渐向内部深处延伸,干燥失水的表层部位收缩,尚未干燥的湿的内层部位仍保持着原来的体积，结果必然产生应力，局部的应力集中会导致裂纹，甚至变形。故只有缓慢升温，方可使砖和灰浆水分的扩散及砌体内外水分扩散达到平衡，防止砖缝硬化破裂。

（2）确定烘炉期的理论依据。烘炉期主要是将砌体逐渐加热升温至工作时的温度，而砌体中心部分主要是由硅砖砌筑的。因此，硅砖随温度升高而膨胀的特性就是确定烘烤期的理论依据。一般选砌体每昼夜允许的线膨胀为 0.035% 作为可行的安全界限。

硅砖是由含石英（SiO_2）很高的硅石经粉碎、成型、灼烧以后制成的。硅砖具有良好的导热性，高温下荷重软化温度高、抗煅烧物料对罐壁的磨损性强等特点。硅砖的耐火度可达 1700～1750℃，在 $2kg/cm^2$（196kPa）的荷重下，其荷重软化温度可达 1640℃。

但硅砖的耐急冷急热性能差，剧烈的温度波动，将会使它发生破损。这是因为随着温度的变化，组成硅砖的主要成分 SiO_2 发生了晶态的转变，因而造成了硅砖的体积急剧的膨胀和收缩。

一般 SiO_2 能以三种结晶形态存在，即石英、方石英和鳞石英。而每种形态又有几种同素异形体，如石英有 α-石英，β-石英；方石英有 α-方石英，β-方石英；鳞石英有 α-鳞石英，β-鳞石英，γ-鳞石英。在一定的温度范围内，SiO_2 的不同结晶形态及其同素异构体是比较稳定的，但是如果超过了这一温度范围，达到晶体转化温度，SiO_2 的晶体就要发生转变，如图 3-7 所示。

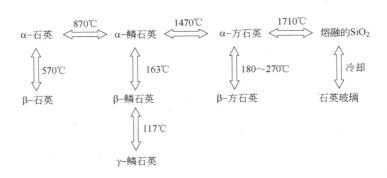

图 3-7　SiO_2 的晶体在不同温度下的变化情况

随着温度的变化，由 SiO_2 的晶体转化所引起的体积的急剧变化，一般可以认为是在瞬间完成的。

b　曲线的制定

制定干燥、烘烤曲线总的原则就是在整个烘炉过程中不损害炉体的严密性，保证有一座优质、耐用的煅烧炉投产。在这个总原则的指导下，烘炉曲线必须满足下列要求，各层火道能均匀升温，特别是炉体纵长方向上温度均匀，缩小上下层的温差。具体地说，在选择升温速度，即制定干燥、烘烤曲线时必须考虑下列条件：

（1）不同温度下的硅砖样（主要部位有代表性的砖号，即用砖量较多的砖号及特殊部位的异型砖砖号）的线膨胀率，温度间隔以 20～25℃ 为宜；

（2）选择经实践证明行之有效的日膨胀率 0.03%～0.035%；

（3）砖的物理化学性能，如真密度、体积密度、荷重软化温度、耐火度、导热系数、线膨胀系数、化学组成等；

（4）砌筑质量，包括施工隐蔽工程记录，灰浆用料配比与水分含量等；

（5）季节和地理环境等。

确定计划烘炉曲线时，应注意以下几点：

（1）烘炉点火后，煅烧炉各条火道的温度高低不一，应首先把各条火道的温度拉齐，以同一个温度起点开始升温。

（2）干燥烘水一般以到 120℃ 为界限，因为硅砖 117℃ 有晶型转化，所以升温速度要比干燥和烘炉 50～100℃ 范围的升温速度慢。一般情况下，干燥期 50～120℃ 升温速度控制在 0.375℃/h。

（3）由于升温控制在实际上不可能精确，可以把相邻温度区间且升温度相近的合并成一个区间，合并后的升温速度不快于合并前最慢的一个区间升温速度。

（4）有的相邻阶段，虽然升温速度相差很大，但根据烘炉经验，一般也总是合并成一个阶段，但合并后的升温速度仍不快于合并前最慢的一个。

（5）煅烧炉生产工作时温度一般要求在 1250℃ 以上，所以烘炉结果的温度仍以 1250℃ 为界。

C　护炉弹簧吨位的测定

弹簧压力-长度的测定是在万能压力试验机上进行的。每对应一个压力值，就相应测量一下弹簧的长度值。压力的测量顺序是小→大→小；长度的测量顺序是大→小→大。所有的弹簧都要测试，并且要在弹簧上做出标记，以免混乱。

D　材料及工具的准备

材料及工具的准备包括：

（1）烘炉用的温度、压力仪表，包括测温热电偶、温度显示装置、温度转换开关、天然气（或煤气）压力表、负压表、斜管微压计等。

（2）烘炉用的测量工具，包括游标卡尺、钢卷尺、废旧钢卷尺、细钢丝、重锤、大扳子、铁桶、机油等。

（3）烘炉用记录，包括温度记录表格、负压记录表格、炉高及四周膨胀记录表格、弹簧调整记录表格、班组工作记录表格、任务记录表格等。

E　烘炉方法

烘炉方法有:

(1)带料烘炉。点火前所用煅烧罐全部装满煅后焦,这有两点好处,一是密封性好,避免高炉温加凉料;二是防止硅砖受到急冷急热的影响。

(2)低温使用小炉灶点火烘炉,待温度升到450℃时拆除小炉灶,直接把煤气管接到烧嘴里点火烘炉。

(3)点火前除7层负压拉板适当开度外,其他拉板全部关死。

(4)烘炉期间的测点为首层、三层、六层与烟道;负压在三层、烟道。首层与三层温度升到800℃时撤掉热电偶,用光学高温计测温(测首层、四层)。

F　燃料

烘炉用的燃料可以根据实际情况来定,我国一般采用燃气当燃料。

G　烘炉管理

在烘炉中为保证严格按烘炉曲线升温,维持炉体完好,需加强以下3方面的操作和管理:

(1)负压的调整:特别是首层(对顺流式炉而言,下同)负压的调整至关重要。首层负压应随控制温度的上升而递增。

(2)温度控制:以首层末端(习惯称二层)温度作为烘炉的控制温度。要做到经常检测,及时调整,按时记录。

(3)膨胀控制:随时准确监测炉体各个方向的膨胀,按测得的数据对烘炉曲线进行必要的校正,并利用对螺旋弹簧的调整来控制炉骨架拉杆的受力。

3.1.3.3　工艺操作

罐式炉的工艺操作主要是控制各层火道温度(重点是首层和第二层)和废气温度,调整好负压,控制好排料量。火道温度采用光学高温计随时测定,废气温度用热电偶测量。根据各部位的温度情况及时调整煤气用量,预热空气量和挥发分的调节。当原料的挥发分比较高时,不用煤气或少用煤气也能维持煅烧炉所需要的炉温。

正常生产时,煅烧炉的工艺控制要点是混合焦及其块度、炉子的密封性与冷却、温度、负压、煅烧时间和排料。

A　混合焦及其块度

为了防止料在罐内结块,必须使用混合焦,混合焦中的沥青焦占20%~25%,沥青焦的加入量以混合焦平均挥发分在5%~6%为准,其余是石油焦,应在煅烧前混合好,否则仍有可能结块。焦炭的大小不应超过50mm,如块度过大可能烧不透,一方面影响制品质量,另一方面排出的料冒烟,恶化劳动条件。

B　炉子的密封性与冷却

应使排料口的闸口经常处于密封状态,排料闸门和密封不良是造成原料烧损过大的主要原因，另一方面也影响负压。受煅材料的充分冷却可避免高温氧化，改善劳动条件。

C   温度和燃烧的控制

罐体及两侧的水平火道是罐式煅烧炉的主体部分。罐式煅烧炉内各层火道合理的温度分布，是煅烧工序控制的关键。罐内炭质原料的高温干馏过程是通过火道内燃料燃烧间接加热实现的。

罐式炉的煅烧温度通常是指高温煅烧带火道内罐墙的温度，它与罐内煅烧物料的温度差约100~150℃。煅烧高温带火道温度通常控制在1250~1380℃。煅烧高温带以上的部分为预热带，以下部分为冷却带。

高温煅烧带长短和温度高低实际表现为煅烧物料在最终高温下经过高温区的时间，这段有效的煅烧时间与其煅烧质量和炉子产能成正比例，即高温带越长温度越高，煅烧料质量越好，产量越大。因此，尽可能延长高温煅烧带，才能保证炉子的产量和质量，满足生产的要求。

炉子预热带是原料进入炉内的预热阶段。此时原料温度低，吸热量大加热速度也较快，这是原料中挥发分排出量最多，原料体积收缩最大的重要时期，对煅烧过程也有一定影响。提高预热带温度，减少预热时间，为挥发分排出提供充分的通道、空间和能量，为高温带的延长，提供应具备的条件，是预热带温度控制的主要方向。

煅烧后原料的冷却速度对其质量没有多大影响。但从炉内排出的原料温度过高，将使原料烧损增加，使炉底及排料水套和排料机构早期损坏。因此煅烧炉冷却带要保持适当高度，应利用其热能，预热助燃空气，保证冷却效果。

要获得煅烧质量好的材料，必须保持第一层火道温度达到1250~1380℃，每2h在第一层火道末端用光学高温计测温一次；低于1250℃不应排料，待调整煤气、挥发分和助燃空气，温度重新上升至规定范围时方可排料。

罐式炉的温度控制主要是依靠对燃料的控制来实现的。罐式炉的燃料一般都是气体燃料，如煤气、天然气和煅烧过程中炭质原料产生的挥发分。罐式炉燃气的燃烧方式属于扩散式燃烧方式。燃气从喷嘴流出后与空气边混合边燃烧，火焰及烟气在负压抽力的作用下，沿火道方向迂回运动，将热量传给炉罐后，烟气由烟道排出炉外。温度控制就是调整影响燃烧的各因素使炉子各层火道内的燃料达到要求的燃烧强度，使温度达到生产工艺的要求。

生产实践证明，罐式煅烧炉内火道温度是受许多因素制约的。一般情况下，影响煅烧炉内火道温度的主要因素是燃料、空气量和负压。

（1）燃料的影响。在正常生产中，原料在煅烧过程中产生的挥发分是热源的主要部分，如果炉子条件具备，燃烧组织得合理，原料中挥发分含量达9%以上时，挥发分已成为炉子生产热源的全部来源。在生产中，如果挥发分不足，要及时用燃气补充，否则煅烧温度会下降，影响煅烧质量；如果挥发分够用，就要将燃气阀门关闭，尽可能利用炉子自产的挥发分，少用或不用外供燃料是选用燃料的基本要求。

要充分利用挥发分，使挥发分均匀、稳定地源源不断从喷嘴流出，需要原料配比、加排料操作的连续和稳定，需要挥发分通道系统内没有过多阻力和过量空气的进入，也需要适当的负压和温度条件等，只有这些条件具备，才能满足煅烧温度的要求。

（2）空气量的影响。燃烧实质上是一种快速的氧化反应过程。要使燃烧稳定进行，连续不断地供给足够的空气，使其中的氧与燃料接触良好是燃烧的先决条件。

罐式煅烧炉的燃烧是火道中进行的。燃料在截面狭窄、通道细长、迂回曲折（各层火道首尾连续）的火道内燃烧，空气量和供给方式以及同燃料混合方式是组织燃烧的关键。这是因为火道结构和工艺要求对燃烧方式的唯一选择，它必须采用长焰燃烧，即燃气在烧嘴内完全不和空气混合，喷出后靠扩散作用进行混合而燃烧，而且是燃气和空气一边混合一边燃烧。燃烧速度较慢，但火焰较长，沿火焰长度方向上温度分布比较均匀。为了取得较长的火焰和较高的温度，在炉中部各层火道多次加入空气，提高燃烧强度，延长高温煅烧带。

在煅烧生产中，炉子空气量使用要适度，一次给入量不要过多，防止局部温度过高，烧坏炉体；也要避免因空气给入量不足，出现燃料燃烧不完全现象，使火道温度降低，罐内原料中挥发分的排出缺少热能，形成低温循环局面，直接影响煅烧质量和产量。虽然罐式炉是火道内燃烧间接加热罐内原料，火道内出现强氧化气氛不会氧化原料，但火道内给入后存在大量过剩空气，而依靠调整燃烧量的多少来控制温度、实现短焰燃烧的方法是不可取的，因为过剩空气没有参与燃烧，带走了火道内的热量、又增加了排烟系统的负荷。

经过预热后的空气比冷空气更容易与燃气混合、燃烧，升温速度也较快，在温度允许的情况下，应首先预热空气再让其参与燃烧。一般情况下，顺流式罐式炉始终使用预热空气助燃，而逆流式罐式炉多采用冷空气助燃。

（3）负压的影响。要使火道温度合乎要求，除了保证挥发分恒定供应外，还必须保证炉子燃烧系统有足够的负压，特别是首层负压的调整至关重要。在煅烧过程中，罐式炉内都处于负压状态，负压是由装在烟道上的排烟机运转而产生的；没有装设排烟机的炉子，是烟囱底部热气体具有位压头、促使气体向上流动而产生的负压。炉子负压的控制是煅烧生产中的极为重要环节。炉内燃烧所使用的燃料和助燃空气是负压吸入的，吸入量的多少、流速快慢是由负压大小决定的。由于罐式炉的结构不同，煅烧物料不同，使用的燃料和炉体密闭性能也不同，使罐式炉内负压的差异较大，要根据煅烧温度的需要，将负压调整到合适范围内。负压过大、火道内空气流量大，热损失大；负压过小则挥发分难以抽出，助燃空气也将供给不足，已经燃烧后的产物也不能及时排出炉外，炉顶冒烟冒火，燃烧强度下降，炉温低而影响煅烧质量和产量。首层负压应随控制温度的上升而递增。为保持炉体纵长方向温度的均匀性，边火道除适当多供燃气外，负压应比中间火道提高 3Pa 左右。负压可通过及时调整烟道闸板来实现。炉子的负压值视各单位炉子的具体情况而定。

D　煅烧时间

需视火道温度和控制分析结果而定排料量和排料时间间隔来控制煅烧时间。如果火道温度达到规定范围的上限，则可以稍微加大排料量或缩短排料时间间隔。一般来说，受煅材料在温度正常的情况下，在炉内的停留时间约为 24h，这样能得到质量比较均一的煅后料。

E　排料

用排料数量和时间来控制煅烧质量，在温度正常的情况下，排料要按时、适量，否则将影响质量。排料量的多少需结合控制分析数据（真密度和电阻率）来进行，一般地说，应勤排，少排。排出的料不应有红料，以免氧化。

F　煅烧温度的判断与检测

a　判断

罐式煅烧炉的温度是根据火道墙加热的颜色和亮度来判断的。火道墙的加热温度与颜色对照见表 3-2。

表 3-2　火道墙的加热温度与颜色对照表

温度/℃	颜　色	温度/℃	颜　色
500 以下	暗褐色	930~1030	亮红色
500~550	褐　色	1030~1080	橘黄色
550~600	褐中透红	1080~1180	黄　色
600~660	暗红色	1180~1285	亮黄色
660~700	深樱红色	1285~1340	黄色透白
730~790	樱红色	1340~1440	白色透黄
790~850	浅樱红色	1440 以上	炫目色

b　检测

煅烧温度的检测方法有目测法和表观法。

（1）目测法。目测法是根据火道墙加热后的颜色和亮度来判断温度的一种经验方法。这种方法速度较快，直观性强，但准确性和精确度较低。

（2）表观法。表观法有热电偶测温法和光学高温计测温两种。

1）热电偶测温法。工作原理：把两种不同的导体或半导体连接成一个闭合回路，如果将它们的两个接点分别置于两个不同温度的热源中，则在该回路内就会产生热电动势，这种现象称为热电效应。热电偶温度计就是应用热电效应来测温的一种仪表。它由热电极、绝缘管、保护管和接线盒等构成。

测温方法：将热电偶工作端置于被测物体中，经接线盒将热电极和补偿导线连接起来，经铜导线连接在测量仪表上，当被测物体和热电偶的工作端温度平衡时，仪表所显示的温度值就是被测点的温度。

2）光学高温计测温法。工作原理：光学高温计是利用受热物体的单色辐射强度随温度升高而增大的原理来进行高温测量的仪表。

光学高温计的构造：光学高温计主要由光学系统和电测系统两部分组成。光学系统由物镜和目镜组成望远系统，光学高温计灯泡的灯丝置于系统中物镜成像部分。电测系统由高温计灯泡、滑线电阻、按钮开关、电阻与电池连接而成。

使用方法：使用前，先检查一下仪表指针是否在"0"位上，如果不在，就要调整一下。然后将物镜瞄准被测物体，借物镜把被测物的投影反映到物镜焦点灯泡的灯丝平面上。再调整可变电阻器，改变通过灯泡的电流，以使灯泡与被测物的亮度相等。如果灯丝亮度低于被测物亮度，就会在亮的背景上出现黑色的灯丝；如果灯丝亮度高于被测物亮度，就会在暗的背景上出现亮的灯丝。当灯丝亮度与被测物亮度相等时，灯丝就会隐没在被测物投影的背景上，并从观测者的视野中消失，这时，仪表刻度盘上指针指示的数值就是被测物的温度。

3.2 操作技能

为方便过程管理及岗位掌握，通常将该系统分为供料、加料、调火、放焦4个工序。

3.2.1 上料作业

3.2.1.1 开车前的检查

开车前的检查包括：

（1）天车完好，运行正常；

（2）各设备润滑良好；

（3）各设备内无杂物；

（4）本系统无人检修；

（5）确认控制电路完好；

（6）确认供料品种和仓号，将翻板和皮带下料口控制在相应的仓；

（7）确认皮带机无跑偏、托辊无异常响声或缺损，搭扣完好；

（8）确认工器具齐全完好。

3.2.1.2 系统启动

收尘系统的启动顺序：排灰螺旋→离心风机→脉冲仪。

系统开车顺序：逆物料流程启动，如带式输送机（煅烧）→斗式提升机（煅烧）→皮带输送机（原料库）→斗式提升机（原料库）→永磁除铁器→带式输送机（原料库）→双齿辊破碎机→电磁振动给料机（原料库）。

确认皮带运行正常后，通知天车开始上料。

换料时，等皮带上的上一种料完全走空后停机，确认下一种料的料种和仓号，将翻板和皮带下料口控制到相应的仓，然后再重新启动系统。

3.2.1.3 原料初配

根据配料的比例要求，在规定的配料池内，使用天车将挥发分、灰分、硫分等不同指标的石油焦平铺直取，初混均匀。

3.2.1.4 输送和混配

用天车将初配好的石油焦运至平台格筛漏斗，将大于 200mm 的原料使用大锤人工破碎，不大于 200mm 的料经电磁振动给料机进入双齿辊破碎机破碎至不大于 50mm，经过永磁除铁器、皮带输送机、斗式提升机后利用回配仓电磁振动给料机在带式输送机上进行配料，将石油焦挥发分控制在 8% ~ 12%，原料最终经过斗式提升机、带式输送机进入煅前储料斗。

3.2.1.5 巡回检查

系统运行过程中，需按规定的路线定期检查以下内容：

（1）电机运转时是否有杂音。

（2）电机、轴承温度是否过高。

（3）减速机润滑油是否充足，运转是否平稳。

（4）上、下托辊运转是否正常，是否有掉托辊现象。

（5）皮带及其接头有无起毛和开裂。

（6）各紧固件有无松动。

（7）皮带挡皮和清扫装置是否正常。

（8）皮带是否跑偏。

（9）皮带上是否有杂物。

（10）电磁铁上的废铁是否影响皮带正常运转，必要时及时清理。

（11）下料口是否通畅，密切关注仓位情况，及时更换料种或停止供料。

发现问题时，要及时向班长汇报，情况紧急的应停机处理，并向班长汇报。

3.2.1.6 停止输送

A 正常停止

正常停止的操作有：

（1）当煅前仓达到规定料位时，停止上料，等皮带原料走空后，按顺物料流程依次停止各台设备，停止输送。

（2）清理电磁铁上的杂物后，关闭电源。

（3）清扫皮带及走廊。

B　紧急停机

发生以下情况必须紧急停机：

（1）皮带严重跑偏；

（2）皮带撕裂；

（3）原料中有大铁器等杂物；

（4）发生重大安全事故；

（5）下料口漫料等。

紧急停机后及时通知前后工序，处理故障要挂牌，处理结束后，摘牌开机，坚持"谁挂牌、谁摘牌"，将机头机尾原料清空后，方可开机。

3.2.1.7　故障处理

A　皮带跑偏

皮带跑偏原因及处理：

（1）由于槽型托辊不正引起的跑偏，把皮带跑偏一边的调心托辊架顺着皮带运行方向移动，如皮带向左跑偏，就可以把托辊组支架的左端顺皮带运行方向移动，或将支架的右端向相反的方向移动，直至皮带跑正。

（2）皮带跑偏忽左忽右，方向不定，原因是皮带比较松，应调整皮带的松紧程度。

（3）传动滚筒与尾部滚筒不平行也会引起跑偏，就要调整皮带松紧装置的两根螺杆，使两条螺杆的松紧度一致。

（4）若滚筒粘上煤泥，也会引起跑偏，应及时停机将煤清干净。

（5）胶补工胶接皮带后，要求试机验收，确认皮带不跑偏。若胶接不当引起跑偏，必须要求胶补工重新胶接。

（6）若漏斗下料不正引起皮带跑偏，要及时更正。

（7）空载运行时跑偏的皮带很难找正，遇到这种情况，必须等皮带满载后再看，若仍然跑偏再进行调整。

（8）皮带跑偏的原因比较复杂，有时一种方法处理收效不大时，就必须针对跑偏的各种原因，采用多种方法综合处理，既要调整托辊架，又要调整滚筒。

B　皮带打滑

皮带打滑原因及处理：

（1）若是皮带张紧程度不够引起的打滑，则调整螺杆或增加重锤。

（2）若滚筒有水引起打滑，则立即停机，在滚筒和下段皮带之间撒上料粉将水吸干，处理完毕后一定要把滚筒和下段皮带表面清理干净。

（3）滚筒表面太光滑引起皮带打滑，则需要停机检修，在滚筒上增加胶衬。

3.2.1.8 注意事项

注意事项包括：

（1）严禁酒后上岗。

（2）上岗前劳保用品要穿戴齐全。

（3）开机前认真检查各设备及安全装置的性能，确认皮带机和设备上无障碍物，无人工作时，才准操作。

（4）不准戴潮湿手套启动设备。

（5）上下楼梯要扶好扶手。

（6）工作中人与人之间要留出安全距离，防止相互交叉作业造成相互伤害。

（7）开机时，必须先发信号，后开机（如果岗位电铃不响要立即通知班长报修并记录）。

（8）禁止任意摆弄电器设备、开关；电器着火时，应先切断电源，严禁用水灭火。

（9）皮带机运转时，严禁清扫、修理和更换托辊等作业，不要将手伸入皮带罩内。

（10）严禁坐卧、跨越运行或停转的皮带机。

（11）发现物料中带有铁、石、木等杂物，应立即停车清除。

（12）皮带打滑时，禁止用铁棍撬或脚踩手拉。

（13）禁止利用皮带机运送工具和杂物。

（14）破碎机在运行中严禁打开观察孔，禁止用任何东西去掏物料，更不能用手去掏。

（15）生产现场严禁烟火。

（16）高架皮带通道上，严禁相互追逐、打闹，冬季行走和上下楼梯防止滑倒。

（17）破碎料时要随时注意上方是否有抓斗天车，防止掉料伤人。

（18）破碎机运转时，严禁用手触碰物料，不得修理或用手触及运行部位。

（19）设备停止运转后，应及时清除电磁铁上的杂物并切断二次控制电源。

3.2.2 罐式炉加料技术操作

3.2.2.1 启动前的检查

启动前的检查包括：

（1）加料机等系统设备无异常；

（2）检查炉顶料斗的料位情况；

（3）检查加料机遥控器开关，电源是否充足。

3.2.2.2 系统的启动与停止

系统的启动与停止包括：

（1）先开启炉顶加料机皮带，再开斗式提升机，最后开动原料仓下方配后料输送皮带。

（2）在加料过程中至少需要两人分别观察两侧加料机下料情况，一人手持遥控器操作加料机。

（3）一座炉体加料完毕转至另一炉时，必须将加料机两侧下料口底部闸板关死，防止将料放在炉面上。

（4）检查电机温度是否异常。

（5）炉顶料斗全部加满后，关闭加料机下料口底部闸板，停止原料输送皮带机，再停斗式提升机，最后停炉顶加料机皮带，并将加料机遥控器收回。

3.2.2.3 故障处理

故障处理包括：

（1）加料途中突然停电，应将下料口插板插好，待恢复正常后，再按加料操作程序进行操作；如停排烟机时间过长，需要停止上料。

（2）加料时观察炉体料斗下料情况，如发现有个别炉号下料异常，及时汇报班长，并及时清捣料口直至下料正常为止。

（3）罐体有结焦现象不下焦时，在班长的指挥下清捣，清捣工作在罐体为负压的状态下进行，同时防止所用工具伤害炉砖。

（4）挥发分通道堵塞时间长，需要正常加排料，待红料全部加进炉内再上料，处理挥发分通道。

（5）加料漏斗及螺旋裂透空气，需要及时处理设备裂纹。

（6）料面过高和加料螺旋成一体，需要均匀连续加料，发现结焦及时处理。

3.2.2.4 安全注意事项

安全注意事项包括：

（1）严禁酒后上岗。

（2）上岗前必须正确穿戴齐全劳保用品。

（3）开机前，认真检查加料小车及安全装置的性能。

（4）发现蓬料时应立即捅料，捅料时必须两人以上操作，要戴好防护罩、棉手闷子，防止烧伤、烫伤；清捣料口时，先打开罐顶窥视口孔盖，确认罐内为负压，无烟气外冒现象（如有冒烟现象，应增加系统吸力），人员必须站在上风侧安全可靠处，并确保安全后方可进行清捣作业。清捣工具摆放合理，防止拌脚。捅料时禁止加料，加料时禁止捅料。

（5）将作业工具摆放在安全可靠处，防止坠落伤人，严禁在高处向下方扔物品。

（6）在炉顶行走时，严禁踩踏炉顶孔盖。

（7）加料小车运行过程中，禁止用手或身体某一部位触碰小车运转部位，禁止清扫卫生，禁止给其加油。

（8）加料机加料结束，应将加料机停放在规定位置并切断电源。

3.2.3　罐式炉调温技术操作

3.2.3.1　烘炉

A　烘炉准备

烘炉准备包括：

（1）在烘炉前，要对供电、供水系统进行一次全面仔细检查和整改，确保烘炉期间正常供电、供水，如有意外事故发生，必须报告烘炉领导小组。

（2）根据烘炉领导小组安排，在煅烧炉点火前两天将全部仪表安装调试完毕。

（3）在烘炉前，准备好煅后料并加满各料罐。

（4）烘炉前组织全部烘炉人员学习烘炉规程熟悉烘炉曲线，经考试合格后才允许参加烘炉，特别是烘炉安全工作，以保证烘炉任务的顺利完成。

（5）在点火前，应对炉体及附属设备进行一次检查：

1）对炉体的检查：

①点火前水套要注满水，当首层达到400℃时水套内的水开始冷却循环。

②在点火前设置好炉高和炉墙膨胀测点，对炉体膨胀有影响部位要拆除，保证可动范围。

③点火前炉面拉筋簧压力要调整到目标值，并以两人的力量拧紧。

④料罐里、火道里、挥发分道里、烟道里必须是清洁的。

⑤各种铁具、大小沙封、各部位拉板要齐全、严密、好用。点火前空气及挥发分拉板要全部关闭，烟道闸板保证灵活好用。

⑥生产仪表和烘炉仪表要安装完毕。

2）对附属设备的检查和试运转：

①试运转引风机，保证炉前烟道负压达到目标值。

②对加料机械进行试车，卸料机要带负荷试车。

③卸料装置要严密好用，保证运转正常。

④煅后料输送机械要进行试运转。

⑤检查所有烘炉仪表、工具等是否齐全，测量仪表的安装位置是否正确和一致。

⑥在点火前一周开动排烟机，并将所有拉板打开，以抽去炉体内部水分。

以上各项经检验确认，没有问题时方可点火。

B 烘炉技术操作

烘炉技术操作包括：

（1）点火前先开排烟机，根据要求调整首层负压。

（2）开始点火时，关闭预热空气进口拉板、四层空气进口拉板，关闭二层、四层挥发分拉板，打开首层挥发分拉板。

（3）当二层温度达到400℃时，把底部首层预热空气进口插板打开1/3，当二层温度达到480℃以后，把预热空气拉板和下部进口插板全部打开。

（4）炉子的负压要求见表3-3。

表3-3 烘炉负压要求

温度范围/℃	首层炉后负压/mmH$_2$O	八层负压/mmH$_2$O
0~100	1.4~2.0	
100~200	2.5~3.0	4~6
200~600	2.5~3.0	8~10
600~800		10~12

注：1mmH$_2$O=9.8Pa。

首层负压每2h记录一次。

（5）点火必须按时间间隔逐个点火，先点双号，后点单号，不能乱点或同时点，点火工作由现场指挥负责。

（6）温度测点和要求：

1）烘炉温度测点为首层、六层、八层，采用首层末端二层温度为升温依据。首层在0~500℃采用铂电阻温度计，500~1200℃采用镍铬-镍硅热电偶测温，六层和八层用镍铬镍硅热电偶。它们热敏端必须对准火道中心位置。

2）温度范围要求，火道间允许误差±3℃（在900℃以前）。

3）升温偏差为实际温度（采用全炉平均值）与计划下达目标温度之间的差值，一般每班的控制偏差见表3-4。

表3-4 温差控制

温度区间/℃	升温偏差/℃
0~300	±1
300~350	±2
350~900	±3
700~900	±4
900 以上	±5

4）首层末端（二层）温度每小时记录一次，其他测点 2h 记录一次。

5）根据烘炉实践，利用炉高膨胀量来控制升温速度是行之有效的办法，要烘好炉必须严格控制炉高膨胀，超出规定要求时，要采取保温措施。

（7）炉高膨胀测点和要求：

1）炉高膨胀测点，每组交叉固定两点，共 12 个测点，炉后 6 个、炉端各 2 个，用固定钢板尺测量，2h 一次，每班测 4 次并做记录。

2）炉高膨胀每班一般控制在 0.8mm 以下。

（8）点火前罐内加满煅后料，当首层温度达到 900℃ 时逐步开始适量加排料。

（9）当首层末端（2 层）火道温度升到 1200℃ 时为烘炉结束，待烘炉仪表拆除后马上进行炉体密封和炉面灌浆。

（10）拉筋弹簧的调整：烘炉期间，必须每天对炉面弹簧进行测量和记录，并及时调整弹簧的长度，保证一定的压力。

（11）烘炉结束后应对炉体进行全面检查，并做好记录。

C　注意事项

注意事项包括：

（1）在升温过程中，如超出温度目标值不得降温，应保温，不允许温度波动太大。

（2）每班按目标升温时，因故中途停炉或炉温下降，开炉后不准赶温度，应据开炉前温度按曲线升温。

（3）更换仪表时，必须对仪表误差做适当调整。

（4）当发现炉体裂缝时，应及时用石棉绳堵缝以防漏气。

（5）在烘炉过程中要经常观察炉子的变化情况，是否有妨碍炉体膨胀的部件，发现问题及时处理。

（6）烘炉期间，要经常检查水套和碎料机的状况，发现异常及时汇报处理。

（7）在烘炉过程中应经常召集烘炉成员开会，研究和处理烘炉中的问题。

（8）测温仪使用注意事项：

1）保管好测温仪，严禁撞击，不用时须放回木箱中，不得随便乱放。

2）绝对禁止用手或布擦抹镜片，使用人均不得私拆测温仪器。

3）不测温时，应关闭测温仪的电源，将镜头盖盖上，更换测温仪需对新测温仪进行检查校验。

4）不要使测温仪受水、油污等的侵害，用手操作测温仪按钮时用力应均匀平缓以免损坏测温仪。

3.2.3.2　调温操作

调温操作包括：

（1）接班后必须了解上一班次炉温的调节情况，并查看炉体的燃烧状况。

（2）首先清挥发分大道下火口（清之前，做好调节砖开度记号，以便恢复）。

（3）接着检查四层火道的燃烧情况及炉温，如发现有个别火道下火较大、较浓，必须立即处理（适度增加此火道空气开度，可能要反复调节多次），如同组的火道无下火现象且炉温偏低，可适度减小相应的火道空气开度。四层炉温一般控制在1150～1250℃，任何情况下，不要低于1100℃，高于1300℃。

（4）四层火道检查后，检查炉体第八层是否有下火现象和八层温度，如有下火，及时调节首层空气开度。八层温度不要高于1050℃，如温度偏高，要及时调节。

（5）要观察首层温度及火道燃烧情况，首层温度不得低于800℃，不得高于1150℃，特殊情况不得高于1200℃，勤观察，要确保首层有足够的煤气到二层燃烧，防止四层温度下降。

（6）开始测炉温，每次测温前检查测温仪是否灵活好用，电源是否充足，如有异常，及时处理，并在交接班记录本上做好记录。炉温测好后，分析每一座炉子的温度状况，如整座炉子炉温偏低，则适度降低这座炉子的系统吸力，做好调节记录，反之则相反（调节量要小，可多调节几次）。查看温度最差的一组先进行调节。如四个火道温度普遍偏低，则将这一组的七层拉板关小一点（一般情况下，做好拉板开度记号和调节记录），反之则相反。如只有一个火道温度偏低，分析原因，检查七层拉板开度是否一致，如温度偏低的火道，拉板开度明显偏小，则使拉板开度调节一致即可；如七层拉板开度一致，检查首层空气进口是否开度基本一致，再检查挥发分大道拉板开度是否基本一致，最后检查下火口是否有堵塞现象（必要时也要检查首层到二层的下火口）。

（7）每班次按规定时间和规定顺序测量罐体第四层温度。在规定的时间内，将测温仪对准测温孔的中心位置，待测温仪显示的数值稳定后再记录。对过高温度、过低温度及时调节处理。温度分析结合前两个班次的记录及排放焦情况，如有异常必须检查燃烧状况。测温时，测温孔盖应随测随打开，测温后应立即盖上，防止冷空气或灰尘吸入影响温度。每次测温后，立即算出平均温度，做好记录。

（8）测温工不得随意更换所用测温仪，如需更换在交接班记录本上做说明。

（9）检查测温通道是否有砖块、泥料和烟灰等异物影响温度测量的准确性，如有及时进行清理。

（10）如遇电气、机械和供料等故障不能正常放焦，要加强炉温的检查和调节工作，同时注意吸力的配合调整。

（11）由于焦炭品种改变，罐体温度如需调整应按车间生产指令执行。

（12）每班最后一次炉温的调节必须要保证下一个班次的第一遍炉温。

3.2.3.3　异常情况处理

遇有下列情况需对罐体温度进行调节：

（1）罐体发生结焦，导致个别炉温偏低，则适度减少此组的吸力，即将七层拉板关小一点。

（2）备料发生故障，无法正常供料，影响正常排焦，要及时汇报车间，要根据故障检修时间长短，料斗内的料位情况，及时调整排焦时间；要及时观察炉温，发现炉温偏低，要适当减少系统吸力。

（3）碎焦机等设备发生故障无法排焦，导致个别炉温偏低，则适度减少此组的吸力，即将七层拉板关小一点。

（4）突然停电：将通往导热油炉的闸板关闭，同时迅速打开旁通闸板。

（5）突然停水：

1）锅炉停水，应立即停风机，迅速打开旁通闸板；

2）夹套冷却水停水，停止排焦。

3.2.3.4　注意事项

注意事项包括：

（1）严禁酒后上岗。

（2）上岗前要正确穿戴好劳动保护用品。

（3）看火道时，脸部不要正对火孔，要侧身观察，随时预防火道出火烧伤脸部。

（4）清挥发分大道作业时，必须做好以下工作：

1）作业人员穿戴好防护罩及棉手闷子等必需的防护用品；

2）检查确认空压气管道接头扎好、扎牢；

3）通知当班操作人员注意，尽可能不要上下楼梯；

4）冲挥发分大道时要确认大道对面无人，有专人监护，防止吹扫时烫伤人；

5）吹扫工具摆放合理，防止烫伤人。

（5）清罐体安全注意事项：

1）要确保负压操作，适度增加所清罐体的负压，保证打开窥视孔盖，或料斗内料放空后，不往外冒烟冒火；

2）每次只能打开一只窥视孔盖作业，防止打开过多，造成负压不足引起冒烟冒火现象，料斗内料放空后，要及时盖上盖板；

3）打开窥视孔盖，确认罐体内挥发分燃烧后再作业，人员在侧面作业，最好在上风侧，不能正对作业面；

4）工具摆放合理，防止烫伤人；

5）作业人员穿戴好必需的防护用品；

6）未得到有关处室或车间领导批准，不得任意改变规定的温度及有关的操作指标。

（6）上下楼梯要扶好扶手，注意安全。

（7）不要靠在平台栏杆上，防止栏杆开焊发生事故。

（8）处理竖道时，头部不能正对竖道口，防止竖道冒火烧伤。

（9）处理挥发分通道时，要戴好防护用品，防止烧伤烫伤。

3.2.4 罐式炉放焦技术操作

3.2.4.1 工作前的检查

工作前的检查包括：

（1）检查上一班次碎焦机、振动输送机及皮带运行状况。

（2）焦仓内存量情况，符合要求再按照规定时间排放焦。

3.2.4.2 排放焦操作

排放焦操作包括：

（1）排焦程序：先开启上焦的斗式提升机，接着启动输焦皮带及除尘风机，再开启振动输送机，最后开启碎焦机排放焦。

正常情况下，碎焦机实行自动开机、停机；特殊情况下，需要手动操作。

（2）仔细观察排焦口的排焦情况，遇有排焦不畅或有异常声响需及时汇报并进行处理。

（3）放焦结束时，及时检查确认下焦口焦斗内的焦放空后，方可停振动输送机。

（4）放焦后必须检查焦斗上方防爆口的遮盖物是否盖好或是否完好，防止遮盖物掉入排焦斗，堵塞排焦口影响排放焦。

（5）每一罐的排焦量要尽可能一致，并做好放焦量的记录。

3.2.4.3 巡视检查

巡视检查包括：

（1）必须在接班、班中、交班时检查振动输送机和碎焦机等设备，及时发现问题，排除隐患。

（2）经常检查每罐冷却水出水情况及碎焦机工作情况。

（3）经常检查电机温度是否正常。

（4）各润滑点按规定要求加油保养，保持其灵活好用。

（5）对所属设备进行保养，保持其清洁卫生。

3.2.4.4 异常情况处理

A 冷却水夹套故障

冷却水夹套故障包括：

（1）停水：应及时停止排焦，待处理正常后方可进行排放焦。

（2）夹套漏水：停止排焦，及时关闭水套进水阀，并向班长及车间汇报。

B　振动输送机故障

放焦途中振动输送机发生故障，应立即关闭碎焦机电源，待检修结束后，先将振动输送机上的焦炭处理完毕，再进行排放焦操作。

C　输焦皮带故障

放焦过程中输焦皮带发生故障，应遵守"皮带输送机岗位操作规程"的要求进行停机挂牌检修。

D　蓬料

蓬料处理方法为：

（1）由于进厂石油焦炭氧化合物量与结构的不同，有时导致挥发分逸出困难或使物料易于黏结而造成蓬料。

处理：减少蓬料焦种的使用比例以及加大煅后焦的配入量。

（2）由排料设备事故没能及时处理导致物料长时间不松动而结焦蓬料。

处理：排料设备故障（排料器结焦）的处理不应超过2h。

（3）清理料罐时一次加入生料过多而引起软化结焦蓬料。

处理：应分数次加入生焦。

（4）料口结焦堵塞造成蓬料。

处理：用风管吹，不允许用棍捅。

罐体发生结焦不下焦时，需在班长的指挥下组织人员进行清捣，直至下焦正常。

E　结软焦

原因：结软焦与下红料形成的原因差不多，有以下几方面：

（1）料面超高；

（2）石油焦挥发分含量过高且难以逸出；

（3）个别火道温度低；

（4）加料不连续均匀，处理蓬料时一次加入生料过多，且没有控制排料间隙时间；

（5）同时出现蓬料与溢出口或下火口堵塞等引起挥发分难以逸出。

处理：结软焦的处理比较困难，一般采用钎子捅，强行松动，将探料孔打开，采取空气氧化烧损法处理，暂时停排，处理完毕后应向料罐加煅后焦；同时，认真分析查找原因，对症下药。

F　排红料

排红料的原因有：

（1）排料速度过快、量过大；

（2）冷却水量小，温度高，冷却效果差；

（3）水套、破碎机等处有漏气现象，热原料遇空气而燃烧；

（4）溢出口、下火口堵塞；

（5）总分压或分号负压太小；

（6）料罐顶部溢出口侧位形成结焦（弓形结焦，在溢出口下方）。

处理：下火或放炮一旦发生，应认真排查，对症下药，及时处理，否则容易烧坏设备或发生安全事故。

G　底部放炮

底部放炮原因主要有：钟形罩不严，排料辊有裂纹，排料速度过快。

处理时应认真排查，区别对待。

H　溢出口、下火口及火道挂灰堵塞

造成溢出口、下火口及火道挂灰堵塞的原因有：

（1）清理不及时；

（2）负压使用过低或不均匀；

（3）风门开得过大；

（4）炉面或溢出口、下火口上方清理孔等向挥发分大道、料罐、横道漏风，一般情况下，此条是形成挂灰的主要原因。

I　负压波动

引起负压波动的原因：

（1）炉体不严密，漏风；

（2）烟道不严密，漏风；

（3）烟道进水及下大雨；

（4）火道和烟道长期未清扫积灰或掉砖等；

（5）烟道闸门下降；

（6）炉产量的高低及挥发分含量的高低引起烟气温度的变化。

3.2.4.5　安全注意事项

安全注意事项包括：

（1）严禁酒后上岗。

（2）上岗前，必须正确穿戴齐全劳保用品。

（3）认真检查各设备及安全装置的性能。

（4）不准戴潮湿手套启动设备。

（5）放焦途中发现有异常声响，应汇报班长并立即停止排放焦，查明情况再进行作业。

（6）每罐冷却水套出水状况至少每2h检查一次，防止冷却水套脱水烧坏，酿成事故。

（7）放焦作业需按照排放焦程序进行操作，每次确认无误后，方可执行放焦作业。

（8）罐体发生结焦，汇报班长，及时组织人员从清扫孔清捣结焦，作业人员必须戴好面罩，站在清扫孔下方侧面，防止被落下的焦屑烫伤。

（9）作业时，要经常检查皮带机急停开关，确保完好。拉焦时，要防止拉板整体拉出，出现紧急情况时，及时停皮带机，防止拉焦过量，红焦伤人。拉板如不灵活，要及时更换。

（10）上下楼梯要扶好扶手，注意安全。

（11）设备运行过程中禁止用手或身体某一部位触碰设备，禁止清扫设备卫生，禁止给设备加油。

（12）斗提在运行中严禁打开观察孔，禁止用任何东西去掏物料，更不能用手去掏。

（13）不准将头伸入斗提或皮带罩内。

（14）绑下料流子帆布时，应在停排料时进行，防止放炮伤人。

（15）不准脚踏，跨越输送机或皮带。

（16）皮带运行过程中，禁止从皮带底下穿行，禁止用手或身体某一部位触碰，禁止清扫皮带卫生。

（17）不准将头、手或其他物件伸入皮带和托辊之间。

3.2.5 循环水技术操作

3.2.5.1 运行前的准备

运行前的准备包括：

（1）按规定穿戴好劳保用品。

（2）认真查看运行记录，了解设备运行情况。

（3）现场巡回检查设备是否运转正常，工器具是否齐全，照明是否良好。

3.2.5.2 运行操作

A 单阀多柱连续式软水器的运行

a 运行前的准备

运行前的准备包括：

（1）检查循环水盐罐内是否有盐（盐位应高于窥视孔的2/3处，否则应加盐）。

（2）检查水源、电源是否正常。

（3）检查长、短周期时间显示器是否为调整值。

b 运行

运行操作包括：

（1）开机。开出水阀后（此阀开后就不要再关），生产循环水开进水阀并使自来水压力达到目标值，接通工作开关 K（电源指示灯亮，自控电路开始工作），旋转流量计旋钮，使其达到生产要求。

（2）停机。停机一般选在长周期结束，短周期开始工作 1～2min，待搬杠停在左边时，关断工作开关，关死流量计上旋钮，关紧进水阀门，运行完毕。

（3）反洗操作。串联工作是为了充分利用盐。反洗是当盐罐内盐液很脏，致使流量计浮球不稳，此时应进行反洗，应先反洗，后放水再装盐。反洗时不要打开盐罐盖，反洗在机器正常运行下的长周期内进行，时间可长达 10min。要求盐罐处于何种工作状态，只要转动传动轴，使功位标牌号对准盐阀上的标记，对准"Δ"即可。

（4）软化水硬度的测定，常用方法如下：

1）取 100mL 水样；

2）加入 3 或 5mL 氨水-氯化氨缓冲液和 2 滴铬黑 T 指示液；

3）用 EDTA 标准溶液滴定至蓝色，记录 EDTA 的消耗体积 V_1。

$$硬度 = NV_1/V \times 1000$$

式中　N——EDTA 标准溶液的浓度；

　　　V_1——消耗 EDTA 的体积；

　　　V——水样的体积。

注：如果 EDTA 浓度是当量浓度，则硬度不乘以 2，如果是摩尔浓度，则硬度值乘以 2。

B　水泵的运行

a　运行前的准备

运行前的准备包括：

（1）点动电机，确定转向是否正确；

（2）从加液口灌满排注的介质，做"首次引流"，以后使用时不必引流。拧紧"加液口"拼帽，防止漏气而影响自吸；

（3）制阀和水泵连接管丝扣，必须拧紧不漏气，否则影响自吸。

b　启动与运行

启动与运行包括：

（1）打开进出管路阀门；

（2）接通电源；

（3）注意观察仪表读数，检查泵体有无漏水，如有异常应切断电源。

c　停泵

停泵操作有：

（1）切断电源；

（2）关闭进出管路阀门；

（3）如环境温度低于0℃，应将泵内液体放尽以免冻裂；

（4）严格控制循环水水池中水位。

C　冷却塔的运行

a　运行前的准备

运行前的准备包括：

（1）检查减速器电机的绝缘情况；

（2）检查减速器内的润滑油位；

（3）检查风叶叶片有无松动，脱位现象；

（4）检查冷却塔底部、侧壁有无裂缝。

b　运行及检查

运行时先启动减速机，让风叶转动起来，待风叶转动平稳后再启动水泵供水。

在运行过程中，巡回检查冷却塔有无异常声响，风叶转动是否正常，冷却塔底部、侧壁有无漏水现象，电机电流是否正常，确保冷水池中水温低于热水池中水温。

c　停止运行

先停水泵，再停止减速器。

D　除油机的运行

a　运行前的准备

运行前的准备包括：

（1）检查电源是否完好；

（2）检查机体牢固无松动；

（3）接油桶是否挂好并固定。

b　启动与停止

启动电源开关，除油机开始运行，如要停机则切断电源即可。

4 电煅烧炉煅烧

4.1 基础知识

4.1.1 电煅烧炉生产工艺

4.1.1.1 工艺流程

电煅烧炉煅烧无烟煤的生产工艺过程由煅前无烟煤上料系统、电煅烧炉、煅后无烟煤储运系统、供电系统和循环冷却水供给系统等组成。

无烟煤由煅前上料系统输送到电煅烧炉煅前料仓,自电煅烧炉上部煅前料仓下料口加入电煅烧炉,随煅后无烟煤从下部排料刮板的排出而自动流入炉中,炉内的无烟煤在炉子的上下部电极之间下移过程中,利用自身的堆积电阻与上下部导电电极通入的电流,把电能转化成热能,被加热到1800~2100℃的高温,进行高温煅烧。煅烧后的无烟煤逐步下移,经炉体下部的水冷壁、底部电极水冷台和水冷底盘的冷却后,温度逐步降低,由旋转的排料刮板排出,流入冷却料斗后再次进行冷却,冷却后的煅后无烟煤通过冷却料斗下料闸板阀进入振动输送机,最后经振动输送机、斗式提升机、螺旋输送机等输送设备,输送到煅后储仓。电煅烧炉煅烧无烟煤的生产工艺流程如图4-1所示。

4.1.1.2 生产前的准备

电煅烧炉生产前的准备作业:下部电极的制作、烘炉及下部电极的焙烧、石墨化。

A 下部电极的制作

电煅烧炉初次或下部电极损坏后运行前,必须进行下部电极的制作。

下部电极制作前,准备好质量符合技术要求的电极糊,并做好下部电极外套铁筒与下部电极冷却支撑台上扁钢和角钢的焊接,下部电极外套铁筒内保持清洁,底部涂刷均匀焦油。

制作时,将事先准备好的温度保持在100~120℃的软化电极糊,通过溜槽加入冷却水台上方焊接好的下部电极铁套内。加入的电极糊要完全覆盖下部电极冷却支撑台面,厚度控制在10cm左右。捣固动作要迅速,以防糊料变凉。按上述要求重复加入糊料和电极糊料捣固,完成下部电极制作后,用带孔的铁盖板焊接密封下部电极外套铁筒顶部。

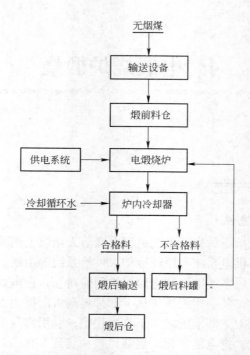

图 4-1 电煅烧炉煅烧无烟煤的生产工艺流程图

B 电煅烧炉的烘炉及下部电极的焙烧、石墨化

电煅烧炉的内衬是由耐火砖和浇筑料砌筑而成，砌筑过程中含有大量的水分。通过烘炉，达到排除炉体中的水分，保证炉体内衬结构的致密性和整体性，提高电煅烧炉的整体使用寿命。电煅烧炉的初次运行或电煅烧炉内衬大修后运行时，必须进行电煅烧炉的烘炉。电煅烧炉的初次烘炉，还要包括对新制作的下部生电极进行预热、焙烧、高温石墨化，使其转变为结构致密的良导体，减轻电流对底部水台的冲击力。

整个烘炉过程包括：烘炉前的准备（人员、物资准备）、电煅烧炉整个系统（上料和排料、冷却水循环系统、供电系统等）的运行检查、上部电极的调整、电煅烧炉内注入电煅无烟煤、电煅烧炉的送电升温和下部电极的焙烧石墨化、转入正常生产运行等的生产过程。

4.1.1.3 煅前上料

煅前上料的主要任务是把煅前无烟煤由原料储存库，通过输送和提升设备输送到电煅烧炉煅前料仓。

厂外运输来的生无烟煤，经取样化验分析其理化指标和粒度合格后，存储于原料库。

上料时，通过桥式抓斗天车把生无烟煤放入格筛储料漏斗，在格筛储料漏斗上检出混入生无烟煤的杂物。通过格筛储料漏斗下的电磁振动给料机，把料振落入胶带输送机，经胶带输送机、斗式提升机、埋刮板输送机等输送设备，把生无烟煤送入电煅烧炉顶煅前铁料仓。该系统还配有永久电磁除铁器及通风除尘设备，除去料中的铁杂质，并对各落料接点产生的粉尘进行收尘，收下的粉料作为废料出售。煅前上料工艺流程，如图4-2所示。

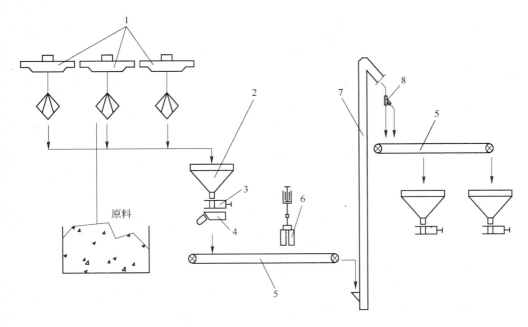

图4-2　煅前上料工艺流程

1—抓斗天车；2—格筛储料仓；3—手动平板闸；4—电磁振动给料机；
5—输送机；6—电磁除铁器；7—斗式提升机；8—三通闸板阀

4.1.1.4　电煅烧及煅后料储运

电煅烧及煅后无烟煤输送作业的主要任务是，对电煅烧炉及煅后输送控制系统运行的监控与调整，通过调控电煅烧炉的二次电压挡级、排料频率、设置排料刮板长度与上部电极长度，达到稳定二次电流值，并监控巡视电煅烧炉与煅后料输送设备的运转情况，确保其设备正常运转，生产出合格的电煅无烟煤并输送到煅后储仓。

电煅烧炉炉顶煅前料仓内煅前无烟煤，依靠自身重力，通过料仓下方滑动闸板下料口进入电煅烧炉上部，随着电煅烧炉下部排料的运转，炉内料层逐渐下移，煅前无烟煤首先被预热后，利用无烟煤本身的电阻，使通入炉内的电能转变为热能，生无烟煤得到了高温电煅烧。无烟煤发生了碳原子之间的物理化学变化，除去了无烟煤中的水分和挥发分，得到质量稳定的电煅无烟煤。煅后无烟煤逐步下移，经过电煅烧炉炉体下部四周的水冷壁、水冷支架和底部水冷料盘逐步被冷却后，料温降低。降低后的电煅无烟煤，堆积在电煅烧炉炉体底部与下部水冷料盘的出料空隙处，被电煅烧炉底部的旋转排料刮板排出，流入下方的冷却料斗，温度降到85～105℃，由冷却料斗下料闸板阀进入振动输送机。振动输送机上部设置取样口，取样化验分析，合格的电煅无烟煤经斗式提升机、螺旋输送机等输送设备，输送到煅后储仓。不合格的煅后无烟煤，经斗式提升机进入废料罐，再次回炉电煅烧。电煅烧过程中产生的烟气，通过电煅烧炉炉顶烟管自然抽力产生的负压，把烟气输送到烟管顶部，在烟管顶部焚烧后，有组织排放大气。该系统还配制通风除尘设备，并对各料点接口处产生的粉尘进行收尘，收下的粉料作为废料出售。

　　电煅烧炉煅烧与煅后料储运作业工艺流程，如图4-3所示。

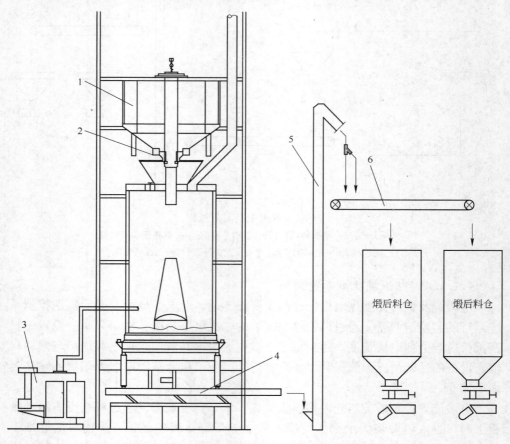

图4-3　电煅烧炉煅烧与煅后料储运作业工艺流程
1—煅前炉顶料仓；2—手动滑动平板闸；3—供电变压器；
4—振动输送机；5—斗式提升机；6—输送机

电煅烧炉生产作业管理，主要是对二次电流的控制。按不同的原料品种，设定不同的二次电压、二次电流控制范围和设置刮板长度。要使二次电流在规定的范围内波动，必须正确地设置刮板排列长度，使排料量保持相对地稳定在一定范围内，减少刮板回转速度的增减频次和幅度，以达到煅烧产品质量的稳定。

电煅烧生产管理内容：

（1）刮板的排列及调整。刮板的排列顺序，由回转方向逆向递增排列，分别由 1 号、2 号、3 号刮料板和高料位刮板共计 4 块组成。其安装长度分别为240mm、250mm、260mm 和 370mm，运转的所有刮板下沿均与圆盘保持 5mm 的间隙。

刮料板递增排列目的是，使每块刮板所排出的料量基本相同，尽量使炉内同一断层物料的流动速度均衡，减少二次电流波动幅度，稳定煅烧质量。因此，不随意调整刮板长度，如必须调整时，每块刮板的调整长度不能超过 10mm，并且调整的间隔时间要在 8h 以上，同时监视煅烧无烟煤的质量变化和二次电流的波动情况。

另外，刮料板是影响排料均匀和导致二次电流波动过大的主要原因之一，因此，生产过程中要加强刮板运行管理，经常检查，发现松动，要及时进行紧固，以免时间过长造成不良后果。

（2）上部电极的测定与调整。正常生产时，上部电极长度应保持在（1300 ±50）mm，即保证极距一定。由于高温氧化作用和移动物料对电极的冲刷，上部电极会不断的消耗，为此，采取多点测定法，定期测定上部电极长度。

为了保证人身安全，必须在电煅烧炉停电、关闭炉上料仓下料口插板、烟道插板全部打开（先关闭烟道插极排出炉内烟气，再将烟道插板全部打开）的条件下测定上部电极长度。上部电极测定完成后，按照上部电极工艺控制要求与操作规程，对上部电极进行长度调整。

（3）烟道温度的控制。正常情况下，控制烟道插板的开启度来保持烟道温度在 600℃ ±50℃。若调整烟道插板开度不能满足烟道温度要求，且炉子上部料盆内有大量烟及火苗冒出，应详细全面检查烟道是否畅通。发生烟道堵塞，及时疏通堵塞烟道，确保烟道通畅。

4.1.1.5　冷却循环水

循环水冷却工序的主要任务是将工业用水软化除碱后，用水泵加压将冷却送入电煅烧炉冷却器，再将返回来的热水冷却后循环使用。

电煅烧炉的电极夹持器、底部电极冷却水台、炉体下部冷却水壁与底部冷却水盘等均需要冷却水进行循环冷却，因此，电煅烧炉生产系统还配有循环冷却水的软化、加压、冷却设备。

循环水系统的组成主要由自动软水装置、全自动过滤器、冷水池、热水池、热水泵、冷却塔、配电柜等设备等组成。循环水系统工艺流程，如图2-5所示。自动软水器及全自动过滤器工作系统，如图2-6所示。

水质指标见表4-1。

表4-1　水质指标

项　目	单　位	指　标	备　注
悬浮物	mg/L	≤5	抽　检
总硬度（以碳酸钙计）	mmol/L	≤0.6	周　检
pH 值		8~11	抽　检
溶解氧	mg/L	≤0.1	抽　检

4.1.2　主要设备

为了适应国内大型预焙电解槽技术发展的需要，从提高无烟煤的煅烧质量入手，以达到提高大型阴极炭块质量的目的，20世纪80年代，贵阳铝厂从日本引进1200kV·A交流电煅烧炉煅烧无烟煤的新技术。为了进一步降低电煅烧炉煅烧无烟煤的电能消耗，贵阳铝镁设计研究院在引进该电煅烧炉煅烧无烟煤技术的基础上，又为炭素厂设计出了单相直流立式电煅烧炉。

目前，国内阴极炭素厂煅烧无烟煤使用的煅烧炉是立式电煅烧炉，由炉顶料仓、上部电极及电极吊持装置、炉体、下部电极及水冷支撑、排料机构等所构成。除此之外，每台电煅烧炉都配有一台独立供电变压器、上料设备、煅后输送设备及通风除尘设备。

炭素厂采用的机械有：齿式对辊破碎机、颚式破碎机。机械化程度高的车间，设有原料库、提升机、天车、皮带运输机、煅前料仓。

4.1.2.1　电煅烧炉的结构及原理

A　电煅烧炉的结构

电煅烧炉的结构如图4-4所示。

单相电热煅烧炉的外壳是由厚钢板焊成的圆筒，内衬一层耐火砖，炉膛下部用糊料捣固作为导电的另一极，炉底设有双层冷却桶及排料机构。

B　电煅烧炉系统结构组成

a　原料仓（料斗）

电煅烧炉上部料仓用钢板及型钢焊接而成，其容积为11.5m³，每台炉有2个，用料面计位仪器（控制室）显示料仓内原料的多少。料仓下部设有4组滑动排料闸门。

料仓与厂房连接处均安装绝缘物，以保证正常运行，在日常维护检修时，一定注意绝缘物是否损坏，一旦损坏应及时更换，并进行绝缘值测定。禁止在有料

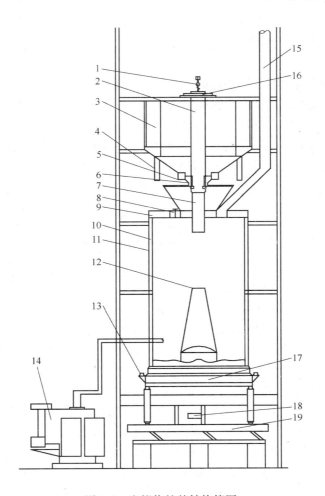

图 4-4 电煅烧炉的结构简图

1—手动葫芦；2—上部电极；3—上部料仓；4—悬杆；5—上部料仓下料滑动闸板；6—上部
电极夹持器；7, 12—下部电极；8—防爆阀；9—炉盖；10—炉体；11—炉壁；
13—粉尘收集口；14—供电变压器；15—烟道；16—上部电极绝缘夹持器；
17—炉底；18—驱动器；19—振动输送机

面计的地方搭接电焊接地线，以免烧坏料面计。

b 电极及吊持装置

上部电极由夹持器进行固定并供电，下部电极用母线直接供电，夹持器分两块用梯形螺栓紧固，要求与夹持器接触的电极外壳表面光滑，用设在炉上的 3t电动葫芦进行上部电极的起吊放下操作，以调整炉内电极长度。

上部石墨电极直径为 ϕ400mm，为防止电极下滑，在电极与厂房接触处安装有上部电极绝缘钓挂和绝缘木紧固装置。日常检查时一定要注意检查，发现绝缘木有无烧损，同时为防止电极意外下落，给人员和炉体造成伤害，在绝缘木与电极之间设有制动带。当调整完电极长度扣，立即用扳手将制动带螺栓拧紧，防止电极意外下落。

电极夹持器是用电解铜铸造而成的内空强制水冷式夹持器。由于铜在高温环境下抗氧化性能低，易被氧化腐蚀造成漏水，一旦漏水应及时更换新件。在调整上部电极时，应先将夹持器松开，然后提升电极，否则会造成构件损坏和破坏绝缘。在夹持器与上部电极之间要加垫紫铜皮，以防止因间隙过大造成放电，将母线或夹持器击坏，夹持器用两根可调节吊环连接在厂房上，吊杆中段安装有绝缘物。

c　炉体

炉体为煅烧炉主体部分，炉体外壳为钢板焊接构造，炉体负荷用托座支撑在厂房的层梁上，托座与层梁之间装有石棉麻丝板绝缘。炉体下部为水冷套构造，并设置有防尘罩，防尘罩上开设有检查人孔，用于调整刮板等。炉体内衬用高铝砖砌筑，在炉体与砖之间装铺石棉制板。

在生产过程中，煅烧原料从炉上部通过炉体至下部排出，其热处理过程在此间完成，由于物料的冲刷和高温作用，造成炉体内衬损坏，因此要密切注意炉壁温度的变化，发现炉体表面温度过高，甚至局部烧红，应及时分析原因，采取相应的改进措施。

d　下部电极及水冷支撑（下部电极台）

下部电极固定在下部电极水冷支撑台上。下部电极水冷台为圆台形的带夹套的水冷支撑（下部电极台）台。铜排母线直接与下部电极水冷台下端相连进行供电。下部电极的砌筑，是先将下部电极套焊在水冷支撑台上，并在水冷支撑台上焊上 $360 \times 50 \times 6$ 的扁钢和 $360 \times 50 \times 50 \times 6$ 的角钢若干，其材料均为 1Cr18Ni9Ti 不锈钢，其作用是结紧固电极糊与水冷支撑台。安装好并校正下部电极套后，捣固电极糊，最后焊好铁盖板，进行下部电极焙烧、石墨化。整个下部电极经焙烧、石墨化后与水冷支撑（下部电极台）台共为一体，固定在由两个半盘焊接而成的中空水冷式圆盘上，靠 4 颗 M24 的螺栓拉住定位，而中空水冷式圆盘座在环形轨道上，并与环形轨道绝缘。在日常点检时，应注意检查圆盘是否有移动现象，并请专业人员及时处理。

e　炉底排料机构

煅后无烟煤经炉体下部排料机构排出，排料机构用型号为 1BGM/5 传动电机 0.75kW 的拜尔无级变输器，通过蜗轮传动装置和小齿轮与大齿轮啮合转动，使刮板回转将煅后热无烟煤刮出。刮出的煅后热无烟煤经冷却料斗冷却后，通过自动翻转闸板阀到电磁振动输送机，电磁振动输送机把煅后无烟煤输送到斗式提升机，经斗式提升机提升后，下落到螺旋输送机，螺旋输送机再把煅后无烟煤输送到煅后储存料仓。

传动装置与大齿轮：传动主要采用齿轮传动方式，使大齿圈转动带动刮板回转大齿圈的安装是浮动的，由一个主动小齿轮转动和两个定位，在大齿圈上安装有 8 个托轮的环形轨道上转动，是大齿圈支撑。由于煅烧炉环境较差，粉尘多，因此必须经常检查各传动齿轮的啮合状况及磨损情况，保持各部位良好的润滑，特别是要加强托轮轴承的润滑，保证刮板排料机运转正常。

f 炉盖和烟囱（烟道）

炉盖和烟囱是电煅烧炉的上部组成部分。炉盖中心开一孔供上部电极穿过和加料，在生产时，该孔处于电极和原料的充满状态。炉内高温产生的烟气挥发物上升至烟道，在烟道负压的作用下，烟气在烟道内上升，到达烟道顶端用火点燃，焚烧后的烟气排放到大气，减少了有毒气体对大气的污染。

炉盖外部用钢板焊接而成，内侧筑有 CA-16K 的耐火材料，在炉盖上设置有一个烟气排出口，与烟气排出口相连的是高空排放烟管，排掉炉内产生的烟气挥发物，烟道下部为绝缘可铸衬构造，其所用耐火材料也是 CA-16K。

电煅烧炉烟道的通畅对煅烧炉的使用寿命产生极大的影响，烟道堵塞，烟气不流畅，则在炉体上方料盆冒出并燃烧，极易烧坏夹持器和垫木，损坏吊杆等部位的绝缘，同时也造成操作环境恶劣。因此，应保持烟道畅通。

g 供电系统

单相电煅烧炉用低电压大电流单相直流变压器供电。变压器的容量视电煅烧炉的产能大小确定。炉膛断面上的最大电流密度为 $0.18 \sim 0.25 A/cm^2$（大炉膛偏上限，小炉膛偏下限）。变压器的最高电压视炉膛高度和材料的电阻率而定，一般采用每米 $30 \sim 80V$（由电极的下断面到炉底）。

C 电煅烧炉用耐火材料

a 耐火材料的定义、分类及特性

耐火度不低于 1580℃，有较好的抗热冲击和化学侵蚀的能力、导热系数低和膨胀系数低的非金属材料简称耐火材料。

耐火度是指耐火材料锥形体试样在没有荷重情况下，抵抗高温作用而不软化熔倒的摄氏温度。耐火材料种类繁多，通常按耐火度高低分为普通耐火材料（1580 ~ 1770℃）、高级耐火材料（1770 ~ 2000℃）和特级耐火材料（2000℃以上）；按化学特性分为酸性耐火材料、中性耐火材料和碱性耐火材料；此外，还有用于特殊场合的耐火材料。

现在对于耐火材料的定义已经不仅仅取决于耐火度是否在1580℃以上了。目前耐火材料泛指应用于冶金、石化、水泥、陶瓷等生产设备内衬的无机非金属材料。

耐火材料的物理性能包括结构性能、热学性能、力学性能、使用性能和作业性能。耐火材料的结构性能包括气孔率、体积密度、吸水率、透气度、气孔孔径分布等。

耐火材料的热学性能包括热导率、线膨胀系数、比热容、热容、导温系数、热发射率等。

耐火材料的力学性能包括耐压强度、抗拉强度、抗折强度、抗扭强度、剪切强度、冲击强度、耐磨性、蠕变性、黏结强度、弹性模量等。

耐火材料的使用性能包括耐火度、荷重软化温度、重烧线变化、抗热震性、抗渣性、抗酸性、抗碱性、抗水化性、抗 CO 侵蚀性、导电性、抗氧化性等。

b　电煅烧炉用耐火材料的技术要求

电煅烧炉在煅烧无烟煤的运行过程中，炉衬耐火砖不但要经受1700℃以上的高温热辐射，还要抵抗高温无烟煤对炉体的腐蚀和运动冲刷。为保证电煅烧炉的安全有效运行，其炉体内衬所用耐火砖的性能指标非常重要，必须有严格的规定和要求。根据电煅烧炉的结构原理和运行特点，电煅烧炉用耐火材料的技术规范如下：

（1）高铝砖技术条件见表4-2。

表 4-2　高铝砖技术指标

项　目	牌　号		
	LZ75	LZ65	LZ55
Al_2O_3 含量/%	≥75	≥65	≥55
Fe_2O_3 含量/%	≤2.0	≤2.0	≤2.0
耐火度/℃	≥1790	≥1790	≥1770
显气孔率/%	≤23	≤23	≤22
常温耐压强度/MPa	≥53.9	≥49.0	≥44.1
重烧线变化(1500℃,2h)/%	0.1~0.4	0.1~0.4	0.1~0.4
0.2MPa 荷重软化开始温度/℃	≥1520	≥1500	≥1470

（2）外观及尺寸公差：

1）长度：≤100mm，±2mm；101~350mm，±2%。

2）宽度：±3mm。

3）厚度：99mm±2mm。

4）圆弧角度：±0.5。

5）缺角（棱）深度：≤6mm。

6）熔洞直径：≤6mm。

7）裂纹：<0.25mm，宽度裂纹不限制；0.26～0.5mm，宽度裂纹，长度小于50mm；0.51～1.0mm，宽度裂纹，长度小于20mm；>1.0mm，宽度的裂纹不允许有。

8）扭曲：≤2.5mm。

（3）耐火泥。用作耐火制品砌体的砌缝材料称耐火泥或接缝料。耐火泥主要应用于焦炉、玻璃窑炉、高炉热风炉、其他工业窑炉。应用的行业有：冶金、建材、机械、石化、玻璃、锅炉、电力、钢铁、水泥等。按材质可分为黏土质、高铝质、硅质和镁质耐火泥等。

耐火泥的粒度根据使用要求而异，其极限粒度一般小于1mm，有的小于0.5mm或更细。

选用耐火泥浆的材质，应考虑与砌体的耐火制品的材质一致。耐火泥除作砌缝材料外，也可以采用涂抹法或喷射法用作衬体的保护涂层。

耐火泥特性及应用：1）可塑性好，施工方便；2）黏结强度大，抗蚀能力强；3）耐火度较高，可达1650℃±50℃；4）抗渣侵性好；5）热剥落性好。

（4）耐火及耐火保温材料的入厂检验、保管和使用：

1）耐火及耐火保温材料进厂时，供货厂家必须提供国家权威部门的检测报告，符合上述技术条件后才能入库。在入库时，由质量控制中心按需要和规范要求进行抽样，并决定是否进行外委检验。

2）耐火及耐火保温材料在保管过程中要分类存放，并做好标识。在保管和使用过程中要采取防潮、防雨措施，轻质耐火材料要采取严密的防潮、防雨措施。使用单位按物资领用程序向保管单位办理领用手续。

3）耐火及耐火保温材料在保管和使用过程中要防止碰撞，以保持棱角的完好。

D　电煅烧炉内衬维修

电煅烧炉内衬耐火砖，在煅烧无烟煤的过程中，不仅要承受高温无烟煤在煅烧下降过程中对炉内衬耐火砖造成的磨损，热气流上行过程对炉衬造成的冲刷，无烟煤煅烧过程中产生的有害元素对炉衬造成的侵蚀，还有高温物料对炉衬的熔损，以及设备故障等原因而造成的煅烧炉急停所受到的温度剧烈变化对炉内衬的热应力的冲击。由于上述危害因素的存在，电煅烧炉内衬耐火砖在运行过程中不断地磨损而厚度变薄，同时裂纹的产生给电煅烧炉的安全运行带来严重的影响，因此，要根据电煅烧炉的运行周期来进行合理的维护修理，以保证电煅烧炉的安全运行。

a　电煅烧炉内衬维修

在电煅烧炉排空炉内物料，对炉内衬耐火砖进行全面检查时，电煅烧炉内衬耐火砖出现5mm以上的上下纵向裂纹和周围环形横向裂纹情况，要对出现的裂纹进行维修，其维修的方法是，首先采用高温绝缘耐火纤维材料进行填缝处理后，再用高温耐火泥做最后填缝处理。

b 电煅烧炉内衬的大修

电煅烧炉在运行较长一段时间后，内衬耐火砖由于受到高温物料的摩擦、热熔冲刷等而造成脱落变薄，当出现炉壳外壁大面积温度超高、局部发红的现象，可初步断定电煅烧炉的内衬耐火砖可能需要更换大修，此时，要进行电煅烧炉停炉排空炉内物料，进一步全面检查，确认炉内衬耐火砖是否需要大修（全部更换）。

电煅烧炉内衬耐火砖的大修，要由具有筑炉资格的专业队伍来实施，并严格按照筑炉标准进行大修。内衬大修后，严格按照验收标准进行验收确认，并建立健全电煅烧炉内衬大修档案。

E 电煅烧炉技术参数

电煅烧炉技术参数（国内某单位）的技术参数，见表4-3。

表4-3 电煅烧炉技术参数（国内某单位）

参 数 名 称	单 位	直流电煅烧炉
炉芯尺寸	mm × mm	$\phi1900 \times (2200 \sim 2450)$
炉体高度	mm	6025
额定功率	kW	1030
额定电压	V	30 ~ 80
额定电流	kA	15
变压器容量	kV · A	1200
上部电极直径	mm	400
下部自熔电极直径	mm	500/1100
产 能	t/d	17

F 电煅烧炉的工艺技术特点

电煅烧炉是立式电阻炉，是一种利用电热煅烧无烟煤的热工设备。被煅烧的原料（无烟煤）本身就是发热电阻体，加入炉膛的生无烟煤靠自重通过上下导电电极之间，利用物料本身的电阻使电能转变为热能，被加热到高温，以除去物料中的水分和挥发分，得到高质量的、热性能稳定的煅后无烟煤，实现无烟煤的煅烧过程。

煅烧电流的大小和物料在炉内的停留时间决定煅后无烟煤的质量，并由加排料的量来决定。新加进的无烟煤电阻率较大，可以抵消煅烧过程中炉阻的下降，使煅烧电流基本保持恒定。适当的加排料量与煅烧二次电流的恰当配合，是获得质量稳定的煅后无烟煤，保证煅烧能正常进行的重要条件。电气煅烧炉在生产工艺控制上，主要通过调节电流和排料量（即排料速度），来保证炉内温度和无烟煤的炉内停留时间而得到合格的煅后煤。排料量大小视二次电流而定，电流增大，排料量相应增大，反之则减少。

电气煅烧炉优点是：结构简单，操作连续方便，自动化程度高，工人劳动强度小，煅烧温度高，特别适应于无烟煤的煅烧。

电气煅烧炉的缺点是：煅后料质量不均匀。主要是由于电流密度分布不均所引起的上部电极和下部电极两极间的电流密度大，随着半径的增大，电流密度逐渐降低，而造成中心部位温度高达 2500℃ 左右，而靠近炉壁处温度大约 1500℃，使得煅后料质量不均匀，而且煅烧过程中排出的挥发分难于利用。

4.1.2.2 上料及煅后料输送设备

A 抓斗桥式天车

a 结构与工作原理

桥式起重机是横架于车间、仓库和料场上空进行物料吊运的起重设备。由于它的两端坐落在高大的水泥柱或者金属支架上，形状似桥，所以又称"天车"或者"行车"，如图 2-14、图 4-5 所示。

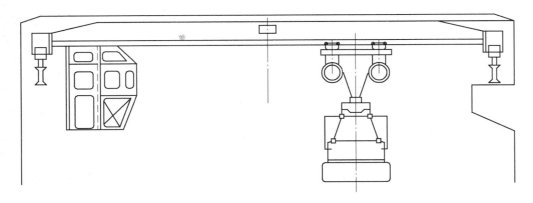

图 4-5 抓斗桥式天车简图

桥式起重机的桥架沿铺设在两侧高架上的轨道纵向运行，起重小车沿铺设在桥架上的轨道横向运行，构成一矩形的工作范围，就可以充分利用桥架下面的空间吊运物料，不受地面设备的阻碍。它是使用范围最广、数量最多的一种起重机械。

桥式起重机一般由装有大车运行机构的桥架、装有起升机构和小车运行机构的起重小车、电气设备、司机室等几个大部分组成。外形像一个两端支撑在平行的两条架空轨道上平移运行的单跨平板桥。起升机构用来垂直升降物品，起重小车用来带着载荷做横向运动；桥架和大车运行机构用来将起重小车和物品做纵向移动，以达到在跨度内和规定高度内组成三维空间里做搬运和装卸货物用。

　　抓斗桥式起重机的装置为抓斗，以钢丝绳分别联系抓斗起升、起升机构、开闭机构。主要用于散货、废旧钢铁、木材等的装卸、吊运作业。这种起重机除了起升闭合机构以外，其结构部件等与通用吊钩桥式起重机相同。

　　抓斗桥式起重机使用传统的绕线式电动机转子串电阻调速方式，实现对起重机上各机构起停及运行速度的控制。抓斗桥式起重机的起升机构是通过控制三相异步电动机的正反转，经过联轴器和减速器带动绕有钢丝绳的卷筒，使吊钩升或降。而桥式起重机的两个移动机构，也分别是通过控制三相异步电动机的正反转，经过联轴器和减速器带动车轮转动。取物装置为双卷筒的四绳抓斗，结构简单工作可靠。抓斗可在任一高度张开和闭合，当抓取物料颗粒在 100mm 以下时效果好，生产效率高，当抓取物颗粒大于 200mm 时需选用带齿抓斗。抓斗更适用于自然堆积状态下的散粒物料，当抓取水下物料或特殊物料时须在定货时特别提出，当露天使用须带防水设备。

　　b　抓斗桥式起重机重要零部件的维护与保养

　　抓斗桥式起重机重要零部件的维护与保养包括：

　　（1）钢丝绳的维护保养：

　　1）禁止使用未经润滑的钢丝绳，工作中应定期加注润滑脂。

　　2）每次更换新的钢丝绳须经反复起升和下降，并进行动负荷试验。

　　3）严禁挤压、锐物碰伤钢丝绳。

　　4）钢丝绳与卷筒、抓斗、吊耳等连接必须可靠，并经常检查，发现异常，立即予以排除。

　　5）钢丝绳在一个捻距内断丝达到规定值（如本机用的 6×37 型钢丝绳断丝达到 19 根时），或磨损、锈蚀达到其公称直径的 7% 时，应立即予以更换。

　　（2）制动器的维护保养：

　　1）按制动器说明书要求，结合带载调试实际情况，调节好制动器弹簧和闸瓦工作行程，确保断电时制动可靠，通电后松开均匀。

　　2）经常检查石棉制动片磨损状况，当磨损大于 2mm 时，应予以更换。

　　3）制动轮工作表面必须平坦光滑，闸瓦与制动轮接触面应不小于 80%，且应避免油、水进入，造成打滑。

　　4）弹簧发生裂纹或永久变形时，应更换新件。

　　5）按要求及时加注润滑油和更换液压油。

　　（3）减速箱的维护保养：

　　1）经常检查各减速箱上及底座处紧固件连接状况，发现松动，立即停机，予以拧紧。

　　2）经常检查减速箱的润滑情况，定期更换齿轮油。

　　3）换油时，应先用煤油清洗，以除去减速箱壳内及其中零件上的污垢及沉积物，再加注润滑油。

4）发现异常的声响、击撞、温升超过允许极限及其他不正常现象时，应停止运转，查明原因，清除缺陷。

5）每年至少两次开箱检查齿轮或蜗轮、蜗杆磨损情况及滚动轴承完好状况，发现磨损严重、危及使用安全的必须予以更换。

6）在下列情况下，不管齿轮磨损情况如何，须立即更换和修理齿轮：

①齿根处有一处出现疲劳裂纹；

②因疲劳剥落而损坏的轮齿工作面积超过原工作面 30%，以及剥落的坑沟深度超过齿厚的 10%。

7）转轴（心轴）表面发现裂纹时，应立即更换或修理。

8）当有扭转永久变形或裂纹时，应更换齿轮传动轴。

9）发现轮齿沿长度上（根据涂色或加工痕迹）磨损不均时，应检查齿轮传动轴位置的正确性及其弯曲情况。

（4）卷筒与滑轮的维护保养：

1）定期更换卷筒、滑轮内轴承的润滑油脂。

2）经常检查卷筒上钢丝绳安装的可靠性，发现问题，立即停机排除。

3）当发现卷筒、滑轮损坏，或滑轮槽壁厚度磨损 10%，卷筒壁厚磨损 10% 时，均应予以更换。

（5）回转支承的维护保养：

1）按要求定期对回转支承内滚珠及大小齿轮间进行润滑。

2）安装运行 100h 后，应检查高强度螺栓预紧情况（按回转支承《安装使用说明书》的要求），以后每运行 500h 检查一次，必须保持足够的预紧力。

3）如发现有噪声、冲击、驱动力持续增大等异常现象，应立即停机拆检，排除故障。

（6）滚动轴承的维护保养：

1）定期检查、更换各部位滚动轴承的润滑脂。

2）经常检查，发现异常温升、噪声等应停机检查，排除故障。

（7）抓斗是起重机的重要附件之一，必须定期检查。若发现下列情况时，抓斗或其附属零件应报废或及时修复。抓斗的维护保养如下：

1）抓斗颚板表面出现裂纹、破口。

2）上承梁、下承梁或撑杆出现任何裂纹和变形。

3）转动轴被严重磨损。

（8）电器的维护保养：

1）电动机的维护保养：

①电动机应保持清洁，进风口、风道必须畅通；

②运行中，集电环的视察窗和接线盒的盖板应盖好，不用的出线口应堵严，以防潮气、油污、粉尘及其他异物进入内部；

③作业中应注意各电动机运转状况，发现异常噪声、振动、过热或臭焦味等不正常现象，应立即停机检查，在故障未查明并排除前，切勿开机；

④经常检查集电环和电刷，集电环表面应光滑，无油污，刷架应在端盖上固定牢固，电刷应能在刷握中自由滑动，对磨损严重（1/3）或损坏的电刷应及时更换；

⑤经常检查电动机轴承，并按要求及时更换轴承润滑脂。

2）经常清理电控柜、操作器内部及电阻器上的灰尘（切断电源后进行），切勿使电阻器上沾有油污等易燃物。

3）保持各开关动作灵活、反应准确，不应有扎死现象。

4）控制器活动件应灵活、可靠，不得有卡阻现象。

5）接触器每周检查一次主触头磨损情况，认真清理蚀点，若损蚀严重，应当更换新接触器时，应将铁芯上的防锈油擦净，衔铁调整活络。

6）应定期检查所有接线点，防止脱落，检查限位开关动作是否可靠，定期检查时间继电器定值是否正确。

7）变频器的维护保养按其说明书要求进行。

（9）其他：

1）经常（至少每月一次）进行试运转，确保各制动器动作可靠，机构运转正常。

2）经常检查安全、防护装置（如起升高度限位器、工作幅度限位器、紧急停止电器等）的完好性。

3）每年进行一次整机技术鉴定和维护、油漆。

B 带式输送机

a 特点及分类

带式输送机是一种摩擦驱动以连续方式运输物料的机械。应用它可以将物料在一定的输送线上，从最初的供料点到最终的卸料点间形成一种物料的输送流程。它既可以进行碎散物料的输送，也可以进行成件物品的输送。除进行纯粹的物料输送外，还可以与各工业企业生产流程中的工艺过程的要求相配合，形成有节奏的流水作业运输线。所以带式输送机广泛应用于现代化的各种工业企业中。它用于水平运输或倾斜运输，使用非常方便。带式输送机已成为整个生产环节中的重要设备之一，结构先进，适应性强，阻力小、寿命长、维修方便、保护装置齐全是带式输送机显著的特点。

带式输送机主要特点：它具有输送物料范围广，结构简单，工作可靠，功率消耗较少，能长距离输送，维护方便等优点。

带式输送机主要分为固定式和移动式两种。

b 组成

通用带式输送机由输送带、托辊、滚筒及驱动、制动、张紧、改向、装载、卸载、清扫等装置组成：

（1）输送带。输送带常用的有橡胶带和塑料带两种。橡胶带适用于工作环境温度 -15 ~ 40℃ 之间。物料温度不超过 50℃。向上输送散粒料的倾角 12° ~ 24°。对于大倾角输送可用花纹橡胶带。塑料带具有耐油、酸、碱等优点，但对于气候的适应性差，易打滑和老化。带宽是带式输送机的主要技术参数。

（2）托辊。托辊分单滚筒（胶带对滚筒的包角为 210° ~ 230°）、双滚筒（包角达 350°）和多滚筒（用于大功率）等。有槽形托辊、平形托辊、调心托辊、缓冲托辊。槽形托辊（由 2 ~ 5 个辊子组成）支承承载分支，用以输送散粒物料；调心托辊用以调整带的横向位置，避免跑偏；缓冲托辊装在受料处，以减小物料对带的冲击。

（3）滚筒。滚筒分驱动滚筒和改向滚筒。驱动滚筒是传递动力的主要部件。分单滚筒（胶带对滚筒的包角为 210° ~ 230°）、双滚筒（包角达 350°）和多滚筒（用于大功率）等。

（4）张紧装置。张紧装置的作用是使输送带达到必要的张力，以免在驱动滚筒上打滑，并使输送带在托辊间的挠度保证在规定范围内。

c 维护

维护操作如下：

（1）经常检查、维修或更换已磨穿或边缘出现缺口的滚筒。

（2）经常检查和修补已脱胶或局部磨损的输送带。

（3）经常检查各润滑系统是否良好，并定期加注润滑油。

（4）检查并及时清理输送带上的酸碱或油类物质。

d 运行的注意事项

运行的注意事项有：

（1）带式输送机应空载启动，不准带负荷启动，为此，停机时必须将带式输送机上物料卸尽。

（2）带式输送机运行时，应不要使输送带成蛇形或偏行，如跑偏应及时调整，两侧如有导向立辊，应使之转动灵活，表面光滑。托辊也要保持灵活。

（3）在受料处，注意使物料的落下方向与输送带运行方向相同。输送带如局部受伤，应及时修理，以防损伤扩大。

（4）设备运转中，严禁清扫、注油、调整、维修和跨越设备，以免发生安全事故。

（5）停机时，先向上、下工序发生停机信号。待上、下工序返还信号后，方可停止带式输送机，最后停通风除尘设备，并拾出磁铁上的杂物。

（6）当设备发生故障时，应立即通知班长或值班人员，严禁私自处理。设备维修时，应通知检修人员切断动力电源，并悬挂"有人工作，禁止合闸"的警示牌，现场就地控制箱打到"检修"位置。

（7）检修完毕后，检查所用的工器具是否齐全以免掉入损坏设备。

（8）设备故障处理完毕后，由检修负责人就地试车，成功后把现场就地控制箱转换开关打到"遥控"位置，并及时通知主控室。

e　常见故障的处理

常见故障的处理有：

（1）皮带输送机运行时皮带跑偏是最常见的故障。为解决这类故障重点要注意安装的尺寸精度与日常的维护保养。跑偏的原因有多种，需根据不同的原因区别处理，解决皮带跑偏的方法有：

1）调整承载托辊组。皮带机的皮带在整个皮带输送机的中部跑偏时可调整托辊组的位置来调整跑偏；在制造时托辊组的两侧安装孔都加工成长孔，以便进行调整。具体调整方法是皮带偏向哪一侧，托辊组的哪一侧朝皮带前进方向前移，或另外一侧后移。皮带向上方向跑偏则托辊组的下位处应当向左移动，托辊组的上位处向右移动。

2）安装调心托辊组。调心托辊组有多种类型，如中间转轴式、四连杆式、立辊式等，其原理是采用阻挡或托辊在水平面内方向转动阻挡或产生横向推力使皮带自动向心达到调整皮带跑偏的目的。一般在皮带输送机总长度较短时或皮带输送机双向运行时采用此方法比较合理，原因是较短皮带输送机更容易跑偏并且不容易调整。而长皮带输送机最好不采用此方法，因为调心托辊组的使用会对皮带的使用寿命产生一定的影响。

3）调整驱动滚筒与改向滚筒位置。驱动滚筒与改向滚筒的调整是皮带跑偏调整的重要环节。因为一条皮带输送机至少有 2～5 个滚筒，所有滚筒的安装位置必须垂直于皮带输送机长度方向的中心线，若偏斜过大必然发生跑偏。其调整方法与调整托辊组类似。对于头部滚筒如皮带向滚筒的右侧跑偏，则右侧的轴承座应当向前移动，皮带向滚筒的左侧跑偏，则左侧的轴承座应当向前移动，相对应的也可将左侧轴承座后移或右侧轴承座后移。尾部滚筒的调整方法与头部滚筒刚好相反。经过反复调整直到皮带调到较理想的位置。在调整驱动或改向滚筒前最好准确安装其位置。

4）张紧处的调整。皮带张紧处的调整是皮带输送机跑偏调整的一个非常重要的环节。重锤张紧处上部的两个改向滚筒除应垂直于皮带长度方向以外还应垂直于重力垂线，即保证其轴中心线水平。使用螺旋张紧或液压油缸张紧时，张紧滚筒的两个轴承座应当同时平移，以保证滚筒轴线与皮带纵向方向垂直。具体的皮带跑偏的调整方法与滚筒处的调整类似。

5）转载点处落料位置对皮带跑偏的影响。转载点处物料的落料位置对皮带的跑偏有非常大的影响，尤其在两条皮带机在水平面的投影成垂直时影响更大。通常应当考虑转载点处上下两条皮带机的相对高度。相对高度越低，物料的水平速度分量越大，对下层皮带的侧向冲击也越大，同时物料也很难居中，使在皮带横断面上的物料偏斜，最终导致皮带跑偏。如果物料偏到右侧，则皮带向左侧跑偏，反之亦然。在设计过程中应尽可能地加大两条皮带机的相对高度。在受空间限制的移动散料输送机械的上下漏斗、导料槽等件的形式与尺寸更应认真考虑。一般导料槽的宽度应为皮带宽度的 2/3 左右比较合适。为减少或避免皮带跑偏，可增加挡料板阻挡物料，改变物料的下落方向和位置。

6）双向运行皮带输送机跑偏的调整。双向运行的皮带输送机皮带跑偏的调整比单向皮带输送机跑偏的调整相对要困难许多，在具体调整时应先调整某一个方向，然后调整另外一个方向。调整时要仔细观察皮带运动方向与跑偏趋势的关系，逐个进行调整。重点应放在驱动滚筒和改向滚筒的调整上，其次是托辊的调整与物料的落料点的调整。同时应注意皮带在硫化接头时应使皮带断面长度方向上的受力均匀，在采用导链牵引时两侧的受力尽可能地相等。

（2）皮带输送机的撒料是一个共性的问题，原因也是多方面的，但重点还是要加强日常的维护与保养。皮带输送机撒料的处理方法有：

1）转载点处的撒料。转载点处撒料主要是在落料斗、导料槽等处。如皮带输送机严重过载，皮带输送机的导料槽挡料橡胶裙板损坏，导料槽处钢板设计时距皮带较远，橡胶裙板比较长，使物料冲出导料槽。上述情况可以在控制运送能力上加强维护保养上得到解决。

2）凹段皮带悬空时的撒料。凹段皮带区间当凹段曲率半径较小时会使皮带产生悬空，此时皮带成槽情况发生变化，因为皮带已经离开了槽形托辊组，一般槽角变小，使部分物料撒出来。因此，在设计阶段应尽可能地采用较大的凹段曲率半径来避免此类情况的发生。如在移动式机械装船机、堆取料机设备上为了缩短尾车而将此处凹段设计成无圆弧过渡区间，当皮带宽度选用余度较小时就比较容易撒料。

3）跑偏时的撒料。皮带跑偏时的撒料是因为皮带在运行时两个边缘高度发生了变化，一边高，而另一边低，物料从低的一边撒出，处理的方法是调整皮带的跑偏。

（3）带式输送机发生事故的原因：

1）火灾事故的原因：带式输送机是矿井主要易发火灾区域，由于其发生突然，发展迅速，对井下工作人员造成威胁，甚至有因火势扩大而诱发瓦斯爆炸的可能。造成火灾事故的原因是有足够热量的火源使胶带燃烧。打滑事故是产生足够热量的主要因素，打滑是由于胶带松、负载大或胶带卡阻所造成，胶带松是由于拉紧装置产生的拉紧力太小及胶带弹性伸长量太大；负载大一是由于重载启动，二是由于载重量太大，三是胶带与主动滚筒，从动滚筒机托辊间摩擦力太小，如胶带内表面有水或油、从动滚筒轴承损坏或托辊损坏；胶带卡阻主要是胶带埋在煤中或淤泥中，使胶带不能运行。另外电气设备失爆、电线短路也有可能引起输送机火灾。

2）胶带跑偏事故的原因：带式输送机运行时胶带跑偏是最常见的故障。经常发生跑偏事故，会影响输送机的使用寿命，严重的会发生停机事故或有可能导致人员伤亡。造成胶带跑偏的原因主要有 3 个方面，一是设备自身方面，如滚筒的外圆圆柱度误差较大，托辊转动不灵活，主动滚筒和从动滚筒的轴线平行度误差较大等；二是安装调试方面，如滚筒、托辊、机架安装不符合规范要求，另外料口的位置有偏差，造成胶带偏载使之跑偏；三是维护方面，主要是由于清扫不及时，输送机滚筒机托辊上粘有炭尘，致使局部直径变大使胶带跑偏。

3）撕裂事故的原因：

胶带撕裂的主要原因，一是漏斗磨损严重，致使矸石及煤块直接砸胶带或矸石及其他物品卡胶带造成撕裂；二是胶带严重跑偏被刮撕裂；三是胶带接头强度太低或因负荷太大使胶带接头发生断裂。

（4）带式输送机常见事故的预防：

1）火灾事故的预防：

①使用阻燃胶带，即使发生火灾，也能控制火势不至于迅速发展；

②加强电气设备的维护，防止因电气事故引起的火灾；

③加强管理，保持巷道清洁，胶带上无浮煤、无水、无油、无杂物，机头、机尾无堆煤。提高操作及维护人员的素质，保持输送机的良好运行状态；

④输送机要安装检测监控装置，如驱动滚筒及从动滚筒温度监控装置、烟雾报警装置和一旦发生火灾的自动洒水装置。

2）跑偏事故的预防：

①要购买由国家确认的合格产品，避免由设备制造精度不够而引起胶带跑偏事故。

②安装过程中要注重安装尺寸精度：安装调试中发现胶带在滚筒处跑偏，应校正滚筒的水平度和平等度，转动滚筒转向滚筒的安装要求其宽度中心线与胶带中线重合度不超过 2mm，其轴心线与胶带中线的垂直度不超过滚筒宽度的千分之二，滚筒轴的水平度不超过 0.3/1000；如果发现胶带在空载时总向一侧跑偏，应调整托辊支架；如果发现胶带在空载时不跑偏，而重载时向一侧跑偏，说明胶带出现偏载，应调整泄煤斗的位置。

③加强日常维护：及时清除输送机滚筒、托辊、接料处等主要部位的煤尘，防止因滚筒、托辊上粘有煤尘导致胶带跑偏；及时调整胶带在运行中发生的跑偏现象，及时检查胶带边缘及接头的磨损情况，发现问题及时更换和修补。

④安装胶带跑偏的监测装置，一旦胶带跑偏就发出报警信号，提醒维修人员采取措施。

3）撕裂事故的预防：

①及时修补已磨损的漏斗，避免矸石及煤块直接砸向胶带；

②及时处理跑偏故障，以免撕裂胶带；

③设置胶带纵向撕裂监测装置，发现故障及时处理。

C　斗式提升机

a　用途及分类

斗式提升机是一种在炭素制品生产中被广泛使用的，在胶带输送机的基础上发展起来的用来垂直提升运送经破碎后的各种散状物料的连续式运输机，斗式提升机的提升高度可达60m，一般为12~20m，输送量最大可达每小时600t。

其主要特点是：横向尺寸大、输送量大、提升高度大、能耗小（能耗约为气力输送的1/10~1/5）、密封性好，但工作时易过载、易堵塞、料斗易磨损。

斗提机按安装形式可分为固定式和移动式，按牵引构件不同又可分为带式和链式，工程实际中较常用的为固定式带式斗提机。按装载特性分为掏取式（从物料内舀取）和流入式；按卸料特性分为快速离心式、离心-重力式与慢速重力式；按牵引件形式分为胶带式、环形链式和板链式。

b　结构

斗式提升机主要由上部区段、下部区段、中部区段、驱动装置和运行部分组成，结构如图4-6所示。

上部区段：由上部机壳、头罩和传动滚筒组或传动链轮组组成。头罩设有排气法兰管，可与收尘装置相连接。

下部区段：由下部机壳和拉紧滚筒组或拉紧链轮组组成。

中间区段：由起支撑、防护和密封作用的中部机壳组成，分有单通道和双通道两种形式。

驱动装置：由电动机、减速机、三角胶带传动件和逆止器等组成。采用硬齿面新型减速机，传动可靠，承载能力大，质量轻，噪声小，使用寿命长，结构紧凑，安装维护方便。

运行部分：由料斗、橡胶输送带或圆环链、链环钩等组成。料斗多用钢板焊接而成。

斗提机主要由牵引构件（畚斗带）、料斗（畚斗）、机头、机筒、机座、驱动装置和张紧装置等部分组成。整个斗提机由外部机壳形成封闭式结构，外壳上

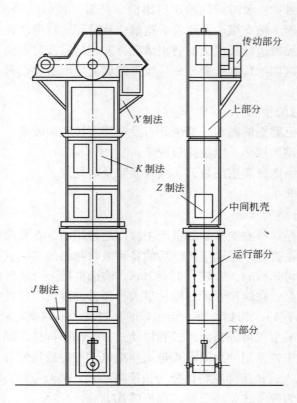

图 4-6　斗式提升机构造图

部为机头、中部为机筒、下部为机座。机筒可根据提升高度不同由若干节构成。内部结构主要为环绕于机头头轮和机座底轮形成封闭环形结构的畚斗带，畚斗带上每隔一定的距离安装了用于承载物料的畚斗。斗提机的驱动装置设置于机头位置，通过头轮实现斗提机的驱动，用于实现畚斗带张紧，保证畚斗带有足够张力的张紧装置位于机座外壳上。还有，为了防止畚斗带逆转，头轮上设置了止逆器；机筒中安装了畚斗带跑偏报警，畚斗带跑偏时能及时报警；底轮轴上安装有速差监测器，以防止畚斗带打滑；机头外壳上设置了一个泄爆孔，及时缓解密封空间的压力，防止粉尘爆炸的发生。以上几个特殊构件的设置，都是为了保证斗提机能正常安全地运转。

斗提机的几个主要构件：

（1）畚斗带。畚斗带是斗提机的牵引构件，其作用是承载、传递动力。要求强度高、挠性好、伸长率小、质量轻。常用的有帆布带、橡胶带两种。帆布带是用棉纱编织而成的，主要适用于输送量和提升高度不大、物料和工作环境较干燥的斗提机；橡胶带由若干层帆布带和橡胶经硫化胶结而成，适用于输送量和提升高度较大的提升机。

（2）畚斗。畚斗是盛装输送物料的构件。根据材料不同有金属畚斗和塑料畚斗。金属畚斗是用 1~2mm 厚的薄钢板经焊接、铆接或冲压而成；塑料畚斗用聚丙烯塑料制成，它具有结构轻巧、造价低、耐磨、与机筒碰撞不产生火花等优点，是一种较理想的畚斗。常用的畚斗按外形结构可分为深斗、浅斗和无底畚斗，它适用于不同的物料。畚斗用特定的螺栓固定安装。

（3）头轮和底轮。头轮和底轮也称为驱动轮和从动轮，从动轮也起张紧作用，分别安装于机头和机座，它们为畚斗带的支承构件，即畚斗带环绕于头轮、底轮形成封闭环形的挠性牵引构件。头轮和底轮的结构与胶带输送机驱动轮和张紧轮相同。

（4）机头。机头主要由机头外壳、头轮、短轴、轴承、传动轮和卸料口等部分组成。

（5）机筒。常用的机筒为矩形双筒式。机筒通常用薄钢板制成 1.5~2m 长的节段，节段间用角钢法兰边连接。机筒通过每个楼层时都应在适当位置设置观察窗，整个机筒中部设置检修口。

（6）机座。机座主要由底座外壳、底轮、轴、轴承、张紧装置和进料口等部分组成。

c 工作过程

斗提机利用环绕并张紧于头轮、底轮的封闭环形畚斗带作为牵引构件，利用安装于畚斗带上的畚斗作为输送物料构件，通过畚斗带的连续运转实现物料的输送。因此，斗提机是连续性输送机械。理论上可将斗提机的工作过程分为三个阶段，即装料过程、提升过程和卸料过程：

（1）装料过程。装料就是畚斗在通过底座下半部分时挖取物料的过程。畚斗装满程度用装满系数表示。根据装料方向不同，装料方式有顺向进料和逆向进料两种，工程实际中较常用的是逆向进料，此时进料方向与畚斗运动方向相向，装满系数较大。

（2）提升过程。畚斗绕过底轮水平中心线始至头轮水平中心线止的过程，即物料随畚斗垂直上升的过程称作提升过程。此时应保证畚头带有足够的张力，实现平稳提升，防止撒料现象的发生。

（3）卸料过程。物料随畚斗通过头轮上半部分时离开畚斗从卸料口卸出的过程称为卸料过程。卸料方法有离心式、重力式和混合式三种。离心式适用于流动性、散落性较好的物料，含水分较多、散落性较差的物料宜采用重力式卸料，混合式卸料对物料适应性较好，工程实际中较常用。

d 安全操作与维护

安全操作与维护包括：

（1）开车前要认真检查提升机上部区段驱动装置。传动滚筒和下部拉紧装置及滚筒的螺栓连接紧固,润滑及张紧情况良好,并使之运转符合要求。

(2) 开车前应和上、下道工序联系好,待上、下道工序返还信号后方可开机操作。提升机应在无负荷情况下开机,并在提升机运转正常后才可给料。

(3) 斗式提升机必须在空载状态下启动,启动 2~3min 后,再向提升机均匀地给料,给料装置的生产能力应在提升机额定输送量范围内,严禁给料过多,以免下部被物料阻塞。

(4) 斗式提升机在运转时,严禁对转动部件进行清扫和修理,严禁随意调整胶带的张紧装置。

(5) 斗式提升机在运转时严禁打开检查孔探头瞭望或用手摸胶带或料斗,以免发生危险。

(6) 在停车前必须先将系统内的物料卸完。

(7) 定期检查传动带的磨损情况,发现损坏,应及时更换。

(8) 斗式提升机在安装前首次使用或修理后,运转约 200h 时,必须重新拧紧所有的连接接头。

(9) 要定期检查各部件的运行情况,检查各连接螺栓、料斗固定螺栓是否紧固。损坏的胶带和料斗要及时更换。

(10) 经常检查各润滑部件是否润滑良好,并注意加润滑油。

(11) 根据设备的使用情况和工作环境,定期进行大、小检修。

(12) 设备清理或检查、检修时,一定要首先切断电源。

(13) 斗式提升机的拉紧装置应调整适宜,保持牵引件(胶带)具有正常工作张力。如发现牵引件松弛和歪斜应及时停机进行调整,并注意维护拉紧装置,使其保持清洁灵活。

(14) 提升机工作时,除检查外,所有检视门必须全部关闭。

e 常见故障及处理

斗式提升机常见故障及处理见表4-4。

表 4-4 斗式提升机常见故障及处理

故障现象	故障原因分析	处理方法
斗式提升机堵料	给料量过大	调整给料量
	个别粒子斗满没有及时发现	将粒子斗满的料放掉一部分
	提升机跑偏,将料斗挂掉	取出掉下的料斗
	提升机皮带过长	调整皮带长度
斗式提升机返料	提升机进振动筛入口料管堵塞	停机将入口堵塞物或物料大块掏出
	料湿造成筛网堵塞使入口管堵塞	将入口管疏通,更换新料
斗式提升机料斗中无料	提升机进口管堵塞	将堵塞处杂物或大料块掏出

故障现象	故障原因分析	处 理 方 法
斗式提升机提不动	提升机给料量过大，超出其承载能力	减少提升机的给料量
	提升机底部积满物料，顶住皮带及转动滚筒使提升机提不动	打开提升机底部检修门，掏出物料，使提升机底部能够转动
	提升机某部位，由于杂物或者皮带上斗子螺栓松动后导致斗子倾斜卡住皮带造成提升机提不起来	打开提升机检修门，将其杂物或松动的斗子修好

D 埋刮板输送机

a 概述

埋刮板输送机系列产品广泛适用于冶金、建材、电力、化工、水泥、港口、码头、煤炭、矿山、粮油、食品、饲料、等行业和部门。

b 特点

埋刮板输送机整机结构合理，可以多点加料，刮板的移动速度在行星摆线针轮减速机的传动下，运行平稳，噪声低，埋刮板输送机是备受冶金、矿山、火电厂欢迎的输送物料系统设备。埋刮板输送机另有 MC、MZ 型埋刮板输送机可供选用。

c 工作原理

埋刮板输送机在水平输送时，物料受到刮板链条在运动方向的压力及物料自身重量的作用，在物料间产生了内摩擦力。这种摩擦力保证了料层之间的稳定状态，并足以克服物料在机槽中移动而产生的外摩擦力，使物料形成连续整体的料流而被输送。

埋刮板输送机在垂直提升时，物料受到刮板链条在运动方向的压力，在物料中产生了横方向的侧面压力，形成了物料的内摩擦力。同时由于下水平段的不断给料，下部物料相继对上部物料产生推移力。这种摩擦力和推移力足以克服物料在机槽中移动而产生的外摩擦阻力和物料自身的重量，使物料形成了连续整体的料流而被提升。

d 组成

埋刮板输送机主要由封闭的壳体（机槽）、刮板链条、驱动装置及张紧装置等部件组成。

e 使用与维护

使用与维护包括：

（1）刮板输送机开始投入运转期间，应注意检查刮板链的松紧程度，因为溜槽间的连接会因运转而缩小间距。而链子过松会出现卡链、跳链、断链和链条掉道的事故，检查方法是反转输送机，数一数松弛链环数目，如有两个以上完全松弛的链环时，则需要重新紧链。

（2）工作面要保持直线。若工作面不直，会使两条链的张力不等，将导致链条磨损不均或使底链掉道、卡住或断链。

（3）输送机的弯曲要适宜，不要出现"急弯"，应使弯曲部分不小于 8 节溜槽，推移时要注意前后液压千斤顶互相配合，避免出现急弯。否则会引起溜槽错口，造成断链掉链事故，要特别注意输送机停车时不能推移。

（4）输送机铺得要平。由于溜槽结构的限制，它只能适应在垂直方向 3′ ~ 5′ 的变化，因此工作面底板如有局部凹凸应予平整，并且输送机铺设平整有利于刮板链的运转，可减小溜槽的磨损和使功率消耗减小。

（5）在进行爆破时，必须把输送机的传动部分及管路、机组电缆、开关等保护好。当输送机运送铁料、长材料时，应制定安全措施，以免造成人身事故。

（6）过渡槽机尾和中间槽的搭接处不准有过大的折曲，有折曲时应用木板垫好。

（7）特别注意联轴节振动情况，在输送机启动时检查液力联轴节振动情况，为了保护良好的散热条件，应经常清理保护盖板和液力耦合器。

f 操作规程

（1）设备运转前的准备与检查。

（2）检查传动装置、电动机、减速器、各部螺栓是否齐全、紧固，油量是否适当，有无漏油、渗油现象，易熔合金塞等是否正常良好。

（3）开动电动机，细听各部声音是否正常，认真检查链条、螺栓、刮板有无损坏现象（变形、弯曲、扭动、断、缺、跳牙等），长度是否合适，连接环是否缺涨销或螺栓。

（4）检查机头、机尾锚固装置是否齐全、可靠，油管、电缆吊挂是否整齐，挡煤板、铲煤板连接螺栓是否松动。

（5）检查轴板、半滚筒、分链器是否紧固良好。

（6）检查机头与刮板转载机搭接长度与高度是否合适，搭接高度不小于 300mm，转载机与胶带机尾的搭接情况是否正常。

（7）检查刮板转载机机头小车架在带式输送机机尾轨道上是否平稳可靠。

（8）检查桥式转载机机身部分是否正常，挡煤板及底封板等连接螺栓是否齐全、紧固。

（9）检查信号及联络系统是否灵活、清晰可靠。

（10）检查转载点灭尘设施效果。

（11）关于设备的运行应做到以下几点：

1）首先发出开车信号，待回信号后方可。点动试运转，然后投入正常运转，以保证安全。在转载机正常运转后，再启动刮板输送机，刮板输送机的启动要求与转载机相同。

2）设备运转中，要随时注意各部运转情况，有无异常震动声音，温度是否正常。轴承温度不超过 75℃，电动机温度、液压联轴器温度不得超过规定。

3）设备运转中，要注意观察大链松紧情况，机头链轮有无卡链、跳链现象，溜槽内有无过大的煤矸、过长的物料等，发现异常因立即停车处理。

（12）转载机推移时，应首先清除机道上的浮煤、杂物以便减小阻力，并保护好电缆及其他设备。推移后要保证桥式转载机平、直、稳。

（13）刮板输送机必须保证平、直，不得过度弯曲，移溜前应把机头、机尾的浮煤清理干净，防止机头、机尾翘起，溜槽最大曲率半径不得超过厂家规定。

（14）一般情况下，刮板输送机不得重负荷停车，必须将刮板输送机上的煤运空后方可停车。停车时应先停回采工作面刮板输送机，后停转载机。

（15）在停车时间内，司机应认真检查刮板输送机各部位，发现问题要及时处理，使刮板输送机动态保持完好。

（16）刮板输送机、转载机超负荷启动困难，不得反复打倒车。

（17）发现下列情况应停车处理：

1）输送机中有过大的物料。

2）水管、电缆出槽。

3）负荷过大，电动机发出异响。

4）刮板输送机飘链。

5）其他意外事故，找出原因，排除故障后方可开车。

（18）检查设备时应注意的事项：

1）检查传动部位时，要首先停电闭锁挂牌，并坚持谁停电谁送电；并设专人看管，以保证安全。

2）检查齿轮等部位时，必须先清净盖板周围的一切杂物及煤矸，防止煤矸及其他杂物进入箱体。

3）加油时首先清净油箱，用专用油桶添加同样标号的油脂，加油时必须过滤。

4）检查机械时，手不要放在齿轮和容易转动的部位。

5）检查后必须保证松动的螺栓紧固、齐全、可靠，并认真清理现场和工具，确认无误后方可试运转，运转时先空载试运转，无异常情况时再重载试运转。

E 电磁振动给料机

电磁振动给料机广泛应用于矿山、冶金、电力、煤炭、轻工、建材、化工、机械、粮食等各行各业中，用于把块状、颗粒状及粉状物料从储料仓或漏斗中均匀连续或定量地给到受料装置中去。例如，向带式输送机、斗式提升机、筛分设备等给料；向破碎机、粉碎机等喂料，以及用于自动配料、定量包装等，并可用于自动控制的流程中，实现生产流程的自动化。

a 特点

（1）体积小、质量轻、结构简单、安装方便，无转动部件不需润滑，维修方便，运行费用低；

（2）该设备由于运用了机械振动学的共振原理，双质体在低临界近共振状态下工作，消耗电能少；

（3）由于可以瞬时地改变和启闭料流，所以给料有较高的精度；

（4）电振机的控制设备采用了中控硅半波整流线路，因此在使用过程中可以通过调节可控硅开放角的办法方便地无级地调节给料量，并可以实现生产流程的集中控制和自动控制；

（5）由于给料槽中的物料在给料过程中连续地被抛起，并按抛物线的轨迹向前进行跳跃运动，因此给料槽的磨损较小；

（6）电振机不适用于具有防爆要求的场合。

b 工作原理和结构

给煤机的给料过程是利用特制的振动电机或两台电动机带动激振器驱动给料槽沿倾斜方向做周期直线往复振动来实现，当给料槽振动的加速度垂直分量大于重力加速度时，槽中的煤被抛起，并按照抛物线的轨迹向前跳跃运动，抛起和下落在瞬间完成，由于激振源的连续激振，给煤槽连续振动，槽中的煤连续向前跳跃，以达到给煤的目的。

电磁振动给料机由以下主要部件组成：给料槽、电磁振动器、减振装置、控制箱。

c 安装调整与维护

电磁振动给料机的安装如下：

（1）组装时必须紧固激振器与料槽的连接螺钉，以免影响电磁振动给料机转的稳定性。为保证使用安全，激振器机罩联结螺栓应可靠接地。

（2）悬挂式电振机安装采用牢固可靠的钢丝绳或花兰螺丝挂在足够刚度的构件上，通过减振簧与料槽吊钩连接。为了减少电振机的横向摆动，在宽度方向悬挂吊杆可向外张开10°左右。

（3）安装时使槽体向下斜10°可增加给料量，若与电子程序控制装置配套使用应在水平安装，并检查槽体的横向水平，否则在输送过程中物料会一边偏移。

（4）为了减少料仓中物料对斜槽的压力，在料仓下必须安装具有一定斜度的溜槽，并且溜槽不得触及料槽。

（5）安装后的电振机周围应有一定的游动间隙，使电振机处于自由状态。

电磁振动给料机的调整如下：

（1）气隙的调整。铁芯和衔铁之间的气隙按设计要求应调至（2.8±0.5）

mm，也可以根据使用单位对振幅和给料量的要求，予以适当的缩小或扩大，但注意不要过分，如果气隙太大就会增加电流，烧坏线圈，相反，如果气隙调得太小，则铁芯和衔铁之间就会发生碰撞，造成铁芯、衔铁芯等部件的损坏，气隙调整的原则为：足振幅的要求；不能超过额定值（给料机空载时）；芯和衔铁之间不得发生碰撞，两者之间平行。

（2）调谐。电磁振动给料机的振动系统设计成低临界近共振状态下工作，在低临界近共振条件下，由于阻尼的增大往往是由槽体内物料和料仓压力的增大而引起的，与此同时，振动系统的固有频率即变小，调谐值 W/W_0 就更接近于 1，这样振幅即趋于增大，它们之间相互补偿，使给料机能够比较稳定地工作，当阻尼变小也保持这种互相补偿关系。

电振机固有频率：
$$W_0 = \sqrt{K/m}$$

式中　K——弹性系统的刚度；

　　　m——折算质量。$m = m_1 m_2 / (m_1 + m_2)$（$m_1$ 为前质量，m_2 为后质量）。

电磁振动给料机的使用和维护如下：

（1）启动和停机。初次开动电振机前，必须将电控箱转换开关 K2 拨到手动位置，料量电位器关小，接通电源后逐渐增大电流，直至额定值，以免损坏控制箱和烧坏线圈，正常使用后允许在额定电压、电流和振幅下直接启动和停机。

（2）试运行。

（3）给料机在出厂前已进行时间不少于 4h 的空载运行，设备在现场安装完毕后，一般也应进行短期试运行，在试运行过程中振幅和电流除随电网电压波动而变化外，应该是稳定不变的。

电振给料机的生产调节通常采用如下两种方法：

（1）调节电振机的振幅，在额定振幅范围内，通过旋转控制箱电位器旋钮或输入自动控制信号可以直接调节振幅，从而可以无级地调节电振机的生产率。

（2）调节料仓闸门的大小和距料槽底板的高度，改变料层厚度，也可以达到调节电振机生产率的目的。

　　d　运行维护

运行维护包括：

（1）随时检查各部位的螺栓是否有松动，并及时紧固。

（2）随时注意电流表指针不能超过额定最大值。

（3）铁芯和衔铁之间的气隙，在任何情况下必须保持平行和清洁，以保证工作的稳定，对于工作在尘土较多的场合或作为铁磁性物料的输送时，激振器密封盖紧密，运转中，应注意铁芯和衔铁之间有无撞击声，如听到撞击声，应立即停车检查并重新调整气隙。

（4）在设备运转过程中，发现振动发生突然变化，例如噪声突然变大，电流表指针不规则摇摆等，应马上停机检查：

1）检查各激振器紧固件情况，对于主弹簧螺杆上的紧固螺母更需特别注意，检查主弹簧、主丝杆等有否断裂现象。如有损坏，应更换上相同规格的零部件，检查激振器内部线圈引出线是否断路。

2）检查电控箱是否有稳定的支流输出电压（可用220V 300W灯泡做负载测定）正常值为0～85V连续可调，如不正常应参考电路图对电控箱进行检修。

（5）由于可控硅元件的一端直通电源输入端。因此，在检修时，除关掉电控箱的开关以外，还必须切断输入端电源，使整机完全脱离电源。

（6）若需拆开激振器检修，应注意先把四只主弹簧编好号，以便按原来的顺序和方向重新组装，重新组装完毕的激振器必须先在额定参数下进行通电试振，只有在最大电流不超过额定值的情况下，方可重新安装在所属的工作位置上。

（7）应防止绕组引出线和其他引线的碰伤和破裂，以免产生短路而烧坏可控硅。

e　故障及处理方法

给料机在运行中一般故障及处理方法可见表4-5。

表4-5　给料机一般故障及处理方法

故　障　现　象	故　障　原　因　分　析	处　理　方　法
接通电源后电振机不振动	保险丝熔断	更换保险丝
	控制箱无输出	检修控制箱
	线圈开路或引线折断	重新接好出线
调节电位器，振动微弱，对振幅反映小或不起作用	可控硅击穿，失去整流作用	更换可控硅
	控制箱输出偏小	检修控制箱
	更换线圈后，极性接错	更换线圈连接极性
	气隙堵塞	清除异物
机器噪声大，调整电位器振幅反映不规则，有猛烈的撞击声	螺旋弹簧有断裂	更换新弹簧
	激振器与槽体连接螺栓松动或断裂，铁芯和衔铁撞击	拧紧或更换螺栓适当增大气隙
电振机间歇地工作或电流上下波动	线圈损坏	修理或更换线圈
	控制箱内部接触不良	检查焊点或更换性能不良元件
工作正常但电流过大	气隙太大	适当减少气隙
空载试车正常负载后振幅降低较多	料仓排料口设计不当，使料槽承受料柱压力过大	重新设计或改进料仓口设计减小料柱压力

F 螺旋输送机

a 工作原理

电机得电工作旋转经减速带动螺旋进行工作，这时在进料口加进物料，由于螺旋旋转带动物料运动将物料带至出料口时排出。

b 优缺点

螺旋输送机的优点是：结构比较简单和维护方便，横断面的外形尺寸不大，用于在若干个位置上进行中间卸载，便于利用紧闭机壳的盖子达到较好的密封。其缺点是：单位动力消耗高，在移动过程中有相当严重的粉碎，螺旋和机壳有强烈的磨损。

螺旋输送机的工作环境温度应在 $-20 \sim 50℃$ 之间，输送物料的温度不得超过 200℃。

c 组成

螺旋输送机主要是由带有螺旋叶片的轴、槽体以及电机传动系统组成，如图4-7 所示。

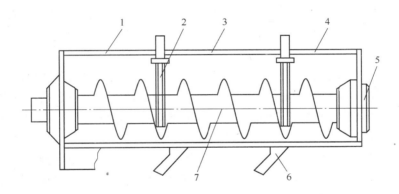

图 4-7 螺旋输送机构造示意图

1—头节；2—吊轴承；3—中间节；4—尾节；5—轴承座系统；6—支座；7—螺旋轴

当轴旋转时，物料从进料口进入槽体，并被轴上的螺旋叶片沿着槽体推送到另一端，经卸料口排出。物料移动的原理如同螺母在没有轴向移动的螺杆上旋转移动一样。

螺旋输送机的主要部件为螺旋，它由轴和焊接在轴上的螺旋叶片所组成。

加料与卸料装置为，物料直接落在螺旋叶片上加料，还有以星形卸料器加料，这种加料能够调节进入螺旋输送机的物料量。一般卸料是从机槽底部开卸料口，有时可沿机长方向开设数个卸料口，以适应多点给料需要。

d 操作与维护要点

操作与维护要点有：

（1）加料力求均匀，以免槽内物料充积或堵塞。

（2）避免金属杂物进入槽体内，以免卡住或损坏螺旋叶片。

（3）正确掌握开停机顺序。开机前应先开下一工序的设备；停机时，待送完料后再停机，以免积料。

（4）经常检查轴与轴承的磨损情况，发现损坏，应及时更换。

（5）要经常给润滑部件加润滑油，保持润滑系统的良好。

（6）要做好机盖和机槽的密封工作，防止粉尘外溢，造成污染。

（7）实行三级保养制，即例行保养、一级保养和二级保养：

1）例行保养。目的是使其保持良好的技术状态，保养的内容是：

①保持螺旋输送机工作环境的清洁，机身和驱动的装置必须定期加以擦拭，确保设备的清洁；

②检查螺旋中间连接组的螺栓是否松动、脱落或剪断；

③检查各润滑点的润滑油是否足够；

④检查插头插座是否完好，保险丝是否烧坏。

2）一级保养。当螺旋输送机连续运转三个月后，应进行一次检查维护保养。目的是检查它的完好情况，防止机件的过度磨损，延长机件的使用寿命，具体内容如下：

①清洗驱动装置，在浮动联轴器内加入石墨润滑脂，更换减速机内的油；

②螺旋输送机在使用时，吊轴承、轴瓦及连接轴不断地被磨损而使其间隙加大，为了防止输送的物料挤入轴瓦内，应在此时将吊轴承拆下，将轴瓦在煤油中清洗干净，在吊轴承支承处添加垫片，使其松紧适当；

③在拆开一个吊轴承时，螺旋体将会因自重而下垂，致使连接轴在其他吊轴承处卡住或形成螺旋螺管弯曲，因此在拆开某一个吊轴承时，应在其附近的螺旋体三面，垫以木头，保持螺旋轴仍为直线；

④检查电控系统是否完好，油杯内是否缺油，油面和黏度是否符合要求，接触点是否良好；

⑤清扫和干燥电动机。

3）二级保养。当螺旋输送机使用已满一年时，必须要进行一次彻底的检修，并更换部分已磨损的零件，其主要内容为：

①机壳，机盖上的油漆若脱落过多，应铲去、整形，并重新涂漆；

②拆开电动机，检查相线和相线间的绝缘，相线与机壳之间的绝缘，凡绝缘达不到 50 万欧姆，必须查明原因，立即修复；

③检查、修理或更换磨损的零部件，如吊轴承轴瓦、滚动轴承减速机内的齿轮等；

④调整不正确的间隙，处理所发现的问题；

⑤全部工作完成后，必须进行空车试运转。

e 固定式螺旋输送机的润滑

固定式螺旋输送机的润滑包括：

（1）驱动装置的减速器内的润滑要求，见减速器产品使用说明书的规定。

（2）浮动联轴器的中间盘与半联轴器之间应涂以石墨润滑脂（SYB1405-59），在螺旋机停机后适量加入。

（3）止推轴承和平轴承内用 3 号钙基润滑油（SYB1401-62），润滑三个月换一次油，加入量以轴承内空间体积的 2/3 为宜。

（4）吊轴承处应用 3 号钙基润滑脂（SYB1401-62）每班加注一次。

以上加油时间仅是最低限度规定，具体时间必须视机械运转情况加以灵活掌握，当输送物料温度超过 80℃时，所加的 3 号钙基润滑脂应改用 2 号钠润滑脂（SYB1402-62）。

4.1.2.3 除尘设备

电煅无烟煤通风除尘系统一般包括脉冲袋式除尘器、风机、除尘罩、管道等设备组成。

A 脉冲袋式除尘器

a 用途

脉冲袋式除尘器是一种利用纤维纺织品制成的滤袋过滤气体中的粉尘的设备，是炭素材料工业中应用最广的一种除尘设备。它具有较高的净化效率，在允许的气体范围内工作性能比较稳定，若滤布选择的结构设计得当，能对 $5\mu m$ 以下的粉尘除尘效率高达 99% 以上。具有造价较低，不需要冬季防冻等特点，是一种比较简单和经济的除尘设备。缺点是耗费较多的编织物。

b 结构和性能

脉冲袋式除尘器主要是用来收集粉尘，由净气室、箱体、灰斗、喷吹系统、输灰电机、引风机、关风器及电控部分组成，如图 4-8 所示。

上部箱体：由喷吹管和把压缩空气引进滤袋的文氏管，并附有压缩空气储存汽包、脉冲阀和净化气体出口组成；中部箱体：由滤袋支撑架组成；下部箱体：由排灰斗和排灰装置及含尘气体出口组成的。

脉冲袋式除尘器是用脉冲阀作为喷吹电源开关，先由控制仪输出信号，通过控制阀实现脉冲喷吹。常用 QMF-100 型脉冲阀。控制阀分为电磁阀、气动阀和机控阀 3 种。

c 工作原理

含尘气体在风机的吸引下，由下箱体底部进风口进入吸尘室箱体，在通过滤袋时，粉尘被阻留在滤袋的外侧，净化后的气体透过滤袋，经上部文氏管和箱体从风机出风口排出。在滤袋外侧附着的粉尘，一部分借重力落至下部集灰斗内，

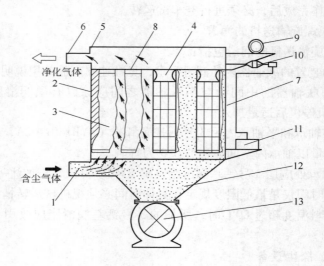

图 4-8 脉冲袋式除尘器

1—气体入口；2—中部箱体；3—滤袋；4—文氏管；5—上箱体；6—排气口；7—框架；
8—喷吹管；9—空气仓；10—脉冲阀；11—脉冲控制仪；12—集尘斗；13—排尘阀

留在滤袋上的粉尘是造成设备阻力的因素。为使设备正常运转，所以每隔一段时间须用压缩空气喷吹一次，使粉尘脱落下来。落进集尘斗的粉尘经螺旋输送机和星形卸料器排出。随着滤袋表面尘粒的增加，除尘器阻力也相应增大，逐渐削弱过滤能力，当阻力达到一定程度时，需要进行清灰处理。此时脉冲控制仪定期发出信号，循序打开电磁脉冲阀，使气包内的压缩空气通过脉冲阀经喷吹管上的小孔，喷射出一股高速高压的引射气流进入滤袋，是滤袋急速膨胀，随后喷吹中止，滤袋又急剧收缩，如此一胀一缩，使积附在滤袋外壁的尘料抖落，保证滤袋处于良好的工作状态，如图 4-9 所示。

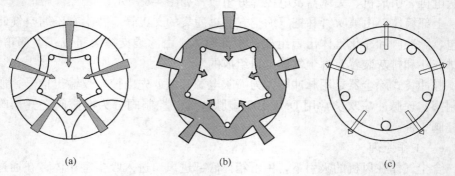

图 4-9 布袋工作状态示意图

（a）过滤初期；（b）过滤末期；（c）喷吹清灰

d 运行中的维护

运行中应进行以下维护工作：

（1）检查电磁阀、脉冲阀是否正常工作；

（2）检查电动机、涡轮减速机是否正常运行；

（3）检查排料螺旋与除尘器下箱体有无碰擦声音；

（4）检查料斗的储料量，是否做到及时排料；

（5）及时巡视除尘器净化后的气体外排情况；

（6）对所有的润滑部位必须每天注油一次。

e 故障及产生的原因

脉冲袋式除尘器常见故障及产生的原因见表4-6。

表4-6 脉冲袋式除尘器常见故障及产生的原因

序 号	故障现象	产 生 原 因
1	除尘器风量小于正常值	（1）电磁阀不动作或颤动造成脉冲阀不喷吹； （2）脉冲阀膜片破损，形成长吹，使压缩空气气压不足，造成整个除尘器不能正常清灰； （3）压缩空气中含水量过多，造成布袋潮湿不易清灰； （4）压缩空气压力不足，清灰不彻底； （5）除尘器箱盖不严密，跑风过多
2	除尘器堵料	（1）放料不及时，使得储料斗过满，造成除尘器无法排料而堵料； （2）排料螺旋断裂，造成堵料； （3）卸料阀转子被异物（如木块、破布等）卡住，造成堵料； （4）减速机发生故障，引起排料螺旋不能正常运行； （5）排料螺旋电机出现故障，造成堵料
3	外排超标	（1）布袋破损； （2）布袋口绑扎不严或文氏管上的螺栓没拧紧造成跑灰； （3）除尘器箱体密封不严

B 离心式通风机

a 构造

离心式通风机主要由机壳、叶轮、机轴、吸气口和排气口五部分组成。

b 安全操作

安全操作包括：

（1）风机启动前的准备工作：

1）将进风调节门关闭；

2）检查风机各部的间隙尺寸，转动部分与固定部分有无碰撞及摩擦声音。

（2）风机启动后达到正常转速时应在运转过程中经常检查轴承温度是否正

常，轴承温升不得大于 40℃，表温不大于 70℃。如发现风机有剧烈的振动、撞击，轴承温度迅速上升等反应现象必须紧急停车。运转过程中还应检查电流表的电流值，不得超过电动机的额定电流。

c　日常维护

为了避免由于维护不当而引起人为故障的发生，预防风机和电机各方面自然故障的发生，从而充分发挥设备的效能，延长设备的使用寿命，因此必须加强风机的维护。

d　注意事项

注意事项包括：

（1）只有风机设备完全正常的情况下方可运转。

（2）风机设备在维修后再次启动时，应首先进行 30min 的试车，同时注意风机各部位是否正常。

（3）定期清除风机内部的积灰、污垢等杂质，并防止锈蚀。

（4）为确保人身安全，风机的清扫必须在停车后进行。

（5）在风机停车或运转过程中，如发现不正常现象时应立即进行检查，如发现大的故障，应立即停车检修。

（6）除每次拆修后，应更换润滑油外，在正常情况下 3～6 个月更换一次润滑油。

e　常出现的故障、产生的原因及处理方法

离心风机经常出现的故障、产生的原因及处理方法见表 4-7。

表 4-7　离心风机经常出现的故障、产生的原因及处理方法

故　障	产　生　原　因	处　理　方　法
轴承座剧烈振动	风机轴与电动机歪斜不同心	进行调整，重新找正
	叶轮等转动部分与机壳或进气口碰擦	修理摩擦部分
	基础刚度不够或不牢固	进行加固
	叶轮轮壳与轴松动	重新配换
轴承座剧烈振动	联轴节上，机壳与支架轴承座与盖等连接螺栓松动	拧紧螺母
	风机进出气管道安装不良，产生振动	进行调整
	转子不平衡	重新找平衡
	轴承间隙不合理	重新调整
轴承温升过高	轴承座剧烈振动	消除振动
	润滑油质量不合格或变质	更换润滑油
	轴与轴承安装位置不正确	重新找正
	滚动轴承损坏或保持架与机件碰擦	更换轴承

故　障	产　生　原　因	处　理　方　法
电动机电流过大和温升过高	启动时进气管道内闸未关严	开车时关严闸阀
	流量超过规定值或管道漏气	关小调节阀、检查是否漏气
	电动机本身的原因	查明原因
	电流单相断电	检查电源是否正常
	联轴节连接或间隙不均	重新找正
	轴承座剧烈振动引起	消除振动
	管网故障	调整检修
	输送气体的密度增大，使压力增大	查明原因、减小风量

C　吸尘罩

吸尘罩的作用是，将污染源散发出来的有害气体或粉尘加以捕集，并经管道送至除尘系统进行处理，避免可有害气体或粉尘对工作环境和大气的污染。

在生产过程中对使用吸尘罩应注意以下几个问题：

（1）系统调整好后不要随意变动调节装置；

（2）定期检查管道和设备的严密性；

（3）定期检查管道和设备防止集尘或被杂物堵塞，定期清扫管道和集尘；

（4）对由于磨损或磨蚀的管道要及时维修和更换。

4.1.3　电煅烧的工艺技术参数

4.1.3.1　原料无烟煤

无烟煤是煤的一个重要品种，无烟煤色黑、质硬，多数为块状，煅烧时火焰短而少，不结焦，无烟煤的灰分含量波动较大（6%～20%），灰分较低的无烟煤含碳量可达到90%以上。通常用作动力或生活燃料，也可作气化原料，底灰分、块状及机械强度较高的优质无烟煤是生产炭素制品的原料。

A　铝用阴极材料用无烟煤的质量要求

炭素制品的优劣，在很大程度上取决于原料性能的好坏。无烟煤作为铝用阴极炭块的主要骨料，其各种性能对炭素制品的各种性能的影响是非常显著的。在实际的炭素制品生产中，要针对不同的炭素制品性能要求，选用不同煤种或采用某种专有加工技术，来生产出符合某种特定使用要求的优良制品。用于铝用阴极炭块生产的主要原料无烟煤必须具备如下质量：

（1）灰分含量要低。阴极炭块生产时的无烟煤，要求灰分在8%以下，无矸石。无烟煤的灰分有两种，一种是煤中夹杂的矿物质，另一种是开采时混入的矸石，将原煤破碎后洗选，挑出煤矸石可以有效地降低煤的灰分。

（2）机械强度要高、块煤要多。成品的机械强度与原料的机械强度有直接关系，测量无烟煤的机械强度有几种方法，用得比较多的是转鼓实验法，另一种是测量在一定高度自由掉落时的"击碎指数"。

（3）无烟煤的热稳定性要高。无烟煤的热稳定性是一项很重要的工艺性能，有的无烟煤在煅烧时很容易分裂成小块，说明这种煤的热稳定性越差。

（4）硫含量要低。低硫分是铝用阴极炭块生产所要求。同时，硫多煤块易炸裂，煅烧时会逸出部分硫，污染空气。无烟煤中的硫有的以有机硫形式存在，在高温下可分解挥发，有的以无机物形式存在，不易分解，无烟煤如硫含量多，不仅煅烧时放出含硫气体，污染环境，也会降低无烟煤的热稳定性。

（5）耐碱性。炭块的耐碱性与原料无烟煤受碱类化合物浸蚀后的灰分增量、残余线膨胀率的大小有直接联系，灰分增量和残余线膨胀率越低，则制成的炭块耐碱性越好。

（6）无烟煤的电导率与热导率。干燥过的煤含碳量成正比，因此含碳量在87%以上的无烟煤电导率与其灰分含量、水分含量及温度有关，灰分及水分含量增加都会提高煤的热导率。

B　电煅烧炉煅烧用无烟煤的工艺技术要求

电煅烧炉的结构与回转窑和罐式煅烧炉的结构不同，煅烧的原理有很大的差异。其煅烧所用的无烟煤也有其特殊的要求。为保证电煅烧的正常安全运行，除了对其理化指标有要求外，重点还对电煅烧炉煅烧用无烟煤的粒度做了一些技术规范。

电煅烧炉煅烧用无烟煤的工艺技术要求见表4-8。

表4-8　电煅烧炉煅烧用无烟煤技术条件　　　　　　　（%）

项　　目		指　　标
全水分		<5（参考值）
灰　分		<8
挥发分		<9
固定碳		>83
粒度	30~10mm	>75
	<10mm	<15
	>30mm	<10

4.1.3.2　工艺技术指标及控制

电煅无烟煤的质量控制指标主要包括粉末电阻率、真密度、灰分、含碳量、挥发分等指标。重点控制粉末电阻率和真密度两项指标来控制电煅烧煤的质量。无烟煤煅烧程度越高，其真密度越大，粉末电阻率越低。

A 无烟煤电煅烧工艺技术指标

无烟煤电煅烧工艺技术指标包括：

（1）粉末电阻率；

（2）真密度（参考指标）。

根据不同品种规格铝用阴极炭素材料的技术要求，控制电煅无烟煤粉末电阻率和真密度的规定值。

B 电煅无烟煤指标

按铝用阴极炭素材料的工艺要求，电煅无烟煤应达到如下指标：

（1）粉末电阻率（$\Omega \cdot mm^2/m$）：高温煅烧无烟煤为 650 ± 100（煅烧温度约 2000℃）；普温煅烧无烟煤为 900 ± 200（煅烧温度约 1500℃）。

（2）真密度（g/cm^3）：高温煅烧无烟煤为 1.80 ± 0.025；普温煅烧无烟煤为 1.76 ± 0.025。

C 电煅烧生产工艺技术控制及管理

电煅烧生产工艺技术控制及管理包括：

（1）电煅烧炉煅烧无烟煤的工艺过程控制，是通过控制电煅烧炉在正常运行时电压级别与排料速度来实现的。保持电煅烧炉的二次电流在稳定控制范围内是控制电煅无烟煤质量的关键工艺控制要素。生产过程中主要控制好以下工艺技术参数：

1）上部电极长度的工艺控制。正常生产时，上部电极长度应保持在 1300mm ± 50mm，即保证极距一定。

2）稳定二次电流的工艺控制。正常生产时，排料刮板长度分别控制为 240mm、250mm、260mm 和 370mm，所有刮板下沿均不能与圆盘接触，应保持 5mm 的间隙。

调整电煅烧炉的二次电压档次、排料刮板转速变频控制器的频率值实现二次电流的稳定范围控制。

3）烟道温度的控制。

正常情况下，烟道温度应保持在 600℃ ± 50℃，通过操作烟道插板开启度进行控制。

（2）电煅无烟煤质量的测定：

1）炉子正常运转过程中，每 3h 取样测定一次煅烧无烟煤粉末电阻率。

2）取每天测定煅烧无烟煤粉末电阻率结果的所有样品，测定真密度指标值。

3）当测定结果超出管理范围时，增加测定次数，同时及时调整电煅烧炉的运行参数（二次电流和排料量）直至符合技术指标要求。

D 影响电煅烧质量的因素

影响电煅烧质量的因素有：

（1）生无烟煤的粒度。原料粒度对电煅烧炉煅烧无烟煤质量影响很大，粒度保持相对稳定，对炉内电阻和其他电气参数都非常重要，同时可以保证煅烧料质量的均一性。

（2）煅烧温度。煅烧温度是决定煅烧质量的主要因素。煅烧本身就是对原料进行高温处理过程，原料的物理化学变化都是在温度的作用下完成的，煅烧温度的高低决定了煅烧质量优劣。

（3）影响煅烧质量的因素除上述外，被煅烧原料本身的质量特性、煅烧炉型、生产工艺条件等对煅烧质量也都有一定的影响。

4.2　生产操作

4.2.1　上料作业

电煅烧炉煅烧无烟煤的上料作业是，把原料储存库中的煅前无烟煤，通过输送和提升设备输送到电煅烧炉煅前铁料仓。就大型阴极炭素生产企业来说，其电煅烧炉煅烧无烟煤上料作业的工艺流程为：原料库双梁桥式抓斗起重机→皮带输送机→斗式提升机→皮带输送机→埋刮板输送机→电煅烧炉顶煅前料仓。

电煅烧炉的上料作业包括生产前的作业准备、设备运行前的检查、上料作业的设备启动及设备操作、故障处理等内容。

4.2.1.1　生产前准备

生产前准备包括：

（1）持证上岗，正确佩戴劳动防护用品，准时进入工作场所。

（2）参加班前会并自主保安签名。

（3）检查确认本岗位的工器具状况良好、仪器仪表准确无误。

（4）了解作业前存在问题及处理程度。

（5）检查确认自动化控制系统上位机显示状态与现场实际相符。

（6）检查确认电磁除铁器情况完好，铁杂质得到清理干净。

（7）检查确认煅前斗式提升机减速箱、皮袋斗子、提升皮带等部位完好。

（8）检查确认胶皮带输送机各部位保持完好。

（9）检查确认煅前刮板输送机各部位保持完好。

（10）检查确认通风除尘设备各部位保持完好。

（11）上料前与煅烧工取得联系沟通，确保上料数量准确无误。

4.2.1.2　系统的启动与停止

系统的启动与停止包括：

（1）天车工操作无烟煤原料库抓斗桥式天车，将无烟煤抓入原料库格筛漏斗储料仓内。

（2）上料操作工完成作业准备后，按下述上料设备启动顺序进行启动：启动除尘系统→打开煅前仓电液动闸板阀→启动埋刮板输送机→启动胶带输送机→启动斗式提升机启动→启动电磁除铁器→启动胶带输送机→启动电磁振动给料机。停机流程与开机流程相反，间隔时间为 1.5min。

（3）启动设备过程中，检查胶带输送机、埋刮板运输机等设备运行是否正常。检查各电动插板阀、手动阀门位置保持正确。

（4）做好各设备运转记录。

4.2.1.3 系统各设备的操作

A 桥式抓斗起重机的操作

a 开车前的检查和测试

开车前的检查和测试包括：

（1）启动桥式抓斗起重机的电源。

（2）检查各机械、电气、安全等部件是否正常，钢绳是否缺陷。

（3）测试桥式抓斗天车制动情况、润滑力的大小情况，保证在工作中稳、准、快。

（4）检查各部位运行正常，确认升降制动器有效后，可进行吊运工作。发出响铃信号，以示天车准备开始运转。

b 桥式抓斗天车的操作

桥式抓斗天车的操作包括：

（1）开启抓斗向下降落至无烟煤堆直至挖进去为止。

（2）闭合及装无烟煤。

（3）抓斗完全闭合后，起重。

（4）抓斗上升至一定高度后并移动天车抓斗到无烟煤储存漏斗格筛上，卸无烟煤。

（5）如此循环进行抓起无烟煤操作。

c 桥式抓斗天车操作安全注意事项

桥式抓斗天车操作安全注意事项有：

（1）抓起物料上升时用三挡，不能用一挡、二挡，以防事故发生。

（2）严禁打倒车方式代替制动。

（3）桥式抓斗天车的吊运操作，其电机应保证在额定转速情况下工作，严禁超载负荷电流运转，造成设备及其他事故。

（4）工作结束后将制动器手柄扳到零位，抓斗落在地面上。

（5）工作中要经常注意抓斗的开合情况，按规定及时在转动部位补润滑油脂。

（6）检查各润滑点的润滑保养情况按点检规定及时补充润滑油脂。

（7）抓斗抓料时应缓起缓落，当抓斗被大块料或异物卡住时，应放下抓斗重新抓料。

（8）发现设备存在异常或重大问题，及时采取应急措施，并报告上级领导。

（9）认真填写设备运转记录并妥善保管。

B 电磁振动给料机的操作

a 开车前的设备检查

运行前检查电磁振动给料机各紧固件、弹簧和料槽角度，确认无误后打开手动闸板阀，准备作业。

b 操作

操作包括：

（1）当上述条件满足生产、安全要求后，再与上道工序联络，待上道工序反馈许可开机信号和设备周围安全后方可开车。

（2）通电前应将振幅旋钮（电流表）调到最小位置。

（3）投送电源。

（4）通电后逐步往大调整，当振幅和下料量达到所需值时停止调节。

c 操作过程中安全注意事项

操作过程中安全注意事项有：

（1）运行电流稳定后，生产过程中不要随便调整电流。禁止上料工私自拆卸电磁振动给料机进行调整振动给料量。

（2）调整振幅而下料量仍不能满足时，通过调整料振动给料量的槽倾角加大下料量，但料槽倾角最大不超过20°。禁止在设备运行的情况下调整电磁振动给料机的倾角。

（3）铁芯和衔铁之间的空隙必须保持平行和清洁，标准孔隙度为2mm。

（4）发现异常声音时必须先停机，确认造成异常声音的原因，及时协调维修人员检修处理。

（5）认真填写运转及点检记录，并妥善保管。

C 胶带输送机的操作

a 开车前的设备检查

开车前的设备检查包括：

（1）详细检查胶带输送机附近有无障碍物，胶带接头处有无裂损，检查电机接线是否安全可靠，安全装置是否灵敏可靠。

（2）检查设备转动部位、轴承润滑是否良好，滚筒托辊有无异常声音，电器信号是否正常。

（3）清除各滚筒上的粘料及电磁除铁器上的铁器杂质。

b 设备操作

设备操作包括：

（1）检查完毕，确认无误的情况下，开启设备。

（2）胶带运行中，按机头—机尾—机头的路线，每30min巡检一次，主要检查以下内容：

1）机头、电机运行是否正常，清扫装置是否起作用，滚筒是否粘有物料，逆止器是否正常。

2）中段、物流中杂物情况，胶带是否有跑偏和磨边情况，接头是否完好，托辊转动情况，张紧是否粘有物料。

3）机尾物料是否落在胶带中央，滚筒转动是否正常，是否粘料。

（3）检查中如发现异常或重大问题，及时采取应急措施处理，并向上级汇报。

（4）巡查中，发现紧急情况，可使用紧急拉绳停车。正常情况下严禁使用，紧急情况消失后，复位紧急拉绳开关。

（5）生产结束，确认胶带上已无物料，按停车顺序停车。

（6）认真填写检查、运行记录，妥善保存。

D 埋刮板输送机的操作

a 开车前的检查

开车前的检查包括：

（1）检查埋刮板输送机电设备是否完好，润滑是否正常，信号是否处于良好状态。

（2）刮爪完好，无被卡住或断裂情况，空载运行是否正常。

（3）传动链条联结良好、转动灵活，磨损正常；发现过度磨损必须更换。

（4）埋刮板机内有无杂物、盖板密封是否良好。

（5）电机、减速机的润滑良好，减速机与链条的连接、转动方向正确。

（6）煅前料仓料位情况。

b 操作及注意事项

操作及注意事项包括：

（1）确认检查项满足安全生产要求，前后工序人员联络确认后，按开机顺序开启埋刮板输送机。严禁埋刮板机空载运转。

（2）运行中注意观察埋刮板输送机的运转情况，当出现声响异常或卡阻时，必须及时停机，立即采取应急措施处理，并向上级汇报。

（3）操作人员认真填写运转及点检记录，并妥善保管。

4.2.1.4　设备巡检

为了监视设备的运行情况，以便及时发现和消除设备缺陷，预防事故发生，确保设备安全运行。应做好设备巡检工作，以"预防维修"来取代"计划维修"。电煅烧炉煅烧无烟煤上料作业中做好以下设备巡检：

（1）电磁振动给料机运行过程中各紧固件、弹簧和料槽角度是否正常，是否有异常响声，给料量是否符合上料系统中胶带运输机及斗式提升机的需要等。

（2）胶带输送机运行过程中滚筒托辊有无异常声音，胶带运转松紧是否合适，胶带运转是否在中位、有无跑偏，滚筒转动是否正常，是否粘料，机尾物料是否落在胶带中央等。

（3）斗式提升机运行过程中上部区段的驱动装置、传动滚筒、止推棘爪和下部拉紧装置及滚筒的螺栓连接是否有响声及松动，斗式提升机的胶带是否有磨外壳的异常声音，检查下料管是否漏料，外壳是否冒灰。料斗内料量是否满足提升要求，是否有超载而造成返料量过大，导致斗式提升机下部堵料。

（4）严格按照巡检制度进行设备巡检，做好设备巡检的各种记录。

4.2.1.5 堵料故障的处理

上料作业运行中，存在电磁振动给料机给料量过大，或斗式提升机掉斗子，及大块异物进入，或胶带输送机胶带跑偏，或其中任一设备突然停机等原因，而造成上料系统堵料情况。发现堵料后，按下列步骤进行处理：

（1）发现上料系统堵料，立即从上料源头停止给料。

（2）堵料处理前，电源控制柜挂"有人检修，禁止合闸"安全警示牌。

（3）处理堵料，疏通上料系统。

（4）查找造成堵料的原因，并进行下述造成堵料的设备检修处理：

1）电磁振动给料机给料过多造成的堵料，对给料量进行合理调整，保证胶带输送机、斗式提升机的正常安全运行。

2）斗式提升机的掉斗子或皮带撕裂等原因而造成的提升机堵料，在疏通堵料后，全面进行斗式提升机的故障检修，检修后进行安全试运转。

3）胶带输送机的皮带断裂或滚筒打滑等原因造成的堵料，在疏通堵料后，对胶皮带输送的故障进行全面检修，检修后进行安全试运转。

（5）消除上料系统堵料故障后，按照上料系统开机程序开机，恢复上料作业。

4.2.2 电煅烧炉煅烧作业

4.2.2.1 生产前的准备

电煅烧炉生产前准备包括下部电极的制作、烘炉及下部电极的焙烧石墨化。

A 下部电极的制作

a 作业要求及准备

作业要求及准备包括：

（1）本作业操作必须安排专人监护。

（2）本作业底部电极捣固人员及炉膛内传料人员必须系保险带。

（3）参与作业人员必须持证上岗并穿戴齐全劳动防护用品。

（4）所用麻绳、钢丝绳定滑轮其最大起重量不得低于起重物品的 5~6 倍。

（5）炉膛内照明安全完好，照明度符合要求。

（6）炉内空气由上向下流通，通风良好。

（7）搭好炉内作业用脚手架，起重工（或安检部门）对脚手架做最后安全牢固确认。

（8）按标准安装焊接底部电极冷却水台上的棘爪与下部电极套筒。

b 下部自焙电极制作操作步骤

下部自焙电极制作操作步骤为：

（1）准备好下部电极制作用电极糊料，温度保持在 100~120℃，严禁局部高温，底部电极糊量是 1.5~1.8t/台。

（2）将温度符合要求的糊料吊运至电煅烧炉料盆糊料停放处。

（3）通过溜槽，向下部电极套筒内加入糊料，糊料高度为 15cm，且厚度均匀一致。用专用糊料捣固棒捣固加入的糊料，捣固过程要快，扎糊密实，严禁有断层、分层，直至出沥青油为止。

（4）反复加糊与捣固糊料的操作，直至底部电极达到符合高度要求尺寸。用带孔的底部电极铁盖板，盖上下部电极套筒顶部，焊接好连接部位。

（5）完成底部电极制作作业后，拆除脚手架，清理炉内和炉盖作业周围部位的杂留物，工具复位。

B 烘炉作业

电煅烧炉的烘炉作业程序如下：

（1）做好人员准备，成立烘炉启动小组，明确人员分工及职责。

（2）准备好烘炉用材料与工器具，做好安全保障准备工作。

（3）对参加烘炉人员的培训，使其充分掌握烘炉所必备的职业技能。

（4）烘炉启动前的全面检查工作：

1）电煅烧炉系统设备运行安全可靠性的全面检查，确保安全可靠运行。

2）煅后排料系统设备运行安全可靠性的全面检查，确保安全可靠运行。

3）电煅烧炉上料系统设备运行安全可靠性的全面检查，确保安全可靠运行。

4）电煅烧炉冷却循环水系统设备运行安全可靠性的全面检查，确保安全可靠运行。

5）电煅烧炉烘炉用材料、工器具准备情况的全面检查，确保准备无误。

（5）电煅烧炉的单机和联动试车，检查电煅烧炉的安全运行情况。

（6）按照循环水的操作要求进行送水，检查电煅烧炉各冷却部位冷却循环水的运行情况，保证安全运行。

（7）按照电煅烧炉上部电极安装操作技术要求，安装上部电极。

（8）按照电煅烧炉上料操作程序和烘炉用料要求，给电煅烧炉内装入烘炉用的煅后无烟煤。

（9）按照电煅烧炉的送电操作程序，送电启动电煅烧炉。

（10）严格按照电煅烧炉运行送电升温曲线送电，确保下部电极的焙烧、石墨化有序进行，严格按送水要求对冷却部位送水。

（11）按照电煅烧炉的烘炉投料、排料操作要求，进行投料、排料。

（12）电煅烧炉烘炉期间，严格按照设备巡视要求，进行设备巡检，确保电煅烧炉的安全稳定运行。

（13）电煅烧炉烘炉完成后，转入正常生产。

4.2.2.2　煅烧正常生产操作

A　正常生产与质量控制

a　生产准备

生产准备包括：

（1）持证上岗，正确佩戴劳动防护用品，准时进入工作场所。

（2）参加班前会并自主保安签名。

（3）检查确认本岗工器具状况、仪器仪表确认无误。

（4）了解存在问题及处理程度。

（5）翻阅记录，履行交班手续，规范填写交接班记录。

（6）检查确认自动化控制系统上位机显示状态与现场实际相符。

（7）检查煅烧系统、煅烧炉冷却循环水系统、纯水冷却系统、除尘系统，确认参数可控。

（8）明确当班工作任务并对现场设备、设施进行运行状况确认，确认设备运行状态完好，现场卫生清洁、无杂物，照明充足，作业环境良好。

（9）检查电脑显示的排料运行状况，确认参数设定正确。

（10）准备好生产用工器具。

b　电煅烧炉煅烧无烟煤操作

电煅烧炉煅烧无烟煤操作包括：

（1）电煅烧炉运行前的检查：

1）炉体是否完好，是否符合设计的安全要求，上部导电电极是否符合使用要求。

2）圆盘出料机内是否有遗留的工具、杂物，是否运转灵活。

3）炉壁砌体是否有缺损、变形，宽度大于 3mm 裂缝是否已经修补。

4）烟囱的烟道内衬保温层是否良好，是否畅通，烟道闸板是否灵活。

5）电煅烧炉防爆孔动作是否灵活、密封是否严密。

6）电煅烧炉各绝缘部位的检查：炉体—地面、铝排—地面、铝排—炉体、料斗—地面、夹持器固定装置的绝缘、上下部电极的绝缘、刮板系统的绝缘、循环冷却水的绝缘等。上述各部位的绝缘应不小于 0.5MΩ。

7）循环冷却水系统的检查：

①检查冷却料斗、冷却器、冷却壁、冷却底盘和电极夹持器、冷却水管道及阀门各是否完好，有无泄漏点。

②各种冷却水系统的压力表、温度计、流量计是否完好无损，是否在零位。

③检查冷却集水箱与冷却散热器是否完好、有无杂物堵塞。

④整流器及纯水冷却系统、备用冷却水泵阀门是否关闭，其他阀门开关是否正确无误。纯水冷却系统水量和水质（pH 值、电导率等）是否符合要求。

⑤检查冷却水系统有无漏水现象。

8）在上述检查内容符合要求后，方可进行运行前的准备工作。

（2）运行前的准备及确认：

1）投入动力电源。

2）电流表投入运行。

3）确认电煅烧炉附属设备做单体试运转及联合试运转，符合运转要求。

4）确认各设备的电动机在远控位置。

5）确定蜂鸣器是否报警。

6）确定给煅烧循环水水泵在运转，电煅烧炉冷却水系统、整流变纯水冷却系统运行正常、稳定。

7）确定电煅烧炉上料仓的料位处于低料位和下料口已关闭。

8）确认斗提机三通阀开启方向正确。

9）确认煅后仓储料料位符合要求。

10）经上述检查、确认完毕无误后，方可进入电煅烧炉的启动程序。

（3）电煅烧炉煅烧无烟煤的操作：

1）煅烧炉的启动操作：

①确定循环冷却水系统运转正常，煅后无烟煤输送设备正常、收尘设备已启动，炉内煅后无烟煤在规定位置，上部电极长度控制符合技术要求。

②确认电煅烧炉高压柜电源已投入。

③确认 6kV 高压柜指示灯已亮，正常运行。

④启动电煅烧炉的电动分接开关控制器，并调整到 14 级（电压档次的最低级位置）。

⑤操作电煅烧炉的电脑控制键盘，进入注册用户，启动电煅烧炉的电源开关。

2）按照电煅烧炉送电曲线，调整电煅烧炉的电动分接开关控制器调控送电曲线。

电动分接开关控制器的操作：调整电压挡级时，手动按一下电动分接开关控制器"降"的按钮，数字键可显示电压升一挡，反之降一挡。

3）调整烟道挡板开启度，控制电煅烧炉的烟道温度在 650℃ ±50℃。

4）电煅烧炉的送电量到达排料规定要求，启动煅后无烟煤的排料程序。

（4）煅后无烟煤的排料、输送操作：

1）电煅无烟煤排料、输送设备的启动顺序：除尘系统→电动插板阀→螺旋输送机→手动闸板三通阀→煅后斗式提升机→电磁振动输送机→圆盘排料机的排料变频控制器。停止排料时，停机顺序相反。

2）电煅烧无烟煤的粉末电阻率不合格时，将手动翻板闸打到排废料位置，停止煅后螺旋输送机。

3）煅后无烟煤理化指标合格后，检查确认手动翻板阀在正确位置，启动煅后螺旋输送机。

（5）煅后无烟煤的取样、化验：

1）电煅烧炉的送电量达到排料规定技术要求，送取电煅无烟煤的检测样品。

2）正常生产中，煅后无烟煤每 4h 取样 1 次，测定粉末电阻率值，检查控制煅烧料质量。当测定粉末电阻率的数据不稳定时，要增加测定次数（每隔 2h 取样 1 次）。

3）取样操作规范：每间隔 1min 用取样铲取 1 次子样，总试样 3 kg，经缩分到 1 kg，集中放于取样桶内，送化验室分析。

4）连续 3 次测定煅后无烟煤质量不合格，立即调整排料频率、排料刮板的长度与电压挡次。

（6）二次电流的稳定与二次电压挡次调整的操作：

1）调整煅后无烟煤排料变频器、电动分接开关控制器的电压挡级，稳定控制电煅烧炉运行的二次电流。

2）二次电压挡次的调整：调整电动分接开关控制器的升降挡，实现二次电压挡次的升降。其操作是：手动按一下电动分接开关控制器"降"的按钮，数字键可显示电压升一挡，反之降一挡。

（7）电煅烧炉正常运转管理操作：

1）设定符合电煅煤质量要求的电压挡级和二次电流。

2）电煅烧工必须做到：勤观察煅后无烟煤煅烧情况、勤与检测化验分析人员联系煅烧料指标情况、勤调整煅烧炉的工艺运行参数，保证煅后无烟煤质量符合工艺技术要求。

3）每小时观察排料部位是否有结焦块，发现结焦块，立即清理，保证排料均匀。

4）每小时观察铁料仓下料部位是否堵料、断料，发生堵料、断料时应立即处理。

5）每班检查一次煅后无烟煤储仓的库存量。

6）在冷却水集水器检查冷却循环水的通水状况，有异常应立即处理。

7）根据炉内负压及料盆情况，调节烟道挡板的开度，使烟道温度符合技术要求。

8）按规定测试上部电极的长度，并及时调整上部电极的长度，保证在工艺技术范围内。

9）每小时观察上部电极运行情况，发生电火花现象时，应立即停炉处理。

10）煅后无烟煤不合格时，立即排入不合格料罐，严禁废料混入合格料仓。

11）电煅烧炉电源高压柜存在以下情况严禁送电：下料仓温度异常，变压器保护系统动作，冷却水泵停止运转。

12）电煅烧工应全面检查设备运转情况，做好设备的维护、保养工作，保证设备正常运转。

13）电煅烧工做好现场、设备卫生，保证场地、设备卫生整洁。

14）电煅烧工按时填写各种设备运转记录。

（8）圆盘排料机刮板长度调整的操作：

1）停电煅烧炉高压电源。

2）观察排料刮板的运转状况，使排料刮板停在便于更换的位置。控制柜前悬挂"有人检修，禁止合闸"警示牌。

3）按煅后无烟煤输送停运操作程序，停止煅后输送设备。

4）松开排料刮板的紧固螺栓，调整其长度符合技术要求。

5）拧紧安装螺栓。

6）按投送电源程序，投送电煅烧炉电源。

7）电煅烧炉的二次电流、功率达到工艺技术要求，按规程启动煅后料排料输送设备。

（9）上部电极长度检查操作：

1）电煅烧炉上部导电电极长度检查程序：

①每两天检查一次电煅烧炉上部导电电极的长度。

②操作人员必须穿戴好劳动保护用品，戴绝缘手套。

③关闭电煅烧炉上部料仓的滑动插板。

④打开烟道挡板。

⑤操作人员在料盆前观察料盆的料位下降到夹持起下端位置，停止排料变频器电源。

⑥停止煅烧炉电源，在煅烧炉中控室送电柜前挂好安全警示牌。

⑦沿上部导电电极插入电极测试棒，在电极测试棒上画出插入长度截止符

号，用卷尺测量电极测试棒插入的长度，即为上部导电电极的长度。

2）调整、对接上部导电电极长度的操作：

①作业时，必须安排专人监护。

②作业人员和监护人员必须穿戴齐全劳动防护用品。

③所用捆绑钢丝绳必须符合起重规定要求，绳扣经起重工或安检部门确认安全牢固，方可使用。

④所用的钢丝绳及起重葫芦能满足起重要求，并处于安全使用状态。

⑤停电煅烧炉的高压，并在控制柜前悬挂"禁止合闸"安全警示牌。移开上部电极吊装口护栏至安全位置。

⑥紧固上部电极夹持器的螺栓及顶端的电极夹具，确认紧固无误。

⑦在电煅烧炉上部电极的螺纹孔内装入电极接头，并旋转牢固。

⑧解开吊挂上部电极上端的钢丝绳，操作手动葫芦将其吊钩与解开的钢丝绳升起移走，检查解开的钢丝绳是否有破损现象，若破损应更换。

⑨在距待接电极上端1/4位置处，用钢丝绳捆绑牢固。把电动葫芦的吊钩挂牢捆绑待接电极的钢丝绳套，慢慢吊起待接电极移至手动葫芦正下方，放落待接电极。操作时，一人操作电动葫芦，一人手扶待接电极高起的一头，一人监护，确保安全。

⑩把手动葫芦的吊钩挂牢待接电极的钢丝绳套，拉动手动葫芦倒链，缓慢提起、移动手动葫芦拖拉待接电极移至电煅烧炉上部电极的正上方，缓慢下落待接电极与电煅烧炉上部电极顶端的电极接头并进行对接，电极与接头对接正位后。缓慢拉动手动葫芦倒链下放上方电极，用电极专用扳手夹紧待接电极下端，顺时针转动电极专用扳手，使上下两电极通过接头对接稳固。操作时，一人操作手动葫芦，一人双手扶住待接电极，一人监护，确保安全。

⑪用专用扳手松开电极夹持器螺栓及顶端电极夹具，下放上部电极到规定的长度。

⑫用专用扳手紧固牢靠上部电极夹持器及顶端电极夹具。

⑬归位专用工具和电煅烧炉电极吊装孔护栏。

⑭按照电煅烧炉的送电程序进行送电，使炉温达到正常生产温度，按设定的电功率值、二次电流值进入正常生产程序。

（10）圆盘排料机操作：

1）开车前设备检查：

①检查确认机电设备是否完好，润滑是否正常，信号是否处于良好状态。

②重点检查以下内容：刮板固定良好，绝缘良好（送电状态无打弧发生）；固定刮板与圆盘无卡住、卡阻现象，转动灵活；螺杆、套筒完好；下料口畅通，冷却料斗等设备运转正常；循环冷却水供应正常，圆盘给料机进出水温正常。

2）上下工序人员联络，确认其设备满足安全生产要求后，投送设备电源。

3）调控圆盘给料机控制变频器的频率控制排料量。

4）操作人员要认真填写圆盘给料机的运转及点检记录，并妥善保管。

（11）电煅烧炉停炉操作。电煅烧炉停炉是指由于设备故障原因及生产作业计划安排，停止煅烧运转的作业。包括暂停炉和长期停炉。

1）暂停炉操作：

①切断电煅烧炉的电源。

②埋刮板停止转动。

③煅后料输送设备停止运转。

④停止除尘设备。

⑤关闭炉顶上料仓的插板。

⑥逐渐关闭电煅烧炉的烟道挡板。

⑦注意事项：电煅烧炉停电后，必须保持冷却循环水系统的正常运行，当炉体冷却到50℃以下时，停止冷却水的运行。

2）长期停炉操作：

①切断电源，并挂好安全警示牌。

②关闭电煅烧炉上料仓的插板。

③用煅后料将电煅烧炉的上部密封。

④在中央控制盘上切断各设备电流电源。

⑤停炉1天后，全部关闭烟道挡板。

⑥停炉9天后，停止冷却水供给系统，为防止冷却水配管堵塞，每周仍需供水两次，供水时间1h。

（12）电煅烧炉用电动葫芦操作：

1）认真检查起重钢丝绳及捆绑钢丝绳是否符合要求，电动葫芦电气机械是否正常。

2）此操作由2~4人进行，在从地面向上吊运行须一人监护，一人在地面负责挂钩，两人在顶层负责操作电动葫芦和拆除重物放于指定位置等工作。

3）参与作业人员必须持证上岗并穿戴齐全劳动防护用品。

4）采用手势或声音方式，进行上下信息传递。

5）地面人员用钢丝绳捆绑牢固吊运物，并挂牢电动葫芦吊钩。监护人确认无误后，地面人员躲开吊运物到安全位置。电动葫芦操作人员严格按照电动葫芦操作手柄标识进行吊运操作。

6）吊运物吊运到指定高度后，调整吊运物平移方向，移动到放置位上方，缓慢下放吊运物，使吊运物安全落地放稳。操作中，人员要躲开吊运物到安全位置。

7）摘除吊运物上捆绑的钢丝绳。

8）吊运作业完成后，安全停放电动葫芦。

B　煅后储运作业

电煅无烟煤的排料、输送设备作业的设备启动顺序：除尘系统→电动插板阀→螺旋输送机→手动闸板三通阀→煅后斗式提升机→电磁振动输送机→圆盘排料机的排料变频控制器。停止排料时，控制顺序相反。

其各设备的操作如下：

（1）煅后煤电磁振动输送机操作：

1）运行前检查电磁振动给料机各紧固件、弹簧和料槽角度，确认无误后，打开手动闸板阀，准备作业。

2）运行前应将振幅旋钮（电流表）调到最小位置，通电后逐步调大。下料量达到所需值时停止振幅调节。

3）当振幅达到要求而下料量不能满足时，可通过调整弹簧来调节料槽倾角增大给料量，但最大不超过 20°。禁止在设备运行的情况下调整电磁振动给料机的倾角。

4）铁芯和衔铁之间的空隙应保持平行和清洁，标准孔隙为 2mm。

5）发现异常声音时必须先停机，并采取应急措施。在查明异常情况的原因，进行协调处理。

6）操作人员认真填写运转及点检记录，并妥善保管。

（2）斗式提升机操作：

1）开车前的设备检查：

①开车前认真检查斗式提升机上部区段的驱动装置、传动滚筒、止推棘爪和下部拉紧装置及滚筒的螺栓连接紧固、润滑及张紧情况，并使之符合运转要求。

②检查提升斗是否齐全，固定是否牢靠。

③开车前应和上下道工序联系好，并确认物料流向正确，待上下道工序返还信号后方可开机操作。

2）操作过程中检查注意事项：

①在确认满足安全生产要求，上煤、煅烧工序联络确认后，方可开机，不允许埋刮板机长时间空载运转。

②运行中应注意观察埋刮板机的运转情况，当出现异常声响或卡阻时，必须及时停机，采取有效的警示措施并报告班组长、车间和上级调度人员。

③操作人员要认真填写提升机应在无负荷情况下开机，并在提升机运转正常后方可给料。

④斗式提升机的拉紧装置应调整适宜，保持牵引具有正常工作张力。

⑤停机时应与上下道工序联系好，先停止供料，待提升机输送的物料全部卸

完后，再停止提升机。

⑥设备开动后可打开观察门观察胶带是否磨外壳，料斗是否有固定不牢的，发现异常情况应及时处理，严禁手、头进入观测门内。

⑦运行过程中注意检查料管是否漏料，外壳是否冒灰。

⑧运行过程中注意检查斗式提升机返料情况，料斗内料量严禁超过其容量的2/3，防止因返料量过大，导致斗式提升机下部堵料。

⑨定期检查斗式提升机下部区段的运行情况，及时清理和维护设备，确保其安全正常运行。

⑩操作工在生产、检查过程中应如实做好各种记录，并妥善保管、及时转交车间。

（3）螺旋输送机操作：

1）开车前的设备检查：

①开车前必须认真检查设备的传动及润滑情况、控制信号是否在良好状态。

②在检查过程中应重点注意检查以下几项：电机、减速机和吊瓦的润滑情况是否良好；电机减速箱与联轴器的转动方向是否正确；外壳与叶轮的间隙是否符合要求；外壳有无泄料和阻碍向前的杂物；中间轴瓦润滑是否良好；螺旋输送机必须干燥，防雨水进入螺旋输送机内。

③设备检查确认完好，螺旋输送机的排料方向正确，符合料仓方向。

2）操作：上述条件满足生产、安全要求，与上道工序联络确认，待上道工序反馈许可开机信号后，投送设备电源。

3）操作过程中安全注意事项：

①掀开螺旋输送机上盖板检查时，严禁将手伸入螺旋输送机内，检查后必须及时恢复盖板至密封压紧状态，确保螺旋输送机内不进水、不进杂质、不产生人身伤害。

②生产过程中按巡检要求检查料仓料位，严禁料仓料位过高，导致螺旋输送机内损坏。

③螺旋输送机输送的物料量位应低于螺旋中轴，每次停机前，必须将螺旋输送机内输送的物料排干净。

④夜间巡视、操作煅烧炉排料螺旋输送机时，应有人监护，以防意外。

⑤操作人员要认真填写螺旋输送机运转及点检记录，并妥善保管。

C　冷却循环水系统作业

电煅烧冷却循环水工艺流程如下：

工业用水→软化处理→冷却水池→水泵→立式石墨化炉冷却器→热水池→水泵→冷却塔

电煅烧炉冷却循环水系统设备操作：

（1）运行前检查电压表指示数值，不应低于或高于额定电压值19V。

（2）检查各紧固螺柱及连接处是否牢固；检查各润滑部件、油位，确保转动电气设备运转灵活。

（3）第一次启动前，必须启动软化水处理装置往池内补充软化水，并经化验，软化水指标符合以下要求：pH值为8～10，总硬度不大于0.3mmol/L。

（4）检查合格后关闭出水管控制阀，同时检查蓄水池有适量的水位。

（5）试运转，确定泵转动方向、有无噪声，确定正常后方可启动操作。

（6）检查一切正常后，启动电源，同时慢慢开启出口调节阀，调节所需流量。

（7）利用过滤器及时清除循环水的污物，当循环水pH值或硬度达不到要求时，立即启用软化水装置，往池内补充软化水，直至合格。开启水泵正常运转后，及时调节流量与压力达到工艺要求，观察水泵运转轴承有无杂音，轴承温度情况，密封处有无滴漏现象。

（8）水泵运转中，轴承温度与外界温差不得超过40℃，轴承自身温度不得超过80℃。

（9）水泵出现故障时，必须立即启动备用泵，保证煅烧循环水系统供水。水泵运行符合工艺技术要求，及时做好记录（电流表、压力表、流量表和循环水化验指标）。

（10）水泵停止运行时，逐渐关闭排出控制阀，然后停止电源开关。

（11）煅烧循环水系统启动如图4-10所示，关机顺序如图4-11所示。

D　设备巡检

为了监视设备的运行情况，以便及时发现和消除设备缺陷，预防事故发生，确保设备安全运行。做好设备巡检工作，以"预防维修"来取代"计划维修"。电煅烧炉煅烧无烟煤生产过程中做好以下设备巡检：

（1）埋刮板输送机运转中的埋刮板链条是否跑偏与浮链、刮板链条是否发出异常响声、头轮和刮板链条啮合是否良好、刮板链条是否有拉断现象等进行巡检。

（2）螺旋输送机运转中是否螺旋轴偏心刮外壁、轴承吊瓦是否断裂、驱动装置电机是否发热、驱动装置减速器是否有颤振音响、发热等异常现象。

（3）振动输送机运转中是否存在振动电机发热、振动频率不协调，物料移动过慢而振动输送机噪声过大等异常现象。

（4）电煅烧炉是否存在上部吊挂料盒、料仓、炉体等绝缘值不符合技术要求，上部电极长度是否在工艺技术控制范围内，料仓料口下料是否正常，烟道是否存在堵塞或开关不到位的现象。

（5）电煅烧炉的夹持器、水冷壁、下部电极水冷支撑台、水冷壁、底盘等

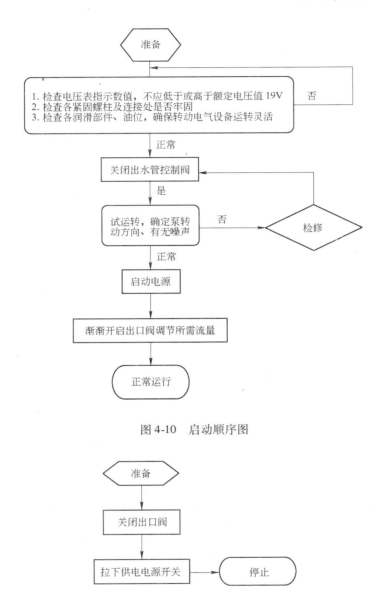

图 4-10 启动顺序图

图 4-11 关机顺序图

部位是否存在异常或漏水现象。

（6）电煅烧炉的下部电极是否存在异常而导致无烟煤粉末电阻率不均及炉壁过热现象。

（7）电煅烧炉是否发生炉壁耐火砖脱落及炉内料结焦块堵塞排料口的现象。

（8）电煅烧炉排料部位是否存在排料刮板脱落或刮壁现象。

（9）电煅烧炉圆盘排料部位是否存在大齿圈缺油、圆盘排料底部钢板隆起等的现象。

（10）电煅烧炉用供电变压器整流冷却水是否存电阻率值降低、冷却循环水泵异常、管道漏水、高位水箱水位不能满足要求的现象。

（11）电煅烧炉的排料变频器数字显示是否正常及其他部位仪器数字显示是否正常。

（12）严格按设备巡检制度，对所有设备进行定时巡检，并做好相应设备的巡检记录。

E　安全防范技术措施

安全生产本质上是安全与生产的有机统一，生产必须安全，安全为了生产。电煅烧炉煅烧无烟煤作为铝用阴极炭素材料生产的第一道工序，其生产过程融合了无烟煤的机械输送和高温煅烧过程中的物理化学的热处理过程。为减少和杜绝各种事故的发生，充分保障人身生命和财产的安全，对可能发生的各种安全事故要有充分的应对措施，编制下列的安全防范技术措施，做到提前预防和防治。

a　电煅烧工防电击技术措施

由于电煅烧炉是以被煅烧的无烟煤作为电阻体，当电流通过无烟煤时，无烟煤将被加热到 $1500 \sim 2000℃$ ，从而达到煅烧的目的。因此，电煅烧炉的导电母线、上部电极及夹持器、煅后煤等都是带电体。为此，重点做好一下电煅烧炉的防电击措施：

（1）工作期间，穿戴好劳保防电用品。严禁用手、人体等部位接触电煅烧炉的导电母线、上部电极及夹持器、煅后煤等带电部位。

（2）工作期间，严禁用导体工具、铁棒等物品来清理炉内结焦物，以防触电。

（3）检修电煅烧炉的导电母线、上部电极及夹持器等时，必须先停高压，并挂停电警示牌。

（4）按照电煅烧炉炉体对地绝缘、炉体各部位间的相互绝缘值的技术要求，及时检修、维护、清理设备粉尘，保证电煅烧炉设计的绝缘值达到规定要求。

（5）遵守各项安全用电作业制度。

b　电煅烧工防火防爆

电煅烧炉火灾、爆炸产生的原因：

（1）电煅烧炉的烟道堵塞，可造成料盆无烟煤着火。

（2）煅前无烟煤由于装卸、运输等原因，造成无烟煤粒度被破坏，粉尘含量超标，可造成电煅烧炉燃爆喷炉事故。

（3）电煅烧炉的电极夹持器、水冷壁、冷却水台等冷却设备，由于长时间运行没有及时得到检修，或缺水时间过长等原因，发生漏水。泄漏的水进入高温炉体内，水与炉内高温炭质原料发生反应产生水煤气，将引发电煅烧炉的火灾和爆炸事故。

防范电煅烧炉火灾爆炸的技术措施：

（1）制定电煅烧炉的烟道清理制度，按时清理电煅烧炉的烟道，保证烟道畅通。

（2）优化电煅烧炉煅前无烟煤的装卸、运输等过程环节，减少上料过程中无烟煤的粒度破损，严格控制无烟煤的进料粒度质量，保证无烟煤粒度中的粉料含量不超标。

（3）制定电煅烧炉的电极夹持器、水冷壁、冷却水台等冷却循环水设备的设计安装、检修、维护保养等制度，严格按制度设计安装、检修、维护保养，保证设备的正常运转。

（4）制定严密的电煅烧炉设备巡检制度，严格按制度执行，做到早发现早处理设备隐患。

（5）增加电煅烧炉的应急供水设备与制定电煅烧炉的停水应急预案，保证电煅烧炉电极夹持器、水冷壁、冷却水台等冷却水设备的正常供水。

c　电煅烧炉火灾灭火方法

根据电煅烧炉结构特点和生产工艺原理特性，电煅烧炉发生火灾时，必须采用隔绝窒息灭火法。电煅烧炉发生火灾时，立即切断电煅烧炉的电源，然后检查电煅烧炉的冷却器部位是否漏水。若是电煅烧炉的冷却设备漏水产生的火灾，应立即切断水源。在电煅烧炉灭火过程中，严禁用水灭火。

d　电煅烧工粉尘防治措施

在炭素制品的煅烧、破碎、配料等生产过程中产生的各种炭物质细微颗粒，统称为炭素粉尘。

炭素粉尘的分类方法很多，此处只介绍以下分类方法：

（1）按炭素粉尘粒度范围可分为全尘和呼吸性粉尘（呼吸性粉尘是指在$5\mu m$以下，能被人吸入小支气管和肺部的粉尘）；

（2）按炭素粉尘存在的状态可分为浮尘和落尘。

炭素粉尘的产生是因为：电煅烧炉煅烧无烟煤的过程中，在煅前无烟煤输送进入电煅烧炉的各输送设备转载点接口处及无烟煤电煅烧后进入料仓的输送过程中的各输送设备转载点接口处，产生了大量的炭素粉尘。如果除尘设备设计合理，检修、维护到位，这些炭粉尘可收集利用，但在实际生产过程中，由于存在除尘设备设计不合理、检修、维护不到位等原因，使工作环境中产生了高浓度的炭粉尘。

炭素粉尘的危害有：

（1）对人体健康的危害：使职工得尘肺病，另外还能引起皮肤病、眼病、上呼吸道发炎等。

（2）工作环境中高浓度的炭粉尘在一定的条件下能够发生爆炸，造成人员伤亡、设备毁坏、停产、资源浪费等。

（3）由于无烟煤电煅烧后产生的炭粉尘是良的导电体，工作环境中高浓度的炭粉尘可产生设备短路烧坏事故。

（4）影响可视度，容易引起伤亡事故。

电煅烧炭素粉尘的防治：

（1）建立完善的电煅烧炉除尘管路系统，且保证通风除尘系统运行完好无缺。

（2）优化电煅烧炉生产系统的工艺路线，减少炭粉尘产生源。

（3）增大除尘系统通风量，稀释降低作业场所的粉尘浓度。

（4）及时消除落尘。按要求定期冲刷积尘，杜绝炭粉尘堆积，定期清扫落尘。

（5）定期测定生产作业场所的粉尘浓度，检验综合防尘措施实施效果，指导防尘措施的改进。

F 生产过程异常情况处理

a 电煅烧炉上部电极断裂情况处理

电煅烧炉在生产运行中，由于上部石墨导电电极受到高温无烟煤的冲击、冲刷、磨损逐渐变细，而造成的电煅烧炉上部石墨导电电极的断裂。电煅烧炉上部电极断裂异常情况处理程序：

（1）断开电煅烧炉高压电源，送电柜前挂上"有人检修，禁止合闸"的停电安全警示牌。

（2）停止电煅烧炉排料。

（3）按上部电极检查的操作程序，测定确认上部电极断裂情况，再严格按照电煅烧炉上部导电电极调整长度的操作程序，调整上部导电电极到工艺规定的长度。

（4）按照电煅烧炉送电操作程序，进行电煅烧炉送电和煅烧生产操作。

b 电煅烧炉下部电极倒塌情况处理

电煅烧炉运行过程中，由于下部自焙电极的捣筑质量及烘炉焙烧等原因，可造成下部电极的倒塌。确认下部电极倒塌后，按如下程序进行处理：

（1）切断电煅烧炉的电源，送电柜前挂上"有人检修，禁止合闸"的停电安全警示牌。

（2）埋刮板停止转动。

（3）停止煅后料输送设备运转。

（4）停止除尘设备，逐渐关闭电煅烧炉的烟道挡板。

（5）电煅烧炉停炉自然降温一周，期间电煅烧炉的冷却循环水必须保持正常供应。

（6）切断电煅烧炉的高压电源，按照电煅烧炉煅后无烟煤排料、输送设备的操作规程，进行排空电煅烧炉内煅烧料。为防止排料过快而造成急剧降温炉内耐火砖的炸裂，应放缓排料速度。

（7）等待电煅烧炉内温度降低到室温值时，清出倒塌的底部电极。

（8）按照底部电极的制作程序，进行底部电极的制作。

（9）底部电极的制作完成后，按照底部电极的焙烧、石墨化程序，进行电煅烧炉的启动，使炉温达到正常生产温度，按设定的电功率值、二次电流值进入正常生产程序。

c 清理电煅烧炉底部积存上部电极脱落物的操作

电煅烧炉运行较长一段时间后，上、下部电极断裂块下移到电煅烧炉底部的排料部位，造成排料不均，导致电煅烧炉偏流，必须清理底部积存的电极块。清理作业程序如下：

（1）切断电煅烧炉的电源，送电柜前挂上"有人检修，禁止合闸"的停电安全警示牌。

（2）埋刮板停止转动。

（3）停止煅后料输送设备运转。

（4）停止除尘设备，逐渐关闭电煅烧炉的烟道挡板。

（5）电煅烧炉停炉自然降温一周，期间电煅烧炉的冷却循环水必须保持正常供应。

（6）电煅烧炉停送高压，按照电煅烧炉煅后无烟煤排料、输送设备的操作规程，排空电煅烧炉内煅烧料。为防止排料过快而造成炉体急剧降温，应放缓排料速度。

（7）待电煅烧炉内温度降低到室温时，清出倒塌的底部电极。

（8）按照电煅烧炉的启动程序，进行电煅烧炉的启动，使炉温达到正常生产温度，按设定的电功率值、二次电流值转入正常生产。

d 烟道堵塞处理

电煅烧炉长时间运行过程中，烟道高温耐火泥由于受到高温烟气的冲蚀而脱落，发生烟道堵塞，造成电煅烧炉料盆着火现象。清理烟道作业操作步骤如下：

（1）电煅烧炉停电，挂好停电作业安全警示牌。

（2）电煅烧炉煅后排料系统停止运转。

（3）待烟道温度降到安全允许温度后，才能进行烟道清理作业。

（4）拆卸烟道上的法兰并取下安装在管路上的仪表。

（5）用钢筋清除烟道内结垢（注意不得损坏烟道内耐火内衬）。

（6）清理作业中要注意炉内冒出的烟气和火苗，防止发生烫伤事故。

（7）烟道清理完毕后，将烟道管路上仪表及法兰等还原。

（8）打开料仓插板加入无烟煤，并按照电煅烧炉送电操作规程启动电煅烧炉，打开烟道挡板。

（9）煅后无烟煤排料 4h 以后调整烟道挡板开度，使烟道温度保持在正常范围内。

e　电煅烧炉冷却部位漏水异常情况处理

电煅烧炉的冷却循环水对电煅烧炉的冷却部位及煅后料的冷却起重要作用，电煅烧炉的冷却部位漏水，将发生电煅烧炉的爆炸、喷炉等严重事故。发现冷却部位发生漏水时，要迅速采取措施予以排除。其故障处理步骤如下：

（1）电极夹持器漏水（一般情况下，漏水处附近有蓝色火苗）：

1）立即停电煅烧炉的电源，送电柜前挂上"有人检修，禁止合闸"的停电安全警示牌。

2）关闭电极夹持器进水阀，同时关闭上料仓插板，排出炉内部分无烟煤，使其料面离开上部电极夹持器下端，确认漏水情况。

3）确认上部电极夹持器漏水后，对漏水电极夹持器进行更换。

4）电极夹持器更换后，严格按照电煅烧炉的送电程序进行送电升温生产。

（2）冷却水壁及下部冷却台部位漏水：

1）立即停电煅烧炉的电源，送电柜前挂上"有人检修，禁止合闸"的停电安全警示牌。关闭漏水冷却部位的进水阀。

2）埋刮板停止转动。

3）停止煅后料输送设备运转。

4）停止除尘设备，逐渐关闭电煅烧炉的烟道挡板。

5）电煅烧炉停炉自然降温一周，期间电煅烧炉的冷却循环水必须保持正常供应。

6）在电煅烧炉不送高压情况下，按照电煅烧炉煅后无烟煤排料、输送设备的操作规程进行排空电煅烧炉内煅烧料。为防止排料过快而造成急剧降温炉内耐火砖的炸裂，应放缓排料速度。

7）等待电煅烧炉内温度降低到室温时，对漏水部位进行检修处理。

8）检修正常后，按照电煅烧炉的启动程序，进行电煅烧炉的启动，使炉温达到正常生产温度，按设定的电功率值、二次电流值转入正常生产。

G 记录及交接班

接班时必须做到：

（1）持证上岗，正确佩戴劳动防护用品，准时进入工作场所。

（2）参加班前会并自主保安签名。

（3）检查确认本岗工器具状况、仪器仪表确认无误。

（4）了解存在问题及处理程度。

（5）翻阅记录，履行交班手续，规范填写交接班记录。

接班前必须做到：

（1）检查确认自动化控制系统上位机显示状态与现场实际相符。

（2）检查煅烧系统、煅烧炉冷却循环水系统、纯水冷却系统、除尘系统，确认参数可控。

（3）明确当班工作任务并对现场设备、设施进行隐患排查，确认现场卫生清洁、无杂物，照明充足，作业环境良好。

（4）检查电脑显示的排料运行状况，确认微机参数设定正确。

（5）测上部电极时佩戴防护手套。

完工后必须做到：

（1）规范填写运行记录，并清理现场卫生。

（2）清点工器具，定置摆放。

（3）规范填写交接班记录、完整记录本班工作情况、设备运行情况。

交班时必须做到：

（1）特殊作业过程中（放电极、上料、冷却系统异常处理）不交接班，由交班人完成此项操作后方可交接班。

（2）向接班人交清当班煅烧炉运行情况，工器具、仪表数量，当班操作存在的问题及问题处理程度。

（3）参加班后会并签名。

4.2.3 电煅烧炉常见事故及原因分析

随着社会的进步，科技技术的发展，人们的安全防控技术也越来越先进，生产中的人身及设备事故大大减少，安全可靠性有了长足的进步。电煅烧炉煅烧无烟煤作为铝用阴极炭素材料生产的第一道工序，其生产过程包括煅前无烟煤的输送、无烟煤电煅烧的高温热处理的物理化学变化过程、无烟煤电煅烧后的输送与储存等的过程。在电煅烧炉煅烧无烟煤这一生产工序，由于存在机械设备、电能、热能、高处作业等多发性的危险因素，属于一种高危生产行业，任何一处设备、一个生产环节都不是绝对安全的，时时刻刻都存在着发生事故的隐患。如这些发生事故的隐患不及时的予以排除，必将酿成大的安全事故。为此，必须加大电煅烧常见事故的预防控制。

4.2.3.1 常见事故分类及预防措施

根据电煅烧炉煅烧无烟煤生产设备的组成，电煅烧常见事故分类有以下组成。

A 电煅烧炉煅烧无烟煤系统常见事故

电煅烧炉煅烧无烟煤，由原料仓、电极及装置、炉体、下部电极及水冷支撑，炉体排料机构、直流变压器的冷却循环水、煅后无烟煤的输送、储存等设备组成。无烟煤从料仓到炉体，在通过炉的电煅烧过程中，电流由上部电极引入电煅烧炉内部通过无烟煤，把电能转化成热能，经过高温的热处理使其无烟煤发生物理化学变化过程，达到煅烧的目的。煅烧后无烟煤经过振动输送机、斗式提升机、螺旋输送机到储料仓。所有这些操作过程，包括上部电极的调整、固定和夹紧操作，烟道闸板的调整控制操作，物料下放的操作，煅烧调温过程中的二次电流的调整操作，排料速度调整控制操作，下部电极制作操作，直流变压器整流冷却循环水的运行操作、煅后无烟煤的输送、储存操作等诸多内容。由于设备多，操作过程复杂。在所有这些操作过程中，稍有疏忽或失误，将发生设备和人身伤害事故。电煅烧炉煅烧过程中常见事故类型主要有以下类型：

（1）上部电极调整过程中的挤伤人身伤害事故，上部电极夹不紧造成的电流打火击穿夹持器事故，上部电极的长度不符合工艺要求而造成产品质量事故。

（2）煅前仓料仓、料盆、炉体等电绝缘等级不符合标准而造成的电击伤害事故。

（3）烟道闸板控制不符合要求而造成料盆冒火无烟煤氧化事故。

（4）夹持器冷却水壁、下部电极水冷支撑因缺水而造成火灾，热料喷炉事故。

（5）砌筑下部电极过程中的高处作业而发生的砸伤事故，糊料挥发分排出不畅而造成的人员中毒事故。

（6）电煅烧炉煅烧无烟煤调温操作过程的二次电流、排料速度控制不合适而发生的产品质量事故。

（7）煅前无烟煤粒度不符合工艺技术要求（粒料中粉尘含量超标）而造成电煅烧炉喷炉火灾事故。

（8）人体接触高温炉壁、烟道、高温无烟煤等而造成的烫伤事故。

（9）人体接触带电夹持器、带电无烟煤等、导电铜线母线等而造成电击伤害事故。

（10）排料刮板机传动电机、振动输送机电机、斗式提升机电机、螺旋输送机电机等传动电机烧损事故。

（11）螺旋输送机传动部分吊瓦损坏机械事故。

（12）抓料量过大或操作失误，造成斗式提升机堵料事故。

B 电煅烧炉设备、人身伤害事故的预防措施

提前制订预防措施并严格按措施落实实施，是杜绝事故最直接和最有效的手段。针对电煅烧炉煅烧无烟煤的生产过程中，各种事故发生的原因及特点，做好以下预防措施，对减少和杜绝各种事故的发生是必要的：

（1）确保电煅烧炉各种设备状况完好：

1）严格执行每月机电设备检修计划，并严格按机电设备质量标准化的规定对原料库双梁桥式抓斗起重机、电磁振动给料机、胶带输送机、胶带式斗式提升机、埋刮板输送机、排料大齿轮圆盘给料机、电磁振动输送机、链条式斗式提升机、螺旋输送机等设备进行检修维护，并充分利用日常检修，及时排除存在的重大隐患。

2）设备检修实行包机责任制，做到责任明确，确保设备检修质量。

3）煅前料仓、料盆、炉体等处的绝缘部位，按规定定期测试其绝缘值，保证用电安全。

4）确保各设备运转完好，严禁设备带病作业。

（2）制订和完善电煅烧炉运行管理制度并严格执行：

1）制订和完善煅前上料安全管理制度、煅前上料岗位责任制、煅烧调温安全管理责任制，煅烧调温岗位责任制、交接班制度、班前隐患排查制度、设备巡视制度等相关制度。

2）煅前上料工、煅烧调温工上岗前进行严格的培训，并做到持证上岗。

3）煅前上料工、煅烧调温工严格按工艺技术规程、设备操作规程、安全操作规程等进行操作。

4）严格按设备巡视制度对设备进行巡视和润滑保养，把设备隐患消灭在萌芽状态。

5）严格按下部电极制作的技术操作规程进行操作。

6）严格按工艺技术要求进行调整上部电极。

7）严格按工艺技术要求控制好煅前无烟煤的进料粒度质量关，保证煅前无烟煤的进料质量符合工艺技术规范。

8）严格执行电煅烧炉的停送电制度，保证电煅烧炉的安全停送电。

9）严格执行电煅烧炉直流变压器、冷却循环水技术规范，保证冷却循环水安全正常运行。

10）严禁用手或导体接触料盆、夹持器、上部电极吊挂、铜排母线、观察孔

处无烟煤等带电体，防止被电击伤。

11）严禁人体接触炉体外壁、高温烟道、排出的高温无烟煤，防止烫伤。

（3）建立、健全各项工艺技术规程、安全操作规程。

（4）加大电煅烧工的岗位技能培训，提高其技术业务素质和安全防范技能。

利用每周掌握一道岗位技能题，每月一次理论考试，每季进行一次岗位技能考评等多种培训形式，加大对电煅烧工的岗位技能培训，提高电煅烧工的技术业务素质和安全防范技能，使电煅烧工熟练掌握电煅烧炉正常安全运行的操作技能，保证电煅烧炉的安全运行。

C　常见事故原因

影响电煅烧炉煅烧无烟煤正常安全运行的因素主要包括 4 个方面，即人的不安全行为，设备的不安全状态，工作环境的不安全条件，操作管理不到位。

a　人的不安全行为

电煅烧调温工的不安全行为有：

（1）操作前没有按规程检查上部电极、炉体、冷却循环水、排料刮板、电磁振动输送机、螺旋输送机、整流冷却循环泵等相关设备运行状况，导致设备带病运行。

（2）明知上述设备运行状况不好，仍违章带病运行。

（3）没有按设备巡视制度对运行设备进行巡视，未能及时发现并排除设备隐患。

（4）没有按工艺技术规范、技术操作规程调整上部电极。

（5）没有按工艺技术规范进行煅烧调温操作。

（6）设备运行时进行检修、清扫设备卫生等。

（7）未按安全操作规程进行设备操作。

（8）疲劳操作、睡岗。

b　电煅烧炉煅烧无烟煤生产设备存在的不安全状况

埋刮板输送机的不安全状况有：

（1）埋刮板链条跑偏。

（2）浮链。

（3）刮板链条突然发出响声。

（4）头轮和刮板链条啮合不良。

（5）刮板链条拉断。

螺旋输送机的不安全状况有：

（1）螺旋轴偏心刮外壁。

（2）轴承吊瓦断裂。

（3）驱动装置电机发热。

（4）驱动装置减速器有颤振音响、发热等异常。

振动输送机存在的不安全状况有：

（1）振动电机发热。

（2）振动频率不协调，物料移动过慢。

（3）振动输送机噪声过大。

电煅烧炉存在的不安全状况有：

（1）上部电极吊挂料盒、夹持器、炉体等处绝缘值不符合技术要求。

（2）上部电极断裂。

（3）料仓料口堵塞导致炉内断料。

（4）烟道堵塞或开关不到位。

（5）夹持器循环冷却水，水冷壁循环冷却水，下部电极水冷支撑，底盘循环冷却水等异常或漏水。

（6）下部电极倒塌。

（7）炉壁耐火砖脱落堵塞排料口，炉内料结焦堵塞排料口。

（8）排料刮板脱落或刮壁。

（9）圆盘排料大齿圈缺油。

（10）圆盘排料底部钢板隆起。

（11）变压器整流冷却循环水电阻率值降低。

（12）变压器整流冷却循环水泵异常。

（13）排料变频器数字显示不准确。

c　工作环境的不安全条件

工作环境的不安全条件包括：

（1）工作环境粉尘浓度过高，超标。

（2）工作环境物品摆放杂乱、无序。

（3）工作环境中环境温度过高。

（4）工作环境中照明不足。

（5）工作环境中烟气过高。

d　电煅烧炉煅烧无烟煤操作管理不到位

电煅烧炉煅烧无烟煤操作管理不到位包括：

（1）各项制度不完善，针对性不强。

（2）制度执行不到位。

（3）措施落实不到位。

4.2.3.2　典型事故案例分析

A　案例一　斗式提升机堵料事故

2005年10月23日，某炭素制品公司电煅烧炉发生斗式提升机料斗挂掉4

个，引发斗式提升机堵料事故。

事故经过：2005 年 10 月 23 日，某炭素制品公司上煤工张某在给电煅烧炉上煤时，由于开车前没有对斗式提升机进行检查，斗式提升机的料斗在刮壁的情况下带病运行，造成斗式提升机在运转过程料斗挂掉 4 个，引发斗式提升机堵料事故。

事故原因：

（1）操作工张某在操作斗式提升机上煤过程中，没有按操作规程进行操作，在开车前没有对设备详细检查，使提升机存在的安全隐患没有得到及早发现得到排除，造成设备带病运转，进而引发料斗挂掉 4 个，是斗式提升机堵料的直接原因。

（2）张某在设备运行过程中，没有按设备巡检制度对运行设备进行巡检，设备运行不正常的情况没有及时发现和排除是事故发生的主要原因。

防范措施：

（1）严格执行设备操作规程中关于设备运行前的检查规定，做到不检查不开车。

（2）严格执行设备操作规程中设备巡检制度，及早排除设备存在的隐患。

（3）加强对操作工的安全意识和操作技能的教育培训，增强操作工的安全责任心和操作技能。

B　案例二　埋刮板输送机链条拉断设备事故

2008 年 4 月 20 日，某炭素制品公司发生电煅烧无烟煤上料埋刮板输送机刮板链条拉断的设备事故，影响电煅烧炉停产 4h。

事故经过：2008 年 4 月 20 日，某炭素制品公司煅烧操作工刘某在给煅前无烟煤料仓上料过程中，由于没有按设备巡检制度进行巡视，造成埋刮板输送机刮板链条拉断的设备事故，影响电煅烧炉停产 4h。

事故原因：

（1）操作工刘某在操作埋刮板输送机过程中，没有按设备巡检制度对运行中的埋刮板输送机进行巡检，致使混入无烟煤中的大块木棒进入机槽卡住链条，刮板链条拉断并圈起，是造成设备事故的直接原因。

（2）无烟煤中混入木棒，操作工刘某没有巡检发现并立即处理，导致进入下道工序，是生产设备事故发生的主要原因。

防范措施：

（1）严格执行设备操作规程中的设备巡检制度，及时发现设备隐患并立即排除。

（2）加大工艺纪律的检查力度，严禁杂物混入无烟煤中。

（3）加大对操作工的责任心和操作技能培训教育，提高操作者安全责任心和操作技能。

　　C　案例三　电煅烧炉料盒着火喷料事故

　　2000 年 9 月 16 日，某炭素集团有限公司压型厂电煅烧车间发生电煅烧炉上部电极冷却循环水管漏水，引发电煅烧炉料盒着火喷料事故。

　　事故经过：2000 年 9 月 16 日，某炭素集团有限公司压型厂电煅烧车间电煅烧调温工刘某，没有按设备巡检制度对运行的电煅烧炉进行巡检，电煅烧炉上部电极冷却循环水管漏水的故障隐患没有及时发现并得到有效处理，造成电煅烧炉料盒着火喷料事故。

　　事故原因：

　　（1）电煅烧调温工刘某在电煅烧炉运行过程中，没有按规定的电煅烧炉巡检制度对运行中的电煅烧炉进行巡检，使电煅烧炉上部电极冷却循环水管漏水的故障没有及早发现并得到有效处理，冷却循环水管漏出的水与高温的无烟煤结合产生水煤气，水煤气与火燃烧并产生冲击压把炉内的料从电煅烧炉料盒喷出，是造成电煅烧炉料盒着火喷料事故的直接原因。

　　（2）维修人员没有按电煅烧炉维修保养制度进行维修保养，使电煅烧炉维修保养不到位，未能及时发现排除电煅烧炉上部电极冷却循环水管运行中存在的不正确状态，是导致电煅烧炉料盒着火喷料事故的主要原因。

　　防范措施：

　　（1）严格执行设备操作规程中的设备巡检制度，及时发现设备隐患并立即排除。

　　（2）加大设备巡检制度检查力度，及时排除电煅烧炉存在的不安全状态。

4.2.4　现场应急

　　"预防为主"是安全生产的原则。然而无论预防工作如何周密，事故和灾害总是难于根本杜绝。为了避免和减少事故或灾害的损失，应付紧急情况，电煅烧工应重点掌握以下现场应急情况的处理。

4.2.4.1　突然停电应急处理

　　突然停电时应急操作：

　　（1）电煅烧工应在停电 5min 内，把上位机系统退出，并停止上位机运行（上位机有 UPS 电源，可使上位机停电 10min 内继续工作）。

　　（2）立即启动冷却循环水供水系统的备用柴油机发电机组或备用水箱，恢复电煅烧炉冷却部位的供水。恢复冷却部位的供水时，应点动间歇给水，到冷却部位出水口的出水正常后，方可正常给水。

　　恢复供电后操作：

（1）按照冷却循环水操作规程，启动电煅烧炉冷却循环水的水泵，并调整电煅烧炉冷却部位进水口阀门，观察调整其出水口出水量正常。

（2）打开上位机，进入监控系统。

（3）投入电煅烧炉的动力电源。

（4）电煅烧炉的二次电流达到工艺技术要求后，按设定的电功率值、二次电流值进入正常生产。

（5）恢复煅后系统的运转（启动顺序为从后向前启动），若出现不合格料转入废料仓。

4.2.4.2　冷却循环水泵故障断水应急处理

断水时应急操作：

（1）电煅烧工立即断开电煅烧炉的动力电源，停止煅后排料。

（2）电煅烧工立即启动冷却备用水箱，恢复电煅烧炉冷却部位的供水。在恢复冷却部位的供水时，应点动间歇给水，到冷却部位出水口的出水正常后，方可正常给水。

（3）对冷却循环水供水系统的水泵故障，应立即协调检修人员进行抢修，排除设备故障。

恢复供水操作：

（1）按照冷却循环水操作规程，启动电煅烧炉冷却循环水的水泵，并调整电煅烧炉冷却部位进水口阀门，观察其出水口出水量正常。

（2）打开上位机，进入监控系统。

（3）投入电煅烧炉的动力电源。

（4）电煅烧炉的二次电流达到工艺技术要求后，按设定的电功率值、二次电流值进入正常生产。

（5）恢复煅后系统的运转（启动顺序为从后向前启动），若出现不合格料转入废料仓。

5 职业技术知识

5.1 技术管理知识

技术通常是指根据生产实践经验和自然科学原理总结发展起来的各种工艺操作方法与技能。现代企业技术管理就是依据科学技术工作规律，对企业的科学研究和全部技术活动进行的计划、协调、控制和激励等方面的管理工作。

企业技术管理是整个企业管理系统的一个子系统，是对企业的技术开发、产品开发、技术改造、技术合作以及技术转让等进行计划、组织、指挥、协调和控制等一系列管理活动的总称。企业技术管理的目的，是按照科学技术工作的规律性，建立科学的工作程序，有计划地、合理地利用企业技术力量和资源，把最新的科技成果尽快地转化为现实的生产力，以推动企业技术进步，促进经济效益的实现。

5.1.1 技术总结与技术论文

按照国家职业标准要求，在对技师、高级技师进行职业技能鉴定时，还需进行综合评审，其中考生需总结自己的工作和研究成果，撰写论文（或技术总结）并进行答辩。对于参加技师考试或考评者，一般以撰写技术总结为主；而对于参加高级技师考试或考评者，则主要是撰写技术论文。

5.1.1.1 基本要求

技术总结与技术论文不同于一般的业绩总结，是一个从实践到理论，再从理论到实践的升华过程。基本要求为：

（1）撰写要本着理论联系实际的原则。运用掌握的专业理论解释成功的经验与操作方法，分析生产、技术、工艺、设备、质量问题，指导经营生产活动与预防各类事故发生的机理。达到学以致用，知其然，知其所以然。把业绩上升到理论高度，再去指导实践。防止流水账，就事论事。

（2）技术总结应是个人从事技术操作岗位工作的总结，要有较强的专业特色，突出本人的工作特点，严禁抄袭。

（3）文字表达应通顺，条理清晰，逻辑关系正确；文风朴实，言之有物，通俗易懂；字迹工整、无错别字，使用标点符号、技术符号、计量单位、基本概念规范无差错。全文字数不少于 2000 字。

5.1.1.2 技术总结与技术论文的区别

技术总结与技术论文在内容和形式上有相同点，但也有不同之处。它们的相同点在于都是技术性文章，阐述的内容都是反映技术研究、技术攻关、技术革新方面的，都有描述事实的性质。它们的不同点如下：

(1) 技术总结侧重于叙述技术研究、技术攻关和技术革新的事实和结果，而技术论文则侧重于解释技术性的问题，并针对技术攻关、技术革新中的疑难点、问题从技术上进行学术探讨。

(2) 在内容程度上，技术总结是以叙述技术研究、技术攻关、技术革新、操作程序、工艺方法、改造流程及总结成败经验教训为主；而技术论文则是记叙、论证技术研究、技术攻关、技术革新中有创造性的部分。

(3) 在文章体裁上，技术总结属于说明文类的文体，技术论文则属于论说性文体。

5.1.1.3 撰写的准备工作

撰写的准备工作包括：

(1) 选题；

(2) 学习相关知识；

(3) 查阅与整理有关资料；

(4) 调查研究，虚心求教；

(5) 开展必要的实验与研究；

(6) 整理数据，绘制图表。

5.1.1.4 撰写的步骤

撰写的步骤包括：

(1) 拟定写作提纲；

(2) 写成论文初稿，字数在 3000 字左右；

(3) 虚心求教，进行修改；

(4) 交正稿。

5.1.1.5 选题

选题是写好技术总结、技术论文的前提，也可以说是技术总结、技术论文成败的关键。

A 选题原则

选题原则有：

(1) 题目要选得具体、明确，既不能琐碎，也不能孤立；让人读后能明白，不产生歧义。

(2) 选题难度要适中，即在选题范围上，宜窄不宜宽；在选题内容上，宜小不宜大；在选题深度上，宜深不宜浅。

（3）选题时要注意扬长避短，力求与自己所从事的生产实践相对口，并尽量选择能充分展示自己技术特长的项目。

（4）最好是选择本工种本专业前人没有尝试过或者前人虽已做过，但还不完全或有谬误的项目。

（5）努力从本专业本工种出发，着重选择能为本企业、本公司、本集团创造经济效益和有实用价值的项目。

B　选题方向

按照《国家职业技能标准》规定等级的技能要求，选择曾经发生的能够反映本人申报等级水平的典型工作事例，具体可分为以下六个方面：

（1）生产或检修任务完成情况。操作设备名称、性能主要参数；生产任务完成情况用数字说明，如产量、质量、名次等；操作（调整）方法及要点、操作经验，在生产过程中的作用等，结合实例加以说明。

（2）事故处理。在生产操作过程中遇到的设备、质量、操作技术等方面的问题，特别是疑难问题处理的案例，效果如何及本人发挥的作用。

（3）小改小革、最佳操作法、绝招、诀窍、传授技艺，效果如何结合典型案例说明。

（4）合理化建议。合理化建议的名称、建议的对象（问题）、解决措施、效果等。

（5）其他典型案例或在生产操作、技术、管理上的独到见解。

（6）运用专业理论知识，解释分析生产中常见的 2～3 个现象，可以是操作方法、设备、质量等方面的问题。

5.1.1.6　基本结构格式

技术总结、技术论文的基本结构包括前头、主体和附录三大部分。

A　前头部分

前头部分主要包括技术总结或技术论文的标题，作者单位及姓名、摘要：

（1）标题：简明、具体、明确地反映技术总结或技术论文的特定内容。

（2）作者单位及姓名：包括作者的工作单位，必要时还需注明专业工种和技术等级。

（3）摘要：对于技术总结可以省略不写，但对于技术论文均应有技术摘要。技术摘要一般置于标题和作者之后，正文之前。

B　主体部分

主体部分主要包括前言、正文、结果、结论及讨论、致谢、参考文献：

a　前言

前言是主体部分的开端。简要说明研究工作的目的、范围、相关领域的前人工作和空白、理论基础和分析、研究设想、方法、预期结果和意义等。应言简意赅，不要与摘要雷同，不要成为摘要的注释。

b　正文

正文是技术总结或技术论文所表达解决技术问题的核心部分，占主要篇幅。常包括分析技术问题、解决技术问题的方案、步骤和方式、方法及论证过程。

正文的内容应根据所做的工作来确定，必须实事求是、客观真切、合乎逻辑、层次分明、简练可读；正文部分涉及内容较多，宜采用章、节、目、项分设层次，使其眉目清晰、层次分明、重点突出。

正文部分的章、节、目、项的序号可采用阿拉伯数字编号法。这种编码方法是：技术总结或技术论文中的章依次从 1 开始连续编号，每一章下可分若干连续的节号，以此类推。在不同级的章、节、目、项编号用"."相隔。

c　结果、结论和讨论

对于技术总结只需写出解决问题后的效果及创效情况即可；而技术论文则是最终得出的总体结论，而不是各小段小结的重复。

d　致谢

在解决技术问题上，凡是对本文提供过重要指导和帮助的同志，都应在论文的结尾书面致谢。

e　参考文献

凡是在技术总结或技术论文中，引用别人文章、数据、材料、论点等均应列出参考文献的出处。

C　附录部分

附录是技术总结或技术论文主体的补充，包括附图、附表等。

5.1.1.7　写作方法

A　标题的拟定

标题是技术总结或技术论文内容的高度概括和窗口，是技术总结或技术论文精髓的集中体现。因此，精心拟定其标题是至关重要的。拟写标题，一般要符合下列基本要求：

（1）准确得体、恰如其分。标题应能准确地表达技术总结或技术论文的特定内容，恰如其分地反映技术研究、技术攻关、技术革新的范围和达到的深度。不要使用过于笼统与泛指性很强的词汇和华丽的词藻。它应能反映技术总结或技术论文中最重要的内容，并是最恰当、最简明词语的逻辑组合。

（2）简短精练、高度概括。标题要简短明了，避免冗长繁琐。标题一般控制在 20 字以内为宜。注意不应为了简短而流于笼统空泛。根据内容需要在不可简短的情况下，可以考虑加副标题，以引申主题，补充说明，这样既达到了表达要求，又起到了简短明了而不繁琐冗长，并能使标题引人注目。

（3）外延和内涵要恰当。标题中所使用的各种概念应是统一的，要恰如其分地组合在一起。

B 署名的格式

作者在自己撰写的论文中署名，有以下3个方面的意义：

（1）署名作为拥有著作权的声明；

（2）署名表示文责自负的承诺；

（3）署名便于读者同作者联系。

通常，将署名置于题名下方，并采用如下格式：

作者姓名
（作者工作单位及地址）

C 摘要的写法

摘要是技术论文的重要组成部分。顾名思义，就是摘取技术论文中最重要的内容和结果，以补充标题的不足。技术论文摘要，又称指示文摘或称简介，着重介绍技术论文所探讨的范围、技术研究的对象、结果和结论。编写技术摘要应注意以下几点：

（1）短：行文要简短扼要，字数以 300～400 字为宜。

（2）精：内容准确、精练，把技术论文的主要内容概括出来。

（3）完整：一篇摘要是一篇独立的短文，应结构严谨，逻辑性强，独立成篇。

（4）不加评论：只对技术论文的内容进行真实的介绍。

摘要的写作，要做到叙述准确、内容具体、文字简练、表达明了，为此就必须字字推敲。在摘要写作中，要努力做到"六不"，即不列举例证，不谈分析过程，不做自我评价，不与别人工作相对比，不用图表，不与本文正文、前言或结论的语句雷同。

D 前言的写作

前言又称为引言、绪言、绪论、引子，它是技术总结或技术论文主体部分的开端。前言的作用是简要地说明技术总结或技术的研究背景、目的、范围、方法和解决实际技术问题的意义。

其中，背景是指这项技术研究在以前的开展情况，前人或近来已经做了哪些工作，现在还有哪些技术问题尚待解决；目的则是回答为什么要进行技术攻关或技术革新；范围就是指技术攻关、技术革新所涉及的范围；方法则是指技术攻关或技术革新所采用的措施和办法；意义就是对取得结果后的自我评价。

前言要求言简义明、条理清晰、容易理解。一般前言都比较短，大约在 300 字左右。

E   正文的写法

正文是技术总结或技术论文的主体，技术研究、技术攻关、技术革新的创新点，技术上的要点，操作诀窍等主要在这一部分表达出来。它反映技术总结或技术论文解决技术问题所达到的技术水平、技术水准。简单地说，正文的水平决定了整个技术总结或技术论文的水平。

技术总结正文的内容，包括解决技术问题的步骤、方法和结果；而技术论文正文的内容，则包括选择解决技术问题的原因、分析技术问题及解决技术问题和技术攻关的结果，并针对结果进行分析比较。其中结果的分析，是技术论文的关键所在，被行家们称之为"论文的心脏"。

通常，技术论文的具体内容可为三个部分。

a   理论分析

理论分析部分要对所研究的技术性问题进行假定，并对其合理性进行理论论证，即对于解决某个技术问题的方法或步骤，哪些是已知的，哪些是自己改进的或创新的；对于工艺路线或工艺方案，哪些是原有的，哪些是自己设计的或改进的；对工艺装备，哪些是原来的，哪些是自己改进或改造的，都应加以说明。

b   解决问题的关键点和解决技术问题的方案、步骤和方法

这一部分要把解决问题的方法、步骤及程序加以介绍：

（1）是自己设计、改进的新方法，编制的新工艺方案、新工艺路线、新操作要点均应详细介绍，但要突出重点。如果是采用或移植他人的方法，只需说明方法的名称，并在右上角注出参考书目或文献的序号即可。

（2）对于通用设备，只需标注其规格型号即可，如果是新改制的设备、新设计后改装的电气线路图，则需给出主要结构并应详细说明测试方法及功能。

（3）新工艺方法，采用的新材料、新的热处理方法、新的焊接工艺、新的结构件连接方式替代原有方式等的优势及要点。

以上三点的详细程度要尽量交代清楚，以同行能再现为准。如果该技术总结或技术论文准备公开发表，则凡涉及专利、专有及保密方面的内容，均应删除。因为发表的技术总结或技术论文既有学术上的馈赠性的一面，又有技术上专利性的一面。因此，凡涉及专利和保密的内容，可使用代号或轮廓图来表示。

c   技术结果的分析比较

对于技术攻关、技术革新，技术研究所取得的结果应做出定性定量的分析，

说明其必然性，并从结果中引出必然的和必要的结论和推论，同时需说明这些结论和推论所适用的范围。

对于技术结果，应尽量避免把所有的技术数据都抄在论文上，应通过适当的整理，绘制成简单的图或表列入文中。

许多技术论文还在此部分加上"讨论"一段。"讨论"部分是作者根据自己的技术结果发挥自己见解的部分，也就是说要对自己技术研究过程中的技术问题进行归纳、概括和探讨，寻找出内在的联系和客观规律，并进行理论上的论证。

F 结尾的写法

结尾是指技术总结、技术论文正文之后的总结、结论、结语等。它是整个技术攻关、技术研究过程的结晶。写作时应注意以下几点：

（1）本文的技术结果说明了什么问题，解决了什么技术问题。

（2）对前人有关本技术问题的看法做了哪些检验，哪些与本研究结果相一致，哪些不一致，本文做了哪些修改、补充或发展。

（3）本次技术攻关、技术研究的不足之处或遗留未解决的问题，以及解决这些问题的想法和建议。

5.1.1.8 答辩

答辩是指专家组成员依据应试者的职业工种及论文，对有关内容进行提问，根据回答情况对其进行考核评定的一种手段。答辩专家组一般由 3~5 名相关专业技术工种的技师、高级技师、工程师、高级工程师组成。

答辩时，答辩者先介绍撰写的论文，然后根据专家组成员提出的问题运用所掌握的知识进行回答辩论，答辩时间约为 30min。答辩要求内容正确，叙述充分合理；表达准确，语言简洁流畅。

A 准备工作

准备工作包括：

（1）熟悉论文。掌握论文的论点、论据和技术关键，弄懂论文中所用的技术术语、符号、公式等。

（2）写出发言提纲。5~10min 讲述论文，不能照论文全文宣读，内容包括介绍论文的题目、为什么选择该题目、论文的要点、技术经验、解决什么问题等对论文进行全面归纳总结。

（3）练习（预讲）。通过预讲练习可锻炼自己的口头表达能力，发现不足给以纠正，同时可克服紧张情绪，争取最佳状态上场。

（4）携带论文与参考资料、笔、身份证、准考证等入场。

B 评分标准

答辩配分与评分标准，主要包括论文或总结水平和答辩表现两大项。某单位所执行的配分与评分标准见表5-1。

表 5-1 配分与评分标准

序号	考核内容			配分	评分标准	扣分	得分
1	论文或总结水平	选题	选题科学、先进，具有推广和应用价值	20	选题不具有科学、先进性，不具有推广和应用价值酌情扣5~8分		
		结构	整体结构合理，层次清楚，有逻辑性		整体结构逻辑性差，层次不清，酌情扣3~6分		
		文字	文字表述准确、通顺		文字表述不规范，语句不通顺，酌情扣2~6分		
		内容	内容具有科学性、先进性和推广应用价值	40	无创新或不具有科学性和领先水平酌情扣10~15分，不具备推广应用价值酌情扣5~10分		
		水平	内容充实，论点正确，论据充分有效		内容不充实、论据不充分酌情扣5~15分		
2	答辩	答辩表现	思路清晰	40	思路不清晰酌情扣5~15分		
			表达准确		表达不准确酌情扣5~15分		
			语言流畅		语言不流畅酌情扣5~10分		
3	否定项		具有下面三种情况之一者，视为论文（技术总结）不合格：（1）不能反映技师（或高级技师）水平；（2）观点不正确；（3）关键问题答辩错误				
	总　分			100			

5.1.2 培训教学

5.1.2.1 定义

企业培训是指企业开展的一种提高人员素质、能力、工作绩效和对组织的贡献而实施的有计划、有系统的培养和训练活动。目的就在于使得员工的知识、技能、工作方法、工作态度以及工作的价值观得到改善和提高，从而发挥出最大的潜力，提高个人和组织的业绩，推动组织和个人的不断进步，实现组织和个人的双重发展。

5.1.2.2 组织形式

A 按岗位划分

企业培训包括人力资源培训、战略管理培训、采购培训、生产培训、物流培训、企业文化培训、商务礼仪培训、市场营销培训、销售培训、员工职业化培训等。

B　按培训方式划分

企业内训：企业根据自身需求而安排的培训课程，具有培训时间、培训地点等方面的充分灵活性；

网络培训：网络作为信息的天然载体，必将通过其在教育领域所特有的功能来回应信息化潮流。

C　按照培训职责划分

第一类：应岗培训，目的是为了让员工达到上岗的要求。

第二类：提高培训，提升岗位业绩。

第三类：发展培训，对员工进行职业生涯规划方面的培训。

第四类：人文培训，讲人文，讲音乐，讲亲子教育，讲服装搭配。

第五类：拓展培训，这是一种户外体验式培训，强调员工去"感受"学习，而不是单在课堂上听讲。在体验式培训中，员工是过程的主宰。

5.1.2.3　特点

员工培训的对象是在职人员，其性质属于继续教育的范畴，它具有鲜明的特征。具体包括：

（1）广泛性，即指员工培训的网络涉及的面广，不仅决策层管理者需要培训，而且一般员工也需要受训；员工培训的内容涉及企业经营活动或将来需要的知识、技能以及其他问题，而且员工培训的方式与方法也具有更大的广泛性。

（2）层次性，即指员工培训网络的深度。不同知识水平和不同需要的员工，所承担的工作任务不同，知识和技能需要也各异。

（3）协调性，即指员工培训网络是一个系统工程。它要求培训的各环节、培训项目应协调，使培训网络运转正常。

（4）实用性，即指员工的培训投资应产生一定的回报。

（5）长期性和速成性，即指随着科学技术的日益发展，人们必须不断接受新的知识，不断学习，任何企业对其员工的培训将是长期的，也是永恒的。

（6）实践性，即指培训应根据员工的生理、心理以及一定工作经验等特点，应注重的实践教学方法。应针对工作实际多采用启发式、讨论式、研究式以及案例式的教学，使员工培训有效果。

5.1.2.4　原则

培训的原则有：

（1）参与。为调动员工接受培训的积极性，让其定期主动"自我申请"培训，然后由上级针对申请与员工面谈，统一看法，最后由上级在员工申请表上填写意见后，报人事部门存入人事信息库，作为日后制定员工培训计划的依据。

（2）激励。培训过程应用种种激励方法，使受训者在学习过程中，因需要的满足而产生学习意愿。

（3）应用。企业发展需要什么、员工缺什么就培训什么，要讲求实效，学以致用。

（4）因人施教。培训时应因人而异，不能采用普通教育"齐步走"的方式，也就是说要根据不同的对象选择不同的培训内容和培训方式，有的甚至要针对个人制订培训发展计划。

5.1.2.5 培训方法

企业培训的方法有多种，如讲授法、演示法、案例法、讨论法、视听法、角色扮演法等。各种培训方法都有其自身的优缺点，为了提高培训质量，达到培训目的，往往需要各种方法配合起来，灵活使用。

A 讲授法

讲授法就是指讲授者通过语言表达，系统地向受训者传授知识，期望这些受训者能记住其中的重要观念与特定知识，是培训中应用最普及的一种方法。讲授法用于教学时要求：

（1）讲授内容要有科学性，它是保证讲授质量的首要条件；

（2）讲授要有系统性，条理清楚，重点突出；

（3）讲授时语言要清晰，生动准确；

（4）必要时应用板书。

B 演示法

演示法是运用一定的实物和教具，通过实地示范，使受训者明白某种事务是如何完成的。演示法要求：

（1）示范前准备好所有的用具，搁置整齐；

（2）让每个受训者都能看清示范物；

（3）示范完毕，让每个受训者试一试；

（4）对每个受训者的试做都给予立即的反馈。

C 案例法

案例是指用一定的视听媒介，如文字、录音、录像等，所描述的客观存在的真实情景。案例用于教学有3个基本要求：

（1）内容应是真实的，不允许虚构；

（2）教学中应包含一定的管理问题，否则便无学习与研究的价值；

（3）教学案例必须有明确的教学目的，它的编写与使用都是为某些既定的教学目的服务的。

5.1.3 技术创新

5.1.3.1 定义

技术创新指的是用新知识、新工艺、新技术，采用新的生产方式和经营模式、通过提高质量、创新产品、创新服务，占据市场并实现市场价值的经济技术活动。技术创新是贯穿企业活动的全过程，以获得企业经济利益为目标的一系列活动。

5.1.3.2　形式

美籍奥地利经济学家 J. A. Schumpeter 更是把创新活动归结为 5 种形式：

（1）生产新产品或提供一种产品的新质量；

（2）采用一种新的生产方法、新技术或新工艺；

（3）开拓新市场；

（4）获得一种原材料或半成品的新的供给来源；

（5）实行新的企业组织方式或管理方法。

5.1.3.3　实施步骤

技术创新是一个从新产品或新工艺的设想产生到市场应用的完整过程，它包括新设想的产生、研究、开发、商业化生产到产品的市场销售和转移扩散这样一系列的活动。技术创新从操作层面而言，一般须具备以下几个阶段。

第一个阶段，创新思想的形成。形成环境主要包括市场环境、企业环境和社会环境等方面。

第二个阶段，创新技术的获取。创新技术的获取也主要有三种方式：一是企业依靠自己的力量进行技术创新活动；二是企业与其他部门合作培养，主要是与科研部门、高等院校等合作；三是从外部引进。

第三和第四阶段，企业生产要素的投入和组织、管理阶段。主要包括企业的人力、物力、资金、技术、信息等基本要素的投入与组织管理。

第五阶段，企业技术创新的效果展示阶段。企业技术创新的效果可以在经济指标和产品的物理化学性能上得到反映，改进产品的物理化学性能也常常是企业进行技术创新的出发点。

5.2　设备技术管理知识

设备管理是指以设备为研究对象，追求设备综合效率，应用一系列理论、方法，通过一系列技术、经济、组织措施，对设备的物质运动和价值运动进行全过程（从规划、设计、选型、购置、安装、验收、使用、保养、维修、改造、更新直至报废）的科学型管理。在设备技术管理方面，比较重要的管理制度有设备点检定修制度和润滑管理制度。

5.2.1　设备点检

设备点检是一种科学的设备管理方法。它是在"五定"基础上，利用人的五官或仪器工具，对设备进行定点、定期的检查。

5.2.1.1　点检的定义

为了提高、维持生产设备的原有性能，通过人的五感（视、听、触、摸、嗅）或简单的工具、仪器，按照预先设定的周期和方法，对设备上的规定部位（点）进行有无异常的预防性周密检查的过程，以使设备的隐患和缺陷能够得到早期发现、早期预防、早期处理，这样的设备检查称为点检。

5.2.1.2　点检的十大要素

点检的十大要素包括：（1）压力；（2）温度；（3）流量；（4）泄漏；（5）给脂状况；（6）异音；（7）振动；（8）龟裂（折损）；（9）磨损；（10）松弛。

5.2.1.3　主要工作内容

主要工作内容包括：

（1）设备点检——依靠五感（视、听、触、摸、嗅）进行检查；

（2）小修理——小零件的修理和更换；

（3）紧固、调整——弹簧、皮带、螺栓、制动器及限位器等的紧固和调整；

（4）清扫——隧道、地沟、工作台及各设备的非解体清扫；

（5）给油脂——给油装置的补油和给油部位的加油；

（6）排水——集气包、储气罐等的排水；

（7）使用记录——对点检内容及检查结果做记录。设备点检表是由操作者每班负责对使用的设备进行的前期检查所做的反映具体状态的记录性文件，是指导设备修理的重要前提，是让设备修理从消防队员转换为提前预防的关键步骤。

5.2.1.4　点检方法

点检主要是以视、听、触、摸、嗅五感为基本方法，对某些重要部位需借助于简单仪器、工具来测量，或用专用仪器进行精密点检测量。

5.2.1.5　点检标准

点检标准是点检员对设备进行预防性检查的依据。它是根据各部位的结构特点，详细地规定点检位置、点检项目、点检周期、点检方法、点检分工和判定基准，以及在什么状态下点检等。因此，所有检查点都做到了"五定"要求：

（1）定点——设定检查的部位、项目和内容；

（2）定法——定点检查方法，是采用五感，还是工具、仪器；

（3）定标——制订维修标准；

（4）定期——设定检查的周期；

（5）定人——确定点检项目由谁实施。

5.2.2　设备润滑

设备润滑是防止和延缓零件磨损和其他形式失败的重要手段之一，润滑管理是设备工程的重要内容之一。加强设备的润滑管理工作，并把它建立在科学管理的基础上，对保证企业的均衡生产、保证设备完好并充分发挥设备效能、减少设备事故和故障、提高企业经济效益和社会效益都有着极其重要的意义。因此，搞好设备的润滑工作是企业设备管理中不可忽视的环节。

5.2.2.1 润滑的定义及作用

将具有润滑性能的物质施入机器中做相对运动的零件的接触表面上，以减少接触表面的摩擦，降低磨损的技术手段称为润滑。常用的润滑介质有润滑油和润滑脂。

润滑的作用一般可归结为：控制摩擦、减少磨损、降温冷却、防止摩擦面锈蚀、冲洗作用、密封作用、减振作用（阻尼振动）等。润滑的这些作用是互相依存、互相影响的。

5.2.2.2 润滑机理

润滑油和润滑脂有一个重要物理特性，就是它们的分子能够牢固地吸附在金属表面上而形成一层薄薄油膜的性能，这种性能称为油性。这层薄薄的油膜——边界油膜的形成是因为润滑剂是一种表面活性物质，它能与金属表面发生静电吸附，并产生垂直方向的定向排列，从而形成了牢固的边界油膜。边界油膜很薄，一般只有 $0.1 \sim 0.4 \mu m$，但在一定条件下，能承受一定的负荷而不致破裂。在两个边界之间的油膜，称为流动油膜。这样完整的油膜由边界油膜和流动油膜两部分组成的。这种油膜在外力作用下与摩擦表面结合很牢，能将两个摩擦面完全隔开，使两个零件表面的机械摩擦转化为油膜内部分子之间的摩擦，减少了两个零件的摩擦和磨损，从而达到了润滑的目的。

5.2.2.3 基本要求

设备润滑的基本要求有：

（1）根据摩擦副的工作条件和作用性质，选用适当润滑材料；

（2）根据摩擦副的工作条件和性质，确定正确的润滑方式和润滑方法，设计合理的润滑装置和润滑系统；

（3）严格保持润滑剂和润滑部位的清洁；

（4）保证供给适量的润滑剂，防止缺油及漏油；

（5）适时清洗换油，既保证润滑又要节省润滑材料。

5.2.2.4 润滑管理的定义和目的

设备润滑管理是指控制设备摩擦、减少和消除设备磨损的一系列技术方法和组织方法。

润滑管理的目的是：给设备以正确润滑，减少和消除设备磨损，延长设备使用寿命；保证设备正常运转，防止发生设备事故和降低设备性能；减少摩擦阻力，降低动能消耗；提高设备的生产效率和产品加工精度，保证企业获得良好的经济效果；合理润滑，节约用油，避免浪费。

5.2.2.5 润滑管理的基本任务

润滑管理的基本任务有：

（1）建立设备润滑管理制度和工作细则，拟订润滑工作人员的职责；

（2）搜集润滑技术、管理资料，建立润滑技术档案，编制润滑卡片，指导操作工和专职润滑工搞好润滑工作；

（3）核定单台设备润滑材料及其消耗定额，及时编制润滑材料计划；

（4）检查润滑材料的采购质量，做好润滑材料的进库、保管、发放工作；

（5）编制设备定期换油计划，并做好废油的回收、利用工作；

（6）检查设备润滑情况，及时解决存在的问题，更换缺损的润滑元件、装置、加油工具和用具，改进润滑方法；

（7）采取积极措施，防止和治理设备漏油；

（8）做好有关人员的技术培训工作，提高润滑技术水平；

（9）贯彻润滑的"五定"原则，总结推广和学习应用先进的润滑技术和经验，实现科学管理。

5.2.2.6 润滑的材料

润滑剂有液体、半固体、固体和气体 4 种，通常分别称为润滑油、润滑脂、固体润滑剂和气体润滑剂。

润滑剂的作用是润滑、冷却、冲洗、密封、减振、卸荷、保护等。

A 润滑油

润滑油一般由基础油和添加剂两部分组成。基础油是润滑油的主要成分，决定着润滑油的基本性质，添加剂则可弥补和改善基础油性能方面的不足，赋予某些新的性能，是润滑油的重要组成部分。润滑油基础油主要分矿物基础油、合成基础油以及生物基础油三大类。

添加剂是近代高级润滑油的精髓，正确选用合理加入，可改善其物理化学性质，对润滑油赋予新的特殊性能，或加强其原来具有的某种性能，满足更高的要求。一般常用的添加剂有：黏度指数改进剂、倾点下降剂、抗氧化剂、清净分散剂、摩擦缓和剂、油性剂、极压剂、抗泡沫剂、金属钝化剂、乳化剂、防腐蚀剂、防锈剂、破乳化剂、抗氧抗腐剂等。

B 润滑脂

润滑脂主要是由矿物油与稠化剂混合而成的。润滑脂的摩擦系数较小，其工作情况与普通的润滑油基本上是一样的，而且在运转或停车时都不会泄漏。润滑脂的主要功能是减磨、防腐和密封。

C 固体润滑剂

固体润滑剂是指具有润滑作用的固体粉末或薄膜。它能够代替液体来隔离相互接触的摩擦表面，以达到减少表面间的摩擦和磨损的目的。目前最常用的固体润滑剂有二硫化钼和石墨润滑剂：

（1）二硫化钼润滑剂。二硫化钼润滑剂具有良好的润滑性、附着性、耐温性、抗压减磨性和抗化学腐蚀性等优点。对于高速、高温、低温和有化学腐蚀性等工作条件下的机器设备，均有优异的润滑性能。二硫化钼润滑剂有粉剂、水剂、油剂、油膏润滑脂等固体成膜剂。

（2）石墨润滑剂。石墨在大气中450℃以下时，摩擦系数为0.15～0.20；石墨的密度为2.2～2.3g/cm³；熔点为3527℃。在大气中及450℃下可短期使用，在426℃下可以长期使用。快速氧化温度为454℃。石墨的抗化学腐蚀性能非常好，但抗辐射性能较二氧化钼差。石墨润滑剂的主要品种有粉剂、胶体石墨油剂、胶体石墨水剂、试剂石墨粉。

D 气体润滑剂

气体润滑剂是指具有润滑作用的气体。常用作气体润滑剂的气体有空气、氦气、氮气和氢气等，较为广泛使用的是空气。

气体润滑剂的特点是：摩擦系数低于0.001，几乎是零；气体的黏度随温度变化也极微小。气体润滑剂的来源广泛，某些气体的制造成本也很低。

气体润滑剂适用于要求摩擦系数很小，或转速极高的精密设备和超精密仪器的润滑。

5.2.2.7 润滑系统

润滑系统是向机器或机组的摩擦点供送润滑剂的系统，包括用以输送、分配、调节、冷却和净化润滑剂以及其压力、流量和温度等参数和故障的指示、报警和监控的整套装置。

目前机械设备使用的润滑系统和方法的类型很多，通常可按润滑剂的使用方式可分为分散润滑系统和集中润滑系统两大类；同时这两类润滑系统又可分为全损耗性和循环润滑两类。

除以上分类以外，还可根据所供给的润滑剂类型，将润滑方法分为润滑油润滑（或称稀油润滑）、润滑脂润滑（或称干油润滑）以及固体润滑、气体润滑等。

分散润滑，常用于润滑分散的或个别部件的润滑点。

集中润滑，使用成套供油装置，同时对许多润滑点供油，常用于变速箱、进给箱、整台或成套机械设备以及自动化生产线的润滑。集中润滑系统按供油方式可分为手动操纵、半自动操纵以及自动操纵三类系统。

5.2.2.8 润滑"五定"管理

"五定"是润滑工作的重点，主要包括定点、定质、定量、定期和定人，具体的工作见表5-2。

表5-2　润滑"五定"管理表

序　号	五　定	具 体 内 容
1	定　点	确定每台设备的润滑部位和润滑点，保持其清洁与完好无损，实施定点给油。 （1）对设备的润滑部位和润滑点最好进行标识。 （2）参与润滑工作的操作员工、保养员工必须熟悉有关设备的润滑部位和润滑点。 （3）润滑加油时，要按润滑点标识的部位加换润滑油
2	定　质	设备的润滑油品必须经检验合格，按规定的润滑油种类进行加油，润滑装置和加油器具应保持清洁。 （1）必须按照润滑卡片和图表规定的润滑油种类和牌号加换润滑油。 （2）加换润滑油的器具必须清洁，不能被污染，以免污染设备内部润滑部位。 （3）加油口、加油部位必须清洁，不能有脏污，以免污染物带入设备内部，影响甚至破坏润滑效果
3	定　量	在保证良好润滑的基础上，实行日常耗油量定额和定量换油。 （1）设备油量最好能够可视化，以便于清楚地知道加油量是否合适。 （2）日常加油点要按照加油定额数量或显示的数量限度进行加油，不能过多，也不能过少，既要做到保证润滑，又要避免浪费。 （3）换油时循环系统要开机运行，确认油位不再下降后补充至油位。 （4）做好废油回收退库工作，治理设备漏油现象，防止浪费
4	定　期	按照规定的周期加润滑油，对储存量大的油，应按规定时间抽样化验，视油质状况确定清洗换油、循环过滤和抽验周期。 （1）在设备工作之前，操作工必须按润滑卡片的润滑要求检查设备润滑系统，对需要日常加油的润滑点进行注油。 （2）设备的加油、换油要按规定时间检查和补充，按润滑卡片的计划加油、换油。 （3）对于大型油池，要按规定的检验周期进行取样检验。 （4）对于关键设备或关键部位，要按规定的监测周期对油液取样分析
5	定　人	按照规定，明确员工对设备日常加油、清洗换油的分工，各司其责，互相监督，并确定取样送检人。 （1）当班操作人员对设备润滑系统进行润滑点检，确认润滑系统正常后方能开机。 （2）当班操作人员或保养人员负责对设备的加油部位实施加油润滑，对润滑油池的油位进行检查，不足时及时补充。 （3）保养人员对设备油池按计划进行清洗换油；对机器轴承部位的润滑进行定期检查，及时更换润滑脂。 （4）维修或保养人员对整个设备润滑系统进行定期检查，对跑冒滴漏问题进行改善

5.3　质量管理知识

随着经济全球化和科技的迅猛发展，市场竞争越来越激烈，竞争的焦点由"数量"转变为"质量"。"质量"及质量管理日益成为人们关注的热门话题。

5.3.1　质量管理体系

5.3.1.1　质量管理及其体系的定义

质量是"一组固有特性满足要求的程度"。当管理与质量有关时，则为质量管理。

质量管理是在质量方面指挥和控制组织的协调活动，通常包括制定质量方针、目标以及质量策划、质量控制、质量保证和质量改进等活动。

实现质量管理的方针目标，有效地开展各项质量管理活动，必须建立相应的管理体系，这个体系就称为质量管理体系。它可以有效地达到质量改进的目的。ISO 9000 是国际上通用的质量管理体系。

5.3.1.2　质量管理八大原则

原则 1：以顾客为中心。

原则 2：领导作用。

原则 3：全员参与。

原则 4：过程方法。

原则 5：管理的系统方法。

原则 6：持续改进。

原则 7：基于事实的决策方法。

原则 8：与供方互利。

5.3.1.3　质量管理体系的特点

质量管理体系的特点有：

（1）它代表现代企业或政府机构思考如何真正发挥质量的作用和如何最优地做出质量决策的一种观点；

（2）它是深入细致的质量文件的基础；

（3）质量体系是使公司内更为广泛的质量活动能够得以切实管理的基础；

（4）质量体系是有计划、有步骤地把整个公司主要质量活动按重要性顺序进行改善的基础。

5.3.1.4　质量管理体系的实施

质量管理体系的实施分为以下步骤：

（1）采购标准；

（2）参考相关文献和软件；

（3）组建队伍制订策略；

（4）考虑培训；

（5）选择顾问；

（6）选择认证公司；

（7）撰写质量手册；

（8）建立支持性文件；

（9）实施你的质量管理体系；

（10）预审核服务；

（11）获得认证；

（12）后续审核。

5.3.1.5　质量手册的内容

国际标准中对质量手册的规定是：对质量体系做概括表述、阐述及指导质量体系实践的主要文件，是企业质量管理和质量保证活动应长期遵循的纲领性文件。

质量手册是一个公司质量体系的基础。它应就其所依据执行的 ISO 标准的质量体系要求提供指南。除手册标题、引用编号、范围和目的等结构部分外，它应包括所有有关单位用于质量保证的指令和主要程序。

手册应包括以下几方面内容：

（1）质量方针和目标。第一章必须明确规定公司的质量方针和目标。

（2）组织。提供质量保证部门的详细组织结构以及代表各类质量保证功能的其他部门的结构。

（3）设计和开发。这一章应包括从产品构思到设计终止的各项活动。

（4）工艺过程。这是保证符合质量要求最关键性的一项条款。

（5）采购控制。最终产品的质量依赖于从各种途径购进的材料和元器件的质量。本章应专门规定保证采购产品质量的程序。

（6）生产控制。本章应涉及工艺计划和指导书的有效实施。

（7）客户反馈。为市场营销和服务人员提供适宜的信息。

（8）质量审核和评审。正确彻底地对质量体系监督管理。

（9）培训和调动积极性。规定在公司内，以及在其他学院和单位进行有组织培训计划的程序。

（10）质量计划。每个产品或每项合同规定的质量计划。

（11）程序支持。各有关部门和团组有责任按照 ISO 9000 标准不同要素制备、批准和颁布程序手册。

（12）作业指导书。作业指导书是用于特殊加工和按制造文件规定的方法完成工作的基本文件，应充分、详细、明确地规定所执行的工作和所要求的质量等级。

5.3.1.6 编制质量手册

编制质量手册的出发点：

（1）从企业的自身需要出发编制质量手册。各企业由于产品类型、设备状况、企业规范、生产特点、机构设置、管理方式、用户要求和企业文化等的不同，其质量体系彼此间存在着比较大的差别。质量手册应当如实反映本企业的特点，对影响质量的各种因素都做出系统的控制安排，并明确控制的重点所在。

（2）从总结本企业质量管理经验的角度出发编制质量手册。编制手册的目的在于提高质量管理水平，因此，在编制质量手册过程中，就应对以往质量管理工作加以总结，把贯彻 ISO 9000 标准与推广以往先进的、成功的经验有机地结合起来。

（3）从利用现有管理标准和工作标准角度出发编制质量手册。管理标准和工作标准直接影响到质量体系能否有效运行。

（4）从让职工积极参与的角度出发编制质量手册。为使质量手册便于编制和贯彻实施，应倾听企业内部全体职工的意见，充分发挥其积极性和创造性，确保手册的科学性、操作性和有效性。

（5）从使用符合本国文化传统语言的角度出发编制质量手册。编制手册，应在深刻理解标准的基础上，使用符合本国文化传统的语言，这样有利于质量手册的贯彻实施。

5.3.1.7 质量管理体系建立的步骤

建立、完善质量体系一般要经历质量体系的策划与设计、质量体系文件的编制、质量体系的试运行、质量体系审核和评审 4 个阶段，每个阶段又可分为若干具体步骤：

（1）策划设计。该阶段主要是做好各种准备工作，包括教育培训、统一认识、组织落实、拟定计划；确定质量方针，制订质量目标；现状调查和分析；调整组织结构、配备资源等方面。

（2）文件编制。质量体系文件的编制应结合本单位的质量职能分配进行，在编制前应制订"质量体系文件明细表"。

（3）试运行。通过试运行，考验质量体系文件的有效性和协调性，并对暴露出的问题，采取改进措施和纠正措施，以达到进一步完善质量体系文件的目的。

（4）审核评审。质量体系审核的重点，主要是验证和确认体系文件的适用性和有效性。

5.3.2 QC 知识

QC 是英文 quality control 的简称，中文意义是质量控制，即为达到规范或规定对数据质量要求而采取的作业技术和措施。

5.3.2.1　PDCA 循环

PDCA 循环又称质量环，是管理学中的一个通用模型，它是全面质量管理所应遵循的科学程序。全面质量管理活动的全部过程，就是质量计划的制订和组织实现的过程，这个过程就是按照 PDCA 循环，不停顿地周而复始地运转的。

PDCA 循环是能使任何一项活动有效进行的一种合乎逻辑的工作程序，特别是在质量管理中得到了广泛的应用。

P、D、C、A 四个英文字母所代表的意义如下：

（1）P（Plan）——计划，包括方针和目标的确定以及活动计划的制订；

（2）D（Do）——执行，执行就是具体运作，实现计划中的内容；

（3）C（Check）——检查，就是要总结执行计划的结果，分清哪些对了，哪些错了，明确效果，找出问题；

（4）A（Action）——行动（或处理），对总结检查的结果进行处理，成功的经验加以肯定，并予以标准化，或制定作业指导书，便于以后工作时遵循；对于失败的教训也要总结，以免重现；对于没有解决的问题，应提给下一个 PDCA 循环中去解决。

PDCA 循环的特点是大环套小环，企业总部、车间、班组、员工都可进行 PDCA 循环，找出问题以寻求改进；阶梯式上升，第一循环结束后，则进入下一个更高级的循环，循环往复，永不停止。

5.3.2.2　QC 流程

QC 小组组建以后，从选择课题开始，开展活动。活动的具体程序如下：

（1）选题。QC 小组活动课题选择，一般应根据企业方针目标和中心工作，根据现场存在的薄弱环节，根据用户（包括下道工序）的需要。

（2）确定目标值。课题选定以后，应确定合理的目标值，要注重目标值的定量化和实现的可能性。

（3）调查现状。应根据实际情况，应用不同的 QC 工具（如调查表、排列图、折线图、柱状图、直方图、管理图、饼分图等），进行数据的搜集整理。

（4）分析原因。对调查后掌握到的现状，选用适当的 QC 工具（如因果图、关联图、系统图、相关图、排列图等），进行分析，找出问题的原因。

（5）找出主要原因。经过原因分析以后，将多种原因，根据关键、少数和次要、多数的原理，进行排列，从中找出主要原因。

（6）制定措施。主要原因确定后，制定相应的措施计划，明确各项问题的具体措施，要达到的目的，谁来做，何时完成以及检查人是谁。

（7）实施措施。按措施计划分工实施。小组长要组织成员，定期或不定期地研究实施情况，随时了解课题进展，发现新问题要及时研究、调查措施计划。

（8）检查效果。把措施实施前后的情况进行对比，看其实施后的效果，是否达到了预定的目标。如果达到了预定的目标，小组就可以进入下一步工作；如果没有达到预定目标，就应对计划的执行情况及其可行性进行分析，找出原因，在第二次循环中加以改进。

（9）制定巩固措施。将一些行之有效的措施或方法纳入工作标准、工艺规程或管理标准，经有关部门审定后纳入企业有关标准或文件。

（10）分析遗留问题。经过了一个 PDCA 循环，应对遗留问题进行分析，并将其作为下一次活动的课题，进入新的 PDCA 循环。

（11）总结成果资料。小组将活动的成果进行经验总结，找出问题，进行下一个循环的开始。

5.3.2.3 质量统计方法

常用的质量管理统计方法如下：

（1）统计调查表法。利用专门设计的统计表对质量数据进行收集、整理和粗略分析质量状态的一种方法。

（2）分层法。将调查收集的原始数据，根据不同的目的和要求，按某一性质进行分组、整理的分析方法。

（3）排列图法。利用排列图寻找影响质量主次因素的一种有效方法。

（4）因果分析图法。利用因果分析图来系统整理分析某个质量问题（结果）与其产生原因之间关系的有效工具。

（5）直方图法。将收集到的质量数据进行分组整理，绘制成频数分布直方图，用以描述质量分布状态的一种分析方法。

（6）控制图。用途主要有两个：过程分析，即分析生产过程是否稳定；过程控制，即控制生产过程的质量状态。

（7）相关图。在质量控制中它是用来显示两种质量数据之间关系的一种图形。

5.4 安全体系基本知识

5.4.1 安全及安全体系

5.4.1.1 安全

安全是指不因人、机、媒介的相互作用而导致系统损失、人员伤害、任务受影响或造成时间的损失。安全是指不受威胁，没有危险、危害、损失。人类的整体与生存环境资源的和谐相处，互相不伤害，不存在危险的危害的隐患，是免除了不可接受的损害风险的状态。安全是在人类生产过程中，将系统的运行状态对人类的生命、财产、环境可能产生的损害控制在人类能接受水平以下的状态。

5.4.1.2 安全体系

安全体系是保障企业在生产经营过程中的安全管理程序，一般包括4个方面：

（1）一级程序：管理的方针、政策、目标、承诺等；

（2）二级程序：各方面的管理文件，如安全责任制度、安全奖惩制度、消防安全管理、人员培训管理等程序；

（3）三级程序：主要是安全作业的规范与指导、要求等；

（4）四级文件：主要是指在安全活动中执行的各种表单、记录文件等现场操作用。

5.4.2 安全生产的特点

安全生产的特点有：

（1）有健全的安全生产责任制；

（2）有完善的规章制度和操作规程；

（3）安全投入符合要求；

（4）主要负责人、安全管理人员培训合格；

（5）特种作业人员持证上岗；

（6）依法参加工伤保险，配备劳动防护用品；

（7）依法进行安全评价；

（8）作业场所、安全设施、工艺符合法规、标准要求；

（9）有职业健康防护设施和应急救援设施；

（10）有生产安全事故应急救援预案；

5.4.3 劳动保护

5.4.3.1 定义

劳动保护是国家和单位为保护劳动者在劳动生产过程中的安全和健康所采取的立法和组织、技术措施的总称。从这个简短的定义中可以看出，劳动保护的对象很明确，是保护从事劳动生产的劳动者。

劳动保护的另一个涵义是依靠技术进步和科学管理，采取技术措施和组织措施，来消除劳动过程中危及人身安全和健康的不良条件和行为，防止伤亡事故和职业病危害，保障劳动者在劳动过程中的安全和健康的一门综合性科学。

5.4.3.2 基本任务

劳动保护的基本任务有：

（1）不断改善劳动条件，使不安全的、有害健康的作业安全化、无害化，使繁重的体力劳动机械化、自动化，实现安全生产和文明生产。

（2）规定法定工时和休假制度，限制加班加点，保证劳动者有适当的休息时间和休假日数。

（3）根据妇女劳动者生理特点，实行特殊保护。

5.4.3.3 劳动保护的内容

A 安全及劳动卫生规程

安全及劳动卫生规程为：

（1）用人单位必须建立、健全劳动安全卫生制度，严格执行国家劳动安全卫生规程和标准，对劳动者进行劳动安全卫生教育，防止劳动过程中的事故，减少职业危害。

（2）劳动安全卫生设施必须符合国家规定的标准。新建、改建、扩建工程的劳动安全卫生设施必须与主体工程同时设计、同时施工、同时投入生产和使用。

（3）用人单位必须为劳动者提供符合国家规定的劳动安全卫生条件和必要的劳动防护用品，对从事有职业危害作业的劳动者应当定期进行健康检查。

（4）从事特种作业的劳动者必须经过专门培训并取得特种作业资格。

（5）劳动者在劳动过程中必须严格遵守安全操作规程。劳动者对用人单位管理人员违章指挥、强令冒险作业，有权拒绝执行；对危害生命安全和身体健康的行为，有权提出批评、检举和控告。

（6）国家建立伤亡事故和职业病统计报告和处理制度。县级以上各级人民政府劳动行政部门、有关部门和用人单位应当依法对劳动者在劳动过程中发生的伤亡事故和劳动者的职业病状况，进行统计、报告和处理。

B 女工和未成年工特殊保护

女工和未成年工特殊保护包括：

（1）根据妇女生理特点组织劳动就业，实行男女同工同酬。

（2）禁止安排女职工从事矿山井下、国家规定的第四级体力劳动强度的劳动和其他禁忌从事的劳动。

（3）不得安排女职工在经期从事高处、低温、冷水作业和国家规定的第三级体力劳动强度的劳动。

（4）不得安排女职工在怀孕期间从事国家规定的第三级体力劳动强度的劳动和孕期禁忌从事的劳动。对怀孕 7 个月以上的女职工，不得安排其延长工作时间和夜班劳动。

（5）女职工生育享受不少于 90 天的产假。

（6）不得安排女职工在哺乳未满一周岁的婴儿期间从事国家规定的第三级体力劳动强度的劳动和哺乳期禁忌从事的其他劳动，不得安排其延长工作时间和夜班劳动。

（7）不得安排未成年工从事矿山井下、有毒有害、国家规定的第四级体力劳动强度的劳动和其他禁忌从事的劳动。

（8）用人单位应当对未成年工定期进行健康检查。

5.4.3.4 劳动保护的措施

A 组织措施

组织措施有：

（1）制定和完善劳动保护法规和规章制度。例如，从机关、部门、企业事业单位到管理人员和劳动者个人在劳动保护工作上的职权和责任的规定；劳动安全和劳动卫生的技术标准和现场作业规程；关于伤亡事故的调查、处理、统计和报告的规定；工时和休假制度；妇女劳动特殊保护的规定等。

（2）设置劳动保护国家监察员，负责监督检查单位和个人执行劳动保护规章制度和安全卫生技术标准、作业规程的情况。同时，在企业事业单位的班组（或车间）一级建立劳动保护员网，对本单位的劳动保护工作实行群众监督。

（3）加强劳动保护科学研究，为制定劳动保护法规和安全卫生技术标准提供科学依据，为采用新技术新设备拟定相应的劳动保护技术措施，研制监测仪器设备。

（4）开展劳动保护宣传教育。包括在大专院校设置劳动保护专业，培养高级专门技术人才；培训生产管理人员和劳动保护专职人员；对特殊工种工人实行专业训练和考试发证制度；利用电影、电视、广播、报刊、展览等形式普及劳动保护理论和技术知识。

B 技术措施

劳动保护技术措施主要包括：对由于物理、化学等因素可能突然发生的不安全因素，对由于机械性的伤害，包括机械传动部分的设备和工具引起的砸、割等伤害，对由于高空坠落引起的伤害，对由于从事有毒有害的作业而引致的伤害等所采取的相应预防性技术对策和防护措施。

5.4.4 危险源辨识

5.4.4.1 定义

A 危险

危险是指材料、物品、系统、工艺过程、设施或场所对人、财产或环境具有产生伤害的潜能；有可能失败、死亡或遭受损害的境况。危险也指某一系统、产品、或设备或操作的内部和外部的一种潜在的状态，其发生可能造成人员伤害、职业病、财产损失、作业环境破坏的状态。

B 危险源及其辨识

危险源是指一个系统中具有潜在能量和物质释放危险的、在一定的触发因素作用下可转化为事故的部位、区域、场所、空间、岗位、设备及其位置。也就是说，危险源是能量、危险物质集中的核心，是能量传出来或爆发的地方。

危险源辨识就是识别危险源并确定其特性的过程。

C 风险及其评价

风险是指某一特定危险情况发生的可能性和后果的组合。

风险评价是指评估风险大小以及确定风险是否可容许的全过程。

5.4.4.2 危险源构成要素

危险源应由三个要素构成：潜在危险性、存在条件和触发因素。

危险源的潜在危险性是指一旦触发事故，可能带来的危害程度或损失的大小，或者说危险源可能释放的能量强度或危险物质量的大小。

危险源的存在条件是指危险源所处的物理、化学状态和约束条件状态。例如，物质的压力、温度、化学稳定性，盛装压力容器的坚固性，周围环境障碍物等情况。

触发因素虽然不属于危险源的固有属性，但它是危险源转化为事故的外因，而且每一类型的危险源都有相应的敏感触发因素。如易燃、易爆物质，热能是其敏感的触发因素；又如压力容器，压力升高是其敏感触发因素。因此，一定的危险源总是与相应的触发因素相关联。在触发因素的作用下，危险源转化为危险状态，继而转化为事故。

5.4.4.3 危险源分类

工业生产作业过程的危险源一般分为7类：

(1) 化学品类：毒害性、易燃易爆性、腐蚀性等危险物品；

(2) 辐射类：放射源、射线装置及电磁辐射装置等；

(3) 生物类：动物、植物、微生物（传染病病原体类等）等危害个体或群体生存的生物因子；

(4) 特种设备类：电梯、起重机械、锅炉、压力容器（含气瓶）、压力管道、客运索道、大型游乐设施、场（厂）内专用机动车；

(5) 电气类：高电压或高电流、高速运动、高温作业、高空作业等非常态、静态、稳态装置或作业；

(6) 土木工程类：建筑工程、水利工程、矿山工程等；

(7) 交通运输类：汽车、火车、飞机、轮船等。

5.4.4.4 危险源辨识方法

危险源辨识是利用科学方法对生产过程中那些具有能量、物质的性质、类型、构成要素、触发因素或条件以及后果进行分析与研究，做出科学判断，为控制事故发生提供必要的、可靠的依据。

危险源在没有触发之前是潜在的，常不被人们所认识和重视，因此需要通过一定的方法进行辨识（分析界定）。

危险源辨识不但包括对危险源的识别，而且必须对其性质加以判断。

危险源辨识的理论方法主要有：询问交谈法、现场观察法、查阅有关记录法、获取外部信息法、工作任务分析法、安全检查法、危险与可操作性研究法、事故原因分析法等，但是各种方法都有各自的适用范围或局限性，辨识危险源过程中使用一种方法往往还不能全面地识别其所存在的危险源，可以综合地运用两种或两种以上方法。

5.4.4.5　危险源辨识的程序与内容

危险源辨识的程序如图 5-1 所示。

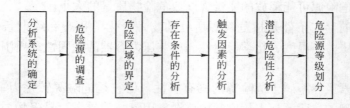

图 5-1　危险源辨识的程序

A　危险源的调查

在进行危险源调查之前首先要确定所要分析的系统，然后对所分析系统进行调查，调查的主要内容有：

（1）生产工艺设备及材料情况：工艺布置，设备名称、容积、温度、压力，设备性能，设备本质安全化水平，工艺设备的固有缺陷，所使用的材料种类、性质、危害，使用的能量类型及强度等。

（2）作业环境情况：安全通道情况，生产系统的结构、布局，作业空间布置等。

（3）操作情况：操作过程中的危险，工人接触危险的频度等。

（4）事故情况：过去事故及危害状况，事故处理应急方法，故障处理措施。

（5）安全防护：危险场所有无安全防护措施，有无安全标志，燃气、物料使用有无安全措施等。

B　危险区域的界定

危险区域的界定即划定危险源点的范围。首先应对系统进行划分，可按设备、生产装置及设施划分子系统，也可按作业单元划分子系统；然后分析每个子系统中所存在的危险源点，一般将产生能量或具有能量、物质、操作人员作业空间、产生聚集危险物质的设备、容器作为危险源点；最后以危险源点为核心加上防护范围即为危险区域，这个危险区域就是危险源的区域。在确定危险源区域时，可按以下方法界定：

（1）按危险源是固定还是移动界定；

（2）按危险源是点源还是线源界定；

（3）按危险作业场所来划定危险源的区域；

（4）按危险设备所处位置作为危险源的区域；

（5）按能量形式界定危险源，如化学危险源、电气危险源、机械危险源、辐射危险源和其他危险源等。

C 存在条件及触发因素的分析

存在条件分析包括：储存条件（如堆放方式、其他物品情况、通风等），物理状态参数（如温度、压力等），设备状况（如设备完好程度、设备缺陷、维修保养情况等），防护条件（如防护措施、故障处理措施、安全标志等），操作条件（如操作技术水平、操作失误率等），管理条件等。

触发因素可分为人为因素和自然因素。人为因素包括个人因素（如操作失误、不正确操作、粗心大意、漫不经心、心理因素等）和管理因素（如不正确管理、不正确的训练、指挥失误、判断决策失误、设计差错、错误安排等）；自然因素是指引起危险源转化的各种自然条件及其变化，如气候条件参数（气温、气压、湿度、大气风速）变化，雷电，雨雪，振动，地震等。

D 潜在危险性分析

危险源转化为事故，其表现是能量和危险物质的释放，因此危险源的潜在危险性可用能量的强度和危险物质的量来衡量。能量包括电能、机械能、化学能、核能等，危险源的能量强度越大，表明其潜在危险性越大。危险物质主要包括燃烧爆炸危险物质和有毒有害危险物质两大类，前者泛指能够引起火灾或爆炸的物质，如可燃气体、可燃液体、易燃固体、可燃粉尘、易爆化合物、自燃性物质、混合危险性物质等；后者是指直接加害于人体，造成人员中毒、致病、致畸、致癌等的化学物质。可根据使用的危险物质量来描述危险源的危险性。

E 危险源等级划分

危险源分级一般按危险源在触发因素作用下转化为事故的可能性大小与发生事故的后果的严重程度划分。危险源分级实质上是对危险源的评价。

按事故出现可能性大小可分为非常容易发生、容易发生、较容易发生、不容易发生、难以发生、极难发生。

根据危害程度可分为可忽略的、临界的、危险的、破坏性的等级别。

也可按单项指标来划分等级。如高处作业根据高度差指标将坠落事故危险源划分为四级（一级2~5m，二级5~15m，三级15~30m，特级30m以上）；按压力指标将压力容器划分为低压容器、中压容器、高压容器、超高压容器四级。

5.4.4.6 危险源风险评价及控制

风险评价实际上是对辨识出来的危险源的一个分类管理方式，通过风险评价将需要重点管理的危险源罗列出来，对现状的控制措施进行再评价，如果通过现有的控制措施能满足风险控制，那么只要检查确认保证措施有效就能控制风险。如果现有的控制措施主要是管理制度、培训教育、监督检查等的时候，我们就需要从本质安全化上考虑对危险源的改善和对风险的控制。

风险评价方法也有很多种，如作业条件危险性评价法（LEC）、矩阵法、预先危害分析、风险概率评价法、事故树分析等；其中，"作业条件危险性评价法"即通常所说的 LEC($D = L \times E \times C$)评价方法，是目前风险评价中操作简单、评价全面、使用最多的一种方法。其中的字母含义如下：D：危险性；L：发生事故的可能性大小；E：人体暴露在这种危险环境中的频繁程度；C：一旦发生事故会造成的损失后果。

辨识评价后的危险源，中度以上的一定要制订检查表，定期对危险源的控制措施进行检查，以确保危险源的风险控制有效、运行良好，在检查中发现有异常情况时应立即改善。

企业危险源辨识出来后，它不是永不改变的，每年至少需要重新辨识一次，如果在生产经营过程中发生如设备变更、技术更新、新的法律法规、组织架构等的变更，则需要进行相关岗位或班组的危险源重新辨识变更。

5.5　环境体系基本知识

5.5.1　定义及内容

环境是指组织运行活动的外部存在，包括空气、水、土地、自然资源、植物、动物、人，以及它们之间的相关关系。

环境管理体系（enviromental management system，EMS）是一个组织内全面管理体系的组成部分，它包括为制定、实施、实现、评审和保持环境方针所需的组织机构、规划活动、机构职责、惯例、程序、过程和资源，还包括组织的环境方针、目标和指标等管理方面的内容。

环境管理体系包含 5 大部分，17 个要素。5 大部分是指：（1）环境方针；（2）规划；（3）实施与运行；（4）检查与纠正措施；（5）管理评审。这 5 个基本部分包含了环境管理体系的建立过程和建立后有计划地评审及持续改进的循环，以保证组织内部环境管理体系的不断完善和提高。

5.5.2　建立环境管理体系的基本步骤

5.5.2.1　领导决策与准备

领导决策与准备包括：

（1）最高管理者决策，建立环境管理体系；

（2）任命环境管理者代表；

（3）提供资源保障：人、财、物。

5.5.2.2 初始环境评审

初始环境评审方法：

（1）组成评审组，包括从事环保、质量安全等工作的人员；

（2）获取适用的环境法律、法规和其他要求，评审住址环境行为与法律法规符合性；

（3）识别组织活动、产品、服务中的环境因素，评价出重要环境因素；

（4）评价现有有关环境的管理制度与 ISO 14001 标准的差距；

（5）形成初始环境评审报告。

5.5.2.3 体系策划与设计

体系策划与设计包括：

（1）制订环境方针；

（2）制订目标、指标、环境管理方案；

（3）确定环境管理体系构架；

（4）确定组织机构与职责；

（5）策划哪些活动需要制订运行控制程序。

5.5.2.4 环境管理体系文件的编制

环境管理体系文件的编制包括：

（1）组成体系文件编制小组；

（2）编写环境管理手册、程序文件、作业指导书；

（3）修改一到两次，正式颁布，环境管理体系开始试运行。

5.5.2.5 体系试运行

体系试运行包括：

（1）进行全员培训；

（2）按照文件规定去做，层层落实目标、指标、方案；

（3）对合同方、供货方的工作，通过环境管理要求；

（4）日常体系运行的检查、监督、纠正；

（5）根据试运行的情况对环境管理体系文件进行再修改。

5.5.2.6 内审

内审步骤：

（1）任命内审组长，组成内审组；

（2）进行内审员培训；

（3）制订审核计划、编写检查清单、实施内审；

（4）对不符合分析原因，采取纠正措施，进行验证；

（5）编写审核报告，报送最高管理者。

5.5.2.7 管理评审

管理评审方法：

（1）环境管理者代表负责搜集充分的信息；

（2）由最高管理者评审体系的持续适用性、充分性、有效性；

（3）评审方针的适宜性，目标指标、环境管理方案完成的情况；

（4）指出方针、目标及其他体系要素需改进的方面；

（5）形成管理评审报告。

5.5.3 环境因素辨识

5.5.3.1 定义

环境因素是指一个组织的活动、产品或服务中能与环境相互作用的要素。在其基本意义上等同于环境问题，只是描述的角度不同。

5.5.3.2 目的

环境因素的识别是整个体系建立的基础，只有全面正确地查找出存在的环境问题，从中识别出对环境有重大影响（其中还应包括潜在的重大环境影响）的因素，即"重要环境因素"，才能有针对性地制定环境方针及相应的目标和指标。

5.5.3.3 环境因素的分类

环境因素的分类如下：

（1）水、气、声、渣等污染物排放或处置；

（2）能源、资源、原材料消耗；

（3）相关方的环境问题及要求；

（4）其他。

5.5.3.4 环境因素识别与评价原则

为了确保环境因素识别的充分性并提供环境管理体系的控制重要对象，环境因素识别应遵循以下原则。

A 识别全面

识别全面即环境因素识别时应充分考虑组织活动、产品或服务中能够控制及可望对其施加影响的环境因素（包括所使用产品和服务中可标识的重要环境因素）。具体地说，应对三种状态、三种时态和七种类型的环境因素进行识别：

（1）三种状态：正常（如生产连续运行），异常（如生产的开车、停机、检修等）和紧急状态（如潜在火灾、事故排放、意外泄露、洪水、地震等）。

（2）三种时态：过去（如以往遗留的环境问题、泄露事件造成的土地污染），现在（如现场活动、产品和服务的环境问题）和将来（如产品出厂后可能带来的环境问题，将来潜在法律法规变化的要求，计划中的活动可能带来的环境因素）。

（3）七种类型：以上三种状态、三种时态可能存在大气排放、废水排放、噪声排放、废物管理、土地污染、原材料及自然资源的使用和消耗、当地社区的环境问题。

B 识别具体

环境因素识别的目的是提供环境管理体系控制的明确对象，为此识别应与随后的控制和管理需要相一致。识别的具体程度应细化至可对其进行检查验证和追溯，但也不必过分细化（如把试验室使用 pH 试纸废弃也作为一项环境因素）。

C 明确环境影响

环境因素的控制是减少或消除其环境影响，同一个环境因素可能存在不同的环境影响，因此，识别时应明确其环境影响，包括有利的和不利的环境影响。

D 描述准确

依据 ISO 14004 标准示例，环境因素通常可以描述为"环境因素（物质）或污染物的名称与某一行动或动作的组合"，即名词加动词。污染物的名称应明确到有关污染物质种类或组分。

5.5.3.5 识别环境因素的步骤

识别环境因素的步骤为：

（1）选择组织的过程（活动、产品或服务）；

（2）确定过程伴随的环境因素；

（3）确定环境影响。

5.5.3.6 识别环境因素的方法

识别环境因素的方法有：

（1）物料衡算；

（2）产品生命周期；

（3）问卷调查；

（4）专家咨询；

（5）现场观察（查看和面谈）；

（6）头脑风暴；

（7）查阅文件和记录；

（8）测量；

（9）水平对比——内部、同行业或其他行业比较；

（10）纵向对比——组织的现在和过去比较。

5.5.3.7 确定环境因素的依据

确定环境因素的依据有：

（1）客观地具有或可能具有环境影响的；

（2）法律法规及要求有明确规定的；

（3）积极的或负面的；

（4）相关方有要求的；

（5）其他。

5.6　相关法律法规

相关法律法规包括：《中华人民共和国劳动法》的相关知识，《中华人民共和国合同法》的相关知识，《中华人民共和国安全生产法》的相关知识，《中华人民共和国质量法》的相关知识。

参 考 文 献

［1］王平甫，宫振．铝电解炭阳极生产与应用［M］．北京：冶金工业出版社，2005．

［2］潘三红，赵荣．铝用炭素煅烧工［M］．徐州：中国矿业大学出版社，2009．